现代测试技术原理与应用

何广军　主编

高育鹏　白云　师剑军　副主编

国防工业出版社

·北京·

内 容 简 介

本书从理论和实践相结合的角度,以构成测试系统的各环节为主线,详细阐述了测试技术的基本理论、原理和应用。本书共分6章,内容包括测试技术的有关概念、测试误差理论、常用传感器工作原理及应用、测控总线技术及应用、自动测试系统的设计、测试性与故障诊断技术等。

本书可作为高等院校测控技术及仪器、电气工程及其自动化等相关专业本科生的教材和教学参考书,也可作为有关专业工程技术人员的参考书。

图书在版编目(CIP)数据

现代测试技术原理与应用 / 何广军主编. —北京:
国防工业出版社,2012.6
ISBN 978 - 7 - 118 - 08074 - 2

Ⅰ.①现... Ⅱ.①何... Ⅲ.①测试技术 Ⅳ.①TB4

中国版本图书馆 CIP 数据核字(2012)第 091413 号

※

国防工业出版社出版发行

(北京市海淀区紫竹院南路 23 号 邮政编码 100048)
北京奥鑫印刷厂印刷
新华书店经售

*

开本 787×1092 1/16 印张 15 字数 346 千字
2012 年 6 月第 1 版第 1 次印刷 印数 1—4000 册 定价 32.00 元

(本书如有印装错误,我社负责调换)

国防书店:(010)88540777 发行邮购:(010)88540776
发行传真:(010)88540755 发行业务:(010)88540717

前　言

现代测试技术是一门涉及传感器技术、数据处理、仪器仪表、计算机技术等多学科和技术的一门综合学科。本书根据测试理论和技术的最新发展,结合作者多年的教学实践,比较全面和系统地介绍了组建自动测试系统所涉及的基本理论和知识。

为了适应今后科学技术的发展,本书强调基础理论和基本知识的宽厚,注重基础理论与实际应用相结合,注重现代测试手段的介绍,力求知识的基础性、系统性和完整性。全书共 6 章。第 1 章测试技术基础,简要介绍了测试技术的有关概念和方法,电子测量与电子仪器,测量误差分析及数据处理。第 2 章传感器技术,主要阐述了常用传感器的基本理论和应用。第 3 章总线技术,主要阐述了测控系统常用总线的技术规范和应用,包括了常见微型机总线、GPIB 总线、RS – 232C/422/485 总线、VXI 总线、PXI 总线和 1553B 总线。第 4 章虚拟仪器技术,主要阐述了虚拟仪器的基本概念、软件标准、开发环境和应用实例。第 5 章自动测试系统设计,主要阐述了系统总体设计技术、软件设计和硬件设计。第 6 章测试性与故障诊断技术,主要阐述了测试性的基本理论和故障诊断的基本方法,还介绍了测试性分析与设计软件 TEAMS。

全书内容深入浅出、图文并茂,各部分内容按照理论和应用两个层面重点阐述,各章之间相互联系又互相独立,读者可根据自己需要选择阅读。

本书第 1 章、第 2 章、第 6 章由何广军编写;第 3 章、第 4 章由高育鹏编写;第 5 章由何广军、白云、高育鹏编写,师剑军参加了部分编写工作,并对全书提出了宝贵意见。全书由何广军统稿。

本书可作为测控技术及仪器、电气工程及其自动化等专业自动测试技术、现代测控技术及传感器技术等课程的教科书和教学参考书。

在本书的编写过程中,参考和应用了许多专家、学者的论著,均在参考文献中列出,在此表示衷心感谢。

目 录

第1章　测试技术基础

1.1　测试与测试系统

1.1.1　测试

测试就是利用实验的方法,借助于一定的仪器或者设备,得到被测量数据大小,描述被测量性质和属性的过程。测量是测试最基本、最原始的含义,是测试的一部分。测量是人们借助于专门的测量工具,通过实验的方法,把被测量直接或者间接地与作为测量单位的已知量相比较,从而取得数量观念的认识过程。测量结果包含一定的数值(绝对值大小、符号、误差范围)和单位两部分。检测是在传统的测量学基础上,以检测仪器为主要工具,辅助于专门的设备、计算机、网络等手段,通过适当的实验方法、必要的信号分析及定量的数据处理,由测得信号求取与研究被测对象的有关信息量值,完成有用信息的获取等任务。

测试是包含有测量和检测含义的更深、更广的概念。测量是以检出信号,确定被测对象属性的量值为目的;检测则是需要在检出信号的基础上作进一步的信号处理和数据分析判断等。

测试技术隶属于实验科学,它主要研究客观对象各种物理量的测量原理,信息获取、传输、显示及测试结果的分析与处理等相关内容。随着计算机技术、传感器技术、大规模集成电路技术、通信技术等的飞速发展,使测试技术领域日益发生着巨大的变化,从而产生了现代测试技术,其显著特点是计算机技术与测试技术的结合。基于现代测试技术的,以计算机为核心的测试系统称为自动测试系统(Automatic Test System,ATS),该系统一般具有开放化、远程化、智能化、多样化、网络化、系统大型化和微型化、数据处理自动化等特点。

随着自动测试系统的规模越来越庞大,结构越来越复杂,在测试技术中逐步引入了系统工程的思想,使得测试技术与系统工程相结合,逐步发展成测试工程学。测试工程学主要研究测试理论、测试技术、信号处理、信息传输、数据分析判断、测试管理以及测试系统的集成与控制等内容。

装备测试是指在装备研制、生产及使用过程中所进行的各种测试。测试的目的在于检查装备的功能和技术性能,发现定位故障,调整不合格的参数或更换有故障的部件,以保证装备技术性能符合要求及装备处于良好的战备状态。

从测试的目的和作用来看,装备测试分为实验性测试、检验性测试和维护性测试三种。在装备研制阶段,装备的技术状态尚未最后"冻结",测试的方法也未完全确定,这个阶段的测试称为实验性测试;在装备批生产过程中,装备测试属于产品检验出厂的内容,称为检验性测试;在使用部队,装备的测试是装备维护的重要内容,可称为维护性测试。

装备在使用部队的维护性测试通常又分为定期的预防性测试和不定期的维修性测试。按照维修的内容和场所不同,装备的维护一般分为三级或者四级。一级维护在作战部队进行,只对装备做简单的外观检查、外部零件的修复与更新等;二级维护在技术分队进行,一般检测到功能设备级;三级维护在修理厂进行,可维护到插板级;四级维护只能在生产厂进行,可检测到元器件。有时,可把一级和二级维护合并进行。

1.1.2 测试系统

测试的基本任务是获取有用的信息,而信息又是蕴涵在某些随时间或空间变化的物理量(信号)中。为了实现对上述的信号获取、处理和控制工作,人们一般通过构建相应的测试系统来完成。一般来讲,测试系统由被测对象、传感器、调理变换、信号传输、显示记录和电源等部分组成,分别完成信息获取、变换、传输、显示、供电等功能。图1-1给出了测试系统的一般组成框图。

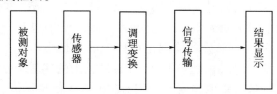

图 1-1 测试系统的一般组成框图

1. 被测对象

被测对象是测试系统信息的来源,它决定着整个测试系统的构成形式,被测对象的形式往往是千变万化的,因此构成了不同的测试系统。例如,被测对象可能与力、位移、速度、加速度、压力、流量、温度等某一或某些参数有关,那么相应的测试系统就必须具有完成相关参数检测的功能。

2. 传感器

传感器用于完成信号的获取,它将被测量转换成相应的可用电信号。显然,传感器是测试系统与被测对象直接发生联系的环节,传感器能否正常地将被测量输出、传感器性能的好坏、选用的是否恰当等因素直接关系到测试系统的性能,因此,测试系统获取信息的质量往往是由传感器的性能一次性确定的,因为测试系统的其他环节无法添加新的测试信息并且不易消除传感器所引入的误差。

信号检出一般用传感器来实现,通常是把被测物理量转化成电信号,以便于后续处理。传感器的信号检出过程中大量应用了物理学、材料学、电子学、光学、电磁学、化学、生物学以及机械原理等基础学科的知识。

3. 调理变换装置

它的作用是将传感器的输出信号进行调理(包括量程选择、阻抗匹配、信号放大缩小等工作)并将其转换成易于测量的电压或电流信号,并进行相应的处理变换。

调理变换装置的主要任务是完成信号处理,它是指把从传感器检出的信号进行变换、放大、滤波、模数和数模转换、调制、识别、估值等加工处理,以便消除无用量,增强有用信号,或者将信号变成更加便于后续利用的形式,提取需要的特征,从而准确获得有用信息的过程。

被测量的信号检出后,不可避免的含有噪声、干扰等,这会直接影响测试系统对被测量的分析判断,另外,检出信号的幅度、频率等过小或者过大,信号形式也不便于加工处理、分析、判断,因此需要对信号进行处理。

如果信号调理装置输出的是规范化的 4mA ~ 20mA 电流信号,则称这种信号调理装置(电路)为变送器。

4. 信号传输

该部分用来完成将信号按照某种特定的格式传输的功能,例如,采用某种总线标准或者进行某种格式的变换。信号传输主要是完成测试设备内部或者测试设备与其他设备之间的信息传输。目前,一般的测试仪器仪表特别是智能仪器都设有通信接口,以便能够实现程控、方便地构成自动测试系统。信号传输与通信是测试的重要环节,它已经转变为数据通信问题,良好的数据通信接口是现代测试系统的重要组成部分。在现代测试系统中,传输信息一般采用总线,它把各个相对独立的分系统、仪器、插件等通过各种总线接口连接成复杂测试系统。在测试系统中,常用的总线包括 GPIB 总线、RS – 232C/422/485 总线、VXI 总线、PXI 总线等。

5. 结果显示装置

结果显示装置是测试人员和测试系统联系的主要环节之一,主要作用是使人们了解测试数值的大小或变化的过程。常用的显示装置一般包括实时信号分析仪、电子计算机、笔式记录仪、示波器、磁带记录仪、半导体存储器等。常用的显示方式可以是数字显示、指针式显示、图形显示、图表显示、文字显示、灯光闪烁、声音报警等。

6. 电源

电源是用于给测试系统各部分供电的装置。在一般测试中,电源常用直流电源和交流电源。在某些特殊的测试场合,会用到特殊的电源,例如航空装备测试中的初级交流电源除了用到 50Hz 交流电外,还经常用到 400Hz 的中频交流电。

此外,通过测试系统获得了测试结果后,还需要对测试结果进行处理。测试结果的处理包括了测量误差的分析与判断,通过测试结果对测试仪器仪表进行自动校准、误差修正、故障检测等,判断被测对象性质的工作。一般简单的测试仪器仪表和测试系统测试结果的处理是依靠人工来完成,智能化的仪器仪表和自动测试系统可以自动完成或者部分自动完成上述工作。

1.2 电子测量与电子仪器

1.2.1 电子测量及方法

在测试过程中,除了少数时间参数、相位和微波频率外,大部分均为电压、电流等电工量的测量。即使各种非电量的测量也转换成相应的电量再进行测量,因此电子测量是测量的重要技术。

从广义上讲,凡是利用电子技术为基本手段的测量技术都可以说是电子测量;从狭义上讲,电子测量是指在电子学中测量有关电的量值。电子测量除了具体运用电子科学的原理、方法和设备对各种电量、电信号及电路元器件的特性和参数进行测量外,还包括通过各种传感器对非电量进行的测量。电子测量是测试技术和电子技术相互结合的产物。它与其他测量相比,具有测量频率范围宽、量程宽、测量精度高、响应时间短、测量速度快、可以进行遥测及易于实现测试智能化和测试自动化等特点。它是实现测量过程自动化、智能化、网络化及应用计算机技术组建现代测试系统,进而实现测试系统化、快速化的基础。

一个物理量的测量,可以通过不同的方法实现。要得到比较令人信服的测量结果,就必须进行方法的选择,而测量方法选择的正确与否,不仅直接关系到测量结果的可信赖程度,也关系到测量工作的经济性和可行性。不当或错误的测量方法,除了得不到正确的测量结果外,甚至会损坏测量仪器和被测量设备。

测量方法的分类形式有多种,下面介绍几种常见的分类方法。

1. 按测量手段分类

1) 直接测量

用事先标定好的测量仪表直接读取被测量量值的方法称为直接测量。例如,用电压表测量电压,用电桥法测量电阻阻值,用计数式频率计测量频率,用温度计测量温度等。

直接测量的特点是不需要对被测量与其他实测的量进行函数关系的辅助运算,因此测量过程简单迅速,是工程测量中广泛应用的测量方法。

直接测量又可以分为绝对测量和相对测量两种方式,其中绝对测量是采用仪器、设备、手段测量被测量,直接得到被测量量值,其特点是简单、直观、明了,但测量精度不高。相对测量是将被测量直接与基准量比较,得到偏差值,其特点是精度高,但测量复杂、成本高、要求高。

以测量某一物体长度为例,采用绝对测量(图1-2(a))时,就是直接用测量工具,如刻度尺测量出其长度,而作为相对测量(图1-2(b)),则是把该物体与某一基准相比较,然后用某一测微工具测量出两者之间的偏差,最终由基准量和偏差得到测量值。

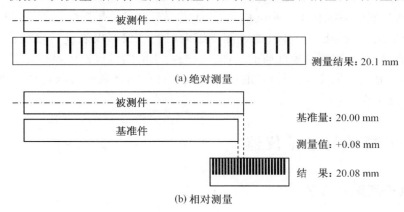

图1-2 绝对测量和相对测量示意图

2) 间接测量

当被测量由于某种原因不能直接测量时,可以通过直接测量与被测量之间的函数关系(可以是公式、曲线或表格等),间接得到被测量值的测量方法。例如,需要测量电阻 R

上消耗的直流功率 P，可以通过直接测量电压 U 和电流 I，而后根据函数关系 $P = UI$，经过计算，"间接"获得功耗 P。

间接测量费时费事，常在下列情况下使用：直接测量不方便，或间接测量的结果较直接测量更为准确，或缺少直接测量仪器等。

3）组合测量

当某项测量结果需要用多个未知参数表达时，可通过改变测量条件进行多次测量，根据函数关系列出方程组求解，从而得到未知量的值，这种测量方式称为组合测量。在较复杂的测量过程中，经常要用到组合测量的方法，列出较多的方程。组合测量方式比较复杂，测量时间长，但精度较高，一般用于科学实验。

2. 按被测量的性质分类

如果按被测量的性质来区分，测量过程还可以作如下分类：

1）时域测量

时域测量也叫做瞬态测量，它主要用来测量被测量随时间的变化规律。典型的例子如用示波器观察正弦信号的周期、频率、幅度等参数以及其施加于某一电路后的输出响应等。

2）频域测量

频域测量也称为稳态测量，主要目的是获取待测量与频率之间的关系，如用频谱分析仪分析信号的频谱、测量放大器的幅频特性、相频特性等。

3）数据域测量

它是随着数字电路的飞速发展而发展起来的，数据域测量主要是用逻辑分析仪、逻辑笔等设备对数字量或数字电路的逻辑状态及逻辑功能、可能的故障类型和故障状态进行测量，它也称为逻辑量测量。数据域测量可以同时观察多条数据通道上的逻辑状态，也可以显示某条数据线上的时序波形，还可以借助计算机分析大规模集成电路芯片的逻辑功能等。由于当前集成电路技术的发展，使得数字电路的测量靠单纯人工测量越来越难以完成，因此目前其发展的趋势是倾向于测量的智能化和自动化。可以肯定，随着微电子技术的发展需要，数据域测量技术必将得到更大的发展。

4）统计测量

统计测量又叫做随机测量，主要是对各类噪声信号进行动态测量和统计分析，这是一项较新的测量技术，尤其在通信领域有着广泛应用。

3. 按测量回路的构成不同分类

按照测量回路的不同，可以把测量分为开环测量和反馈测量两种类型。

开环测量如图 1-3（a）所示，它是直接对输出量 y 实施开环测量，因此具有简单、直观、明了、测量精度不高的特点。反馈测量如图 1-3（b）所示，它所测量的输出量 y 又反馈作用于输入量 x，因此具有精度高、复杂、成本高、要求高的特点。

除了上述几种常见的分类方法外，还有其他一些分类方法。例如：按照对测量精度的要求，可以分为精密测量和工程测量；按照测量时测量者对测量过程的干预程度分为自动测量和非自动测量；按照被测量与测量结果获取地点的关系分为本地（原位）测量和远地测量（遥测）、接触测量和非接触测量；按照被测量的属性分为电量测量和非电量测量等。

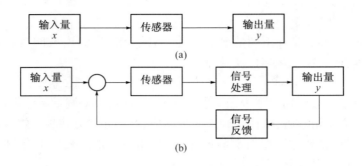

图 1-3　开环测量和反馈测量示意图

1.2.2　电子测量仪器

利用电子技术对各种待测量进行测量的设备,统称为电子测量仪器。测量仪器是用来对被测对象取得"度"或"量"信息的一种器具,它能够将被测量转换成可供直接观察的指示值或等效的信息。

电子测量仪器,按工作原理可以分为模拟式和数字式两大类。前者是指具有连续特性并与同类模拟量相比较的仪器;后者是指通过模数转换把具有连续性的被测量量变成数字量,再显示结果的仪器。习惯上,一般人们按功能对电子测量仪器进行分类,大致可分为波形显示仪器,电路参数测量仪器,频率、时间、相位测量仪器,信号分析仪器,模拟电路特性测试仪器,数字电路特性测试仪器和测试用信号源等。

各类测量仪表一般具有物理量的变换、信号的传输和测量结果的显示等三种最基本的功能。

模拟式仪表最基本构成单元的动圈式检流计(电流表),就是将流过线圈的电流强度,转化成与其成正比的扭矩而使仪表指针偏转到距离初始位置一个角度,根据此偏转角度大小(通过刻度盘上的刻度获得)得到被测电流的大小,这就是一种基本的变换功能。另外,对于其他的电学物理量,如电场强度、电容等,也往往变换成容易测量的电压和电流的形式进行测量。对非电量测量,更须将各种非电物理量如压力、位移、温度、湿度、亮度、颜色、物质成分等,通过各种对其敏感的敏感元件(通常称为传感器),转换成与其相关的电压、电流等,而后再通过对电压、电流的测量,得到被测物理量的大小。

信号一旦检测出来后就要通过一定方式将其显示给控制者,因此,对于测量仪器的另一个必不可少的功能就是传输功能。传输的过程要涉及对信号的变换和处理(如电压变换、信号匹配等),同时根据用户需要可能还要对传输的信号格式做出相应处理。

测量的最终目的是要将结果以某种有效的方式显示出来。因此,任何测量仪器都必须具备一定显示功能。如模拟式仪表通过指针在仪表度盘上的位置不同而显示不同的测量结果,数字式仪表通过数码管、液晶或阴极射线管直接以数字形式显示测量结果。作为测量仪器其常用的显示装置一般包括实时信号分析仪、电子计算机、笔式记录仪、示波器、磁带记录仪、半导体存储器等。除此之外,一些先进的仪器如智能仪器等还具有数据记录、处理及自检、自校、报警提示等功能。

1.2.3 测量仪器的主要性能

对测量仪器的性能指标的描述是多方面的,各种性能指标的重要程度随着使用要求和场合有很大差异,一般来讲主要包括以下几个方面。

1. 精确度

精确度是指测量仪器的读数或测量结果与被测量真值接近的程度,也称为精度。它是表明测量误差大小泛指性的广义词汇。一般讲精度高,表明误差小;精度低,表明误差大。进一步分析随机误差和系统误差,精度包含有准确度和精密度两部分内容。

1)准确度

准确度是精确度的一个重要组成部分。它反映系统误差的大小,表明测量仪器设备有规则的偏离真值的程度。

2)精密度

精密度说明了测量仪器设备指示值的分散程度,反映了测量仪器随机误差的大小。也就是说,对某一稳定的被测量对象,使用同一设备,在同一测量条件下进行连续多次测量时,得到的测量结果的分散程度。精密度高,意味着随机误差小,测量结果的重复性好。如某电压表的精密度为 0.1V,即表示用它对同一电压进行测量时,得到的各次测量值的分散程度不大于 0.1V。

测量时,其结果的分散程度一般用标准偏差 σ 或者用或然误差 0.674σ 来表示。

对于一个测量结果,精密度高的准确度不一定高。而准确度高的精密度也不一定高,可以用图 1-4 所示的打靶的例子来说明。

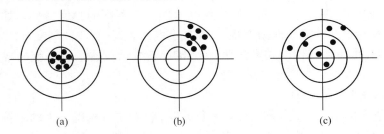

(a)　　　　　　(b)　　　　　　(c)

图 1-4　用射击比喻测量

在图 1-4 中,以靶心比做被测量真值,以靶上的弹着点表示测量结果。其中图 1-4(a)弹着点相互很接近且都围绕靶心,即系统误差和随机误差都小,精确度高。图 1-4(b)弹着点密集但明显偏向一方,表明精密度高,但准确度不好。图 1-4(c)弹着点仍较分散,表明精密度和准确度都不好。

2. 灵敏度

灵敏度表示测量仪表对被测量变化的敏感程度。可以定义为测量仪器输入变化所引起的输出变化量 ΔY 与输入变化量 ΔX 之比。也就是说,测量仪器的灵敏度是单位输入变化量所引起的输出量的变化。灵敏度用 S 来表示,可以用式(1-1)计算:

$$S = \frac{\Delta Y}{\Delta X} \tag{1-1}$$

某些情况下,也用取对数的形式表示

$$S = \lg \frac{\Delta Y}{\Delta X}$$

3. 稳定性

稳定性通常用稳定度和影响量两个参数来表征。稳定度也称稳定误差,是指在规定的时间区间,其他外界条件恒定不变的情况下,仪表示值变化的大小。造成这种示值变化的原因主要是仪器内部各元器件的特性、参数不稳定和老化等因素。稳定度可用示值绝对变化量与时间一起表示。例如,某数字电压表的稳定度应为$(0.08\% U_\mathrm{m} + 0.003\% U_\mathrm{x})/$ $(8\mathrm{h})$,其含义是在 $8\mathrm{h}$ 内,测量同一电压,在外界条件维持不变的情况下,电压表的示值可能发生 $0.08\% U_\mathrm{m} + 0.003\% U_\mathrm{x}$ 的上下波动,其中 U_m 为该量程满度值,U_x 为示值。稳定度也可用示值的相对变化率与时间一起表示,例如,国产 XFC – 6 标准信号发生器,在 220V 电源电压和 20℃ 环境温度下,频率稳定度小于等于 $2 \times 10^{-4}/10\mathrm{min}$;XD6B 超低频信号发生器,正弦波幅度稳定度小于等于 $0.3\%/1\mathrm{h}$ 等。

由于电源电压、频率、环境温度、湿度、气压、振动等外界条件变化而造成仪表示值的变化量,称为影响量或影响误差,一般用示值偏差和引起该偏差的影响量来一起表示。例如,EE1610 晶体振荡器在环境温度从 10℃ 变化到 35℃ 时,频率漂移小于等于 1×10^{-9} 等。

4. 线性度

线性度是测量仪表输入/输出特性之一,表示仪表的输出量(示值)随输入量(被测量)变化的规律。若仪表的输出为 y,输入为 x,两者关系用函数 $y = f(x)$ 表示,如果 $y = f(x)$ 为 $y - x$ 平面上过原点的直线,则称为线性刻度特性,否则称为非线性刻度特性。由于各类测量仪器的原理各异,不同的测量仪器可能呈现不同的刻度特性。如常用的万用表的电阻挡,具有上凸的非线性刻度特性,而数字电压表,具有线性刻度特性。

仪器的线性度可用线性误差来表示,如 SR46 双线示波器垂直系统的幅度线性误差小于等于 5%。

5. 输入阻抗与输出阻抗

输入阻抗是指仪表在输出端接有额定负载时,输入端所表现出来的阻抗。输入阻抗的大小将决定信号源的衰减程度,输入阻抗越大,则衰减越小,所以,一般应选择输入阻抗大一些。

输出阻抗是指仪表在接入有信号源的情况下,输出端所表现的阻抗。输出阻抗大意味着把仪表或传感器看成信号源时,信号具有很大的内阻。这样,在仪表输出端接上负载后(如二次仪表)其信号衰减较大,产生较大的负载误差。因此一般要求仪表或传感器的输出阻抗要小。

6. 动态特性

测量仪表的动态特性表示仪表的输出响应随输入变化的能力。例如,模拟电压表由于动圈式表头指针惯性、轴承摩擦、空气阻尼等因素的作用,使得仪表的指针不能瞬间稳定在固定值上。又如,示波器的垂直偏转系统,由于输入电容等因素的影响,造成输出波形对输入信号的滞后与畸变,示波器的瞬态响应就表示了这种仪器的动态特性。

最后指出,上述测量仪器的几个特性,是就一般而论,并非所有仪器都用上述特性加以考核。有些测量仪器除了上述指标特性外,还有其他技术要求。另外,测量仪器与被测对象仪器本身就构成了测试系统,因此,上述测量仪器的主要性能指标也同样适用于描述测试系统。

1.3 测量误差及处理

研究误差对于数据处理、实验设计有着十分重要的意义,它有助于正确地进行数据分析;有助于充分利用测量得到数据信息,在一定条件下得到更接近于真实值的最佳结果;有助于合理地确定实验误差,以免产生实验精度的虚假现象而升高或降低了实验应有的精度;有助于合理地选择实验条件和确定实验方案。

1.3.1 误差分类

根据误差的性质及其产生的原因,可将其分为系统误差、随机误差和疏失误差三类。

1. 系统误差

指测量中由于某种未发现或未确认的因素所引起的误差。其特点是始终偏向一个方向(偏大或偏小),其大小及符号在同一批次实验中完全相同。系统误差一般是由于所用仪器未经校准,观测环境(温度、压力、湿度等)的变化,观测者的某种习惯或偏向性动作所造成的。

系统误差变化情况可用图1-5表示,分以下几种:

恒值系统误差,如图中曲线 a 所示。这是大量存在的,在整个测量过程中,误差的大小和符号固定不变,例如,由于仪器仪表的固有(基本)误差引起的测量误差均属此类。

线性系统误差,如图中曲线 b 所示。在整个测量过程中,误差逐渐增大(或减小),例如,电路用电池供电,由于电池供电电压逐渐下降,将导致线性系统误差。

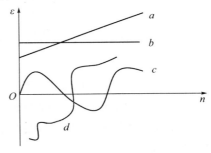

图 1-5 系统误差变化情况图

周期性系统误差,如图中曲线 c 所示。在整个测量过程中,误差值周期性变化,例如,晶体管的 β 值随环境温度周期性变化,将产生周期性误差。

复杂变化的系统误差,如图中曲线 d 所示。在整个测量过程中,误差的变化规律很复杂。上述曲线 b、c 和 d 表示的误差,统称为变值系统误差。

对于具体的测量者而言,善于找出产生系统误差的原因,并采取有效的措施来减小系统误差的影响,对于取得较准确的测试是很重要的。

2. 随机误差

指在测量中已经消除了产生仪器系统误差的一切因素,而观测者又正确细心地进行测量,在所得数据末一位或两位数字仍然存在着数字上的差别。单次测量时,其误差可大可小,可正可负,产生误差的原因不详,也无法控制,但在多次测量后,其平均值趋于零。经验证明,这类误差的大小和正负,完全服从统计规律,亦即完全由概率决定,所以可用相关的概率理论进行处理。

测量中随机误差通常是多种因素造成的许多微小误差的综合,随机误差的概率分布大多接近于正态分布。

设在一定条件下对某一个真值为 X_0 的量进行多次重复测量,即进行一列 n 次等精度测量,其结果分别为 $X_1,X_2,\cdots,X_i,\cdots,X_n$,则各次测量值出现的概率分布密度函数为

$$P(X) = \frac{1}{\sigma(X)\sqrt{2\pi}}\exp\left[\frac{(X-X_0)^2}{2\sigma^2(X)}\right] \qquad (1-2)$$

式中: X 为测量值; $\sigma(x)$ 为测量值分布的标准差(均方差)。

如果令随机误差的绝对误差为

$$\delta_i = X_i - X_0 \qquad (1-3)$$

显然,其绝对误差也服从正态分布。也就是说,只有随机误差的测量值和其绝对误差都服从正态分布。

其测量值和绝对误差的两种概率分布密度曲线如图 1-6 所示。其中,图 1-6(a)是在随机误差影响下,测量值 X 的正态分布密度曲线,图 1-6(b)是随机误差 δ 的正态分布密度曲线。

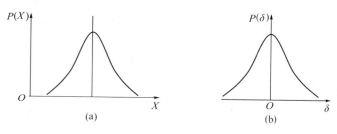

图 1-6　测量值与随机误差的正态分布密度曲线

很明显,X 和 δ 的分布密度形状相同,只是横坐标相差一个常数 X_0,它们的分散程度也相同,即 $\sigma(x)$ 与 $\sigma(\delta)$ 相等,因此,只需讨论其中一种,而对另一种只需把横坐标移动一个位置即可。

服从正态分布的随机误差具有如下特点:

(1)单峰性。绝对值小的误差出现的概率比绝对值大的误差出现的概率大。

(2)对称性。绝对值相等的正误差与负误差出现的概率相等。

(3)有界性。在一定测量条件下,绝对值很大的误差出现的概率近于零,亦即可以认为误差的绝对值实际上不超过一定界限。

(4)抵偿性。相同条件下对同一样本进行测量时,各误差 δ_i 的代数和随着测量次数 n 的无限增加而趋于零。

上述四个特点,有时也称为随机误差的四个公理。

当测量次数无穷多时,随机误差的数学期望等于零。

3. 疏失误差

在相同条件下,对同一被测量进行多次测量时,可能某些测量结果明显偏离了被测量的真值的误差,又称为粗差。这是由于观测者粗心大意、操作不正确等原因所造成的显然与事实不符的误差,如读错仪表指示值,记录或计算错误所造成的误差等。

凡是确认含有疏失误差的测量结果称为坏值。在测量数据处理时,所有坏值都必须剔除。

疏失误差一般具有很大或者很小,明显歪曲实验结果和实际情况等特点。

1.3.2 误差的表示方法

测量误差按照其表示方法来分,通常有绝对误差、相对误差、算术平均误差、概率误差和极限误差等。

1. 绝对误差

由测量所得到的被测量值 X 与其真值 X_0 的差值,称为绝对误差 ΔX,即

$$\Delta X = X - X_0 \qquad (1-4)$$

实际上真值不能得到,可以用高一级或数级的标准仪器或计量器具所测得的数值代替真值;在误差较小,要求不太严格的场合,也可以用仪器的多次测量值的均值代替真值。

2. 相对误差

测量的绝对误差与被测量的真值之比(用百分数表示),称为相对误差。

$$r_0 = \frac{\Delta X}{X_0} \times 100\% \qquad (1-5)$$

由于真值无法获得,实际中往往用绝对误差与实际测量值之比的百分数来获得相对误差,称为实际值相对误差。将上式中 X_0 用 X 替代,用 r_A 表示的实际值相对误差,即

$$r_A = \frac{\Delta X}{X} \times 100\% \qquad (1-6)$$

3. 均方根误差

它又叫均方差,是表示实验精确度的较好方法,应用比较广泛。

当测量次数 n 较大时(通常在 $n \geq 15$ 次时),均方根误差 σ 的计算公式为

$$\sigma = \sqrt{\frac{1}{n} \sum_{i=1}^{n} \delta_i^2} = \sqrt{\frac{1}{n} \sum_{i=1}^{n} \nu_i^2} \qquad (1-7)$$

式中:$\nu_i = X_i - X_0$,表示剩余误差,它等于每次测量值与均值之差。

当测量次数 n 较小时(通常在 $n \leq 10$ 次时),此时,均方根误差 σ 的计算公式应改为

$$\sigma = \sqrt{\frac{1}{n-1} \sum_{i=1}^{n} \delta_i^2} \qquad (1-8)$$

均方根误差 σ 在概率论中是表征分布的一个重要数字特征,它能把对测量危害大的误差充分反映出来。

4. 引用误差

引用误差是指测量仪表绝对误差与测量范围上限值或量程满刻度 X_m 之比的百分数,即

$$r_0 = \frac{\Delta X}{X_m} \times 100\% \qquad (1-9)$$

由于测量仪表各指示值的绝对误差不相等,国家标准规定用最大引用误差来定义仪器仪表的精度等级。

按照国家标准规定,仪器仪表的精度等级分为 0.1、0.2、0.5、1.0、1.5、2.5、5.0 七级。它们的基本误差以最大应用误差计,分别为 ±0.1%、±0.2%、±0.5%、±1.0%、±1.5%、±2.5%、±5.0%。精度等级通常用 S 表示。例如 $S=1$,说明该仪表的最大应用误差不超过 ±1.0%。它的绝对误差的最大值的范围是

$$\Delta X_{max} = \pm S\% \times X_m \tag{1-10}$$

当计算所得的最大引用误差与仪表的精度等级的分挡不等时,应取比其稍大的精度等级值。例如计算的 $S=2.0$,则应该选用 1.5 级的仪表。

【例 1-1】 测量一个约 80V 的电压,现有两块电压表:一块量程 300V、0.5 级,另一块量程 100V、1.0 级。问选用哪一块为好?

【解】 如使用 300V、0.5 级表、求出其示值相对误差为

$$r_x \leqslant \frac{S\% \times X_m}{X} = \frac{0.5\% \times 300}{80} \approx 1.88\%$$

如使用 100V、1.0 级表,其示值相对误差为

$$r_x \leqslant \frac{S\% \times X_m}{X} = \frac{1\% \times 100}{80} \approx 1.25\%$$

可见由于仪表量程的原因,选用 1.0 级表测量的精度比选用 0.5 级表为高。故选用 100V、1.0 级表为好。

1.3.3 减小误差的方法

1. 系统误差的减小方法

1)从产生系统误差的根源上采取措施

这是最根本的方法。例如,所采用的测量方法及其原理应当是正确的;所选用仪器仪表的准确度、应用范围等必须满足使用要求;还要注意仪器的使用条件和方法及其附件使用规定等。仪器仪表要定期校准,正确调节零点,以保证测量的准确度。

测量工作的环境(温度、湿度、气压、交流电源电压、电磁场干扰)要安排合适,必要时可采取稳压、散热、空调、屏蔽等措施。

测量人员应提高测量技术水平,提高工作责任心,克服主观原因所造成的系统误差,必要时可选用数字式仪表代替指针式仪表,用打印设备代替手抄数据等措施。

2)用修正法减小系统误差

预先将仪器仪表的系统误差检定出来,整理出误差表格或误差曲线,作为修正值,与测量值相加,即可得到基本上不包含系统误差的结果。这是一般测量仪表常用的方法,但是由于修正值本身也具有一定的误差,因而这种方法只适用于工程测量。

3)用零示法减小系统误差

即将被测量与已知标准量相比较,当两者的效应互相抵消时,指零仪器示值为零,达到平衡,这时已知量的数值就是被测量的数值。电位差计就是采用零示法的典型例子。

采用这种方法,不需要读数,只要指零仪器具有足够的灵敏度即可。零示法测量的准确度主要取决于已知标准量,因而误差很小。

4)用替代法减小系统误差

以已知标准量代替被测量,通过改变已知量的方法使两次的指示值相同,则可根据已知标准量的数值得到被测量。由于已知量在接入时,没有改变被测电路的工作状态,所以对被测电路不影响,而且测量电路中的电源、元器件等均采用原电路参数,所以对结果也不产生影响。此外,由于不改变电路的工作环境,其内在特性及外界因素所引起仪器示值的误差,在两次测量中可以抵消掉,故它是一种比较精密的测量方法。

上述两种方法虽然简单,但也有其局限性,通常均需要一套相应的参数可调的标准器件。

2. 随机误差的减小方法

随机误差一般比较小,在精密测量中,只有当系统误差已经采取措施消除后,随机误差才不能忽略。根据上述有关随机误差的四大特点,精密测量时可以通过反复测量,求出测量值的算数平均值,即

$$\overline{X} = \frac{1}{n}\sum_{i=1}^{n} X_i \qquad (1-11)$$

式中:$X_i (i=1,2,3,\cdots,n)$ 是随机变量,为测量值;n 为测量次数。

在上述多次测量值的算术平均值中,如果认为测量值的系统误差已被消除,则随机误差的算术平均值为

$$\frac{1}{n}\sum_{i=1}^{n} \delta_i = \frac{1}{n}\sum_{i=1}^{N} (X_i - X_0) = \frac{1}{n}\sum_{i=1}^{n} X_i - X_0 \qquad (1-12)$$

由随机误差的抵偿性可知,当 $n \to \infty$ 时,有

$$\lim_{n \to \infty} \left(\frac{1}{n}\sum_{i=1}^{n} \delta_i \right) = 0 \qquad (1-13)$$

就有

$$\overline{X} = \frac{1}{n}\sum_{i=1}^{n} X_i = X_0 \qquad (1-14)$$

这就是说,当测量次数无穷多时,随机误差的算数平均值等于零。

当测量次数不足时,$\overline{X}$ 与 X_0 仍然有偏离,其偏离程度可用标准差 σ_x 来表示。

根据概率论原理,标准差为

$$\sigma_x = \frac{\sigma}{\sqrt{n}} \qquad (1-15)$$

那么,$\overline{X}$ 与 X_0 的偏离可以表示为

$$X_0 = \overline{X} \pm \sigma_x \qquad (1-16)$$

3. 疏失误差的剔除方法

在一批测量数据中,如果发现有异常数据(有疏失误差),必须立即剔除这些坏值。

另一方面,由于在特定条件下进行实验测量的随机波动性,致使测量数据有一定的分

13

散性。如果人为地丢掉一些误差较大、不属于异常的数据,这样会造成虚假的"高精度",这也是不正确的。

对异常数据的处理,往往采取物理判别和统计判别这两种方法。

物理判别法:即在测量过程中,人们根据常识和经验,判别由于震动、误读等原因所造成的坏值,随时发现,随时剔除。

统计判别法:其基本思想是给定一个置信概率(如 0.99),并确定一个置信限,凡是超过此限的误差,就认为它不属于随机误差范围,系属坏值,应予以剔除。

利用数字计算机对实验数据进行检查、判别、统计推断、指出实验数据中的可疑点,剔除异常数据,可以为实验数据的处理带来很大方便,现介绍两种剔除异常数据的方法。

1)莱特准则

如果实验数据的总体 x 是正态分布的,则

$$P(\,|\,x - \mu\,| > 3\sigma\,) \leqslant 0.003 \qquad\qquad (1-17)$$

式中:μ 和 σ 分别表示总体的数学期望和标准差。因此,在实验数据中出现大于$(\mu + 3\sigma)$或小于$(\mu - 3\sigma)$数据的概率是很小的,根据上式,对于大于$(\mu + 3\sigma)$或小于$(\mu - 3\sigma)$的实验数据,作为异常数据予以剔除。

对于有限次数测量,在测量数据中,如果某个测量数据 X_i 的残值的绝对值为

$$|v_i| > 3\hat{\sigma} \qquad\qquad (1-18)$$

则可认为该次测量值 X_i 是坏值,予以剔除,当重复测量数据足够多时,按照莱特准则的方法来剔除坏值是可行的,如果测量次数较少时,例如少于 20 次,其结果就不一定可靠,这时可用肖维勒准则判别。

2)肖维勒准则

若某个测量值 X_i 和残差 $v_i (1 \leqslant i \leqslant n)$ 满足下式:

$$|v_d| > \overline{\omega}_n \sigma \qquad\qquad (1-19)$$

则 X_i 被判定为异常数据时,应予以剔除。

式(1-19)中 σ 是 n 次测量数据的标准差,$\overline{\omega}_n$ 可以查阅表 1-1。

表 1-1 $\overline{\omega}_n$ 与 n 的对应关系

n	$\overline{\omega}_n$	n	$\overline{\omega}_n$	n	$\overline{\omega}_n$
3	1.38	13	2.07	23	2.30
4	1.53	14	2.10	24	2.31
5	1.65	15	2.13	25	2.33
6	1.73	16	2.15	30	2.39
7	1.80	17	2.17	40	2.49
8	1.86	18	2.20	50	2.58
9	1.92	19	2.22	75	2.71
10	1.96	20	2.24	100	2.81
11	2.00	21	2.26	200	3.02
12	2.03	22	2.28	300	3.20

1.4 误差的合成与分配

前述是关于直接测量的误差计算问题。在很多场合,由于进行直接测量有困难或直接测量难以保证准确度,而需要采用间接测量。

通过直接测量与被测量有一定函数关系的其他参数,再根据函数关系算出被测量。在这种测量中,测量误差是各个测量值误差的函数,研究这种函数误差有以下两个方面。

(1)已知被测量与各参数之间的函数关系及各测量值的误差,求函数的总误差。这是误差的合成问题。在间接测量中,例如,功率、电能、增益等量值的测量,一般都是通过电压、电流、电阻、时间等直接测量值计算出来的,如何用各分项误差求出总误差是经常遇到的问题。

(2)已知各参数之间的函数关系及对总误差的要求,分别确定各个参数测量的误差。这是误差分配问题,它在实际测量中具有重要意义,例如,制定测量方案时,当总误差由测量任务被限制在某一个允许范围内,如何确定各参数误差的允许界限,这就是由总误差求分项误差的问题。

再例如,制造一种测量仪器,要保证仪器的标称误差不超过规定的准确度等级,应对仪器各组成单元的允许误差提出分项误差要求,这就是利用误差分配来解决设计问题。

可见,研究误差合成与分配是很重要的。

1.4.1 测量误差的合成

1. 误差传递公式

在间接测量中,一般为多元函数,设 y 为间接测量值(函数),x_j 为各个直接测量值(自变量),则

$$y = f(x_1, x_2, \cdots, x_n) \qquad (1-20)$$

这些自变量的误差为 $\Delta x_1, \Delta x_2, \cdots, \Delta x_n$,则

$$y + \Delta y = f(x_1 + \Delta x, x_2 + \Delta x, \cdots, x_n + \Delta x_n)$$

用泰勒公式将等号右侧展开,得

$$f(x_1 + \Delta x_1, x_2 + \Delta x_2, \cdots, x_n + \Delta x_n)$$

$$= f(x_1, x_2, \cdots, x_n) + \frac{\partial f}{\partial x_1}\Delta x_1 + \frac{\partial f}{\partial x_2}\Delta x_2 + \cdots + \frac{\partial f}{\partial x_n}\Delta x_n +$$

$$\frac{1}{2}\left[\frac{\partial^2 f}{\partial x_1^2}(\Delta x_1)^2 + \cdots + \frac{\partial^2 f}{\partial x_n^2}(\Delta x_n)^2 + 2\frac{\partial^2 f}{\partial x_1 \partial x_2}\Delta x_1 \Delta x_2 + \cdots\right] + \cdots$$

因为 $\Delta x \ll x$,所以 $(\Delta x)^2$ 或 $\Delta x_1 \Delta x_2$ 等高阶小量可以略去,则

$$y + \Delta y = f(x_1, x_2, \cdots, x_n) + \frac{\partial f}{\partial x_1}\Delta x_1 + \frac{\partial f}{\partial x_2}\Delta x_2 + \cdots + \frac{\partial f}{\partial x_n}\Delta x_n$$

用此式减去式(1-20),得

$$\Delta y = \frac{\partial f}{\partial x_1}\Delta x_1 + \frac{\partial f}{\partial x_2}\Delta x_2 + \cdots + \frac{\partial f}{\partial x_n}\Delta x_n$$

即

$$\Delta y = \sum_{j=1}^{n} \frac{\partial f}{\partial x_j}\Delta x_j \qquad (1-21)$$

式中：$\Delta x_j = x_j - A_{oj}$，是自变量 x_j 的绝对误差。此式即绝对误差传递公式。

若将式(1-21)等号两边除以 $y = f(x_1, x_2, \cdots, x_n)$，则相对误差表达式为

$$r_y = \frac{\Delta y}{y} = \frac{\sum_{j=1}^{n} \frac{\partial f}{\partial x_j}\Delta x_j}{f}$$

由于

$$\frac{\mathrm{d}f}{f} = \frac{\mathrm{d}\ln f}{\mathrm{d}x}$$

因而

$$r_y = \sum_{j=1}^{n} \frac{\partial \ln f}{\partial x_j}\Delta x_j \qquad (1-22)$$

此式是相对误差传递公式。式(1-21)及式(1-22)是误差传递的基本公式。

2. 常用函数的合成误差

1）积函数的合成误差

设 $y = A \cdot B$，A 和 B 的绝对误差为 ΔA 与 ΔB，则

$$\begin{cases} r_y = \dfrac{\Delta y}{y} = \dfrac{\Delta A}{A} + \dfrac{\Delta B}{B} = r_A + r_B \\ \Delta y = \sum_{j=1}^{n} \dfrac{\partial f}{\partial x_j}\Delta x_j = \dfrac{\partial(AB)}{\partial A}\Delta A + \dfrac{\partial(AB)}{\partial B}\Delta B = B\Delta A + A\Delta B \end{cases} \qquad (1-23)$$

此式说明，用两个直接测量值的乘积来求第三个量值时，其总的相对误差等于各分项相对误差相加，当 r_A 和 r_B 分别有 ± 号时，即为

$$r_y = \pm(|r_A| + |r_B|) \qquad (1-24)$$

2）商函数的合成误差

设 $y = \dfrac{A}{B}$，A 与 B 的绝对误差为 ΔA 和 ΔB，则

$$\begin{cases} r_y = \dfrac{\Delta y}{y} = \dfrac{\Delta A}{A} - \dfrac{\Delta B}{B} = r_A - r_B \\ \Delta y = \dfrac{1}{B}\Delta A + \left(-\dfrac{A}{B^2}\right)\Delta B \end{cases} \qquad (1-25)$$

当分项误差 r_A 和 r_B 的符号不能确定时，从最大误差考虑出发，仍需取分项 r 的绝对

值相加,即

$$r_y = \pm (\mid r_A \mid + \mid r_B \mid)\qquad (1-26)$$

3）幂函数的合成误差

设 $y = KA^m B^n (K$ 为常数），则

$$\begin{cases} \dfrac{\Delta y}{y} = m\,\dfrac{\Delta A}{A} + n\,\dfrac{\Delta B}{B} \\[2mm] r = mr_A + nr_B \end{cases}\qquad (1-27)$$

4）和差函数的合成

设 $y = A \pm B, y + \Delta y = (A + \Delta A) + (B + \Delta B)$。后式减去前式,得

$$\Delta y = (A + \Delta A) \pm (B + \Delta B) - (A \pm B) = \Delta A \pm \Delta B$$

从最大误差考虑,无论 $A + B$ 或 $A - B$,当其误差的符号不能预先确定时,其总误差应取 A、B 误差绝对值之和,即

$$\Delta y = \pm (\mid \Delta A \mid + \mid \Delta B \mid)\qquad (1-28)$$

相对误差

$$r_y = \frac{\Delta y}{y} = \frac{\Delta A \pm \Delta B}{A \pm B}\qquad (1-29\text{a})$$

或

$$r_y = \frac{A}{A + B}r_A \pm \frac{B}{A \pm B}r_B\qquad (1-29\text{b})$$

用式（1-29）表示,当 $y = A + B$ 时,有

$$r_y = \pm \left(\frac{A}{A + B} \mid r_A \mid + \frac{B}{A + B} \mid r_B \mid \right)\qquad (1-30\text{a})$$

当 $y = A - B$ 时,有

$$r_y = \pm \left(\frac{A}{A - B} \mid r_A \mid + \frac{B}{A - B} \mid r_B \mid \right)\qquad (1-30\text{b})$$

由式（1-30b）可知,当直接测量值 A 和 B 比较接近时,差函数可能会造成较大的误差,应通过选择合适的测量方案避免这一情况。

对于和函数,积、商函数的合成误差,综合上述结论就可以解决问题。

3. 系统误差的合成

1）确定性系统误差的合成

对于误差的大小及符号均已确定的系统误差,可直接由误差传递公式进行合成,因为

$$\Delta y = \sum_{j=1}^{n} \frac{\partial f}{\partial x_j}\Delta x_j$$

$\Delta x = \varepsilon_j + \delta_j$,当随机误差 δ_j 不计时,$\Delta x_j = \varepsilon_j$,则

$$\Delta y = \frac{\partial f}{\partial x_1}\varepsilon_1 + \frac{\partial f}{\partial x_2}\varepsilon_2 + \cdots + \frac{\partial f}{\partial x_n}\varepsilon_n$$

$$\varepsilon_y = \sum_{j=1}^{n} \frac{\partial f}{\partial x_j} \varepsilon_j \qquad (1-31)$$

$$r_y = \frac{\varepsilon_y}{y} = \sum_{j=1}^{n} \frac{\partial \ln f}{\partial x_j} \varepsilon_j \qquad (1-32)$$

2) 系统不确定度的合成

对于只知道误差,而不掌握其大小和符号的系统误差称为系统不确定度,用 r_y 表示,相对系统不确定度用 r_{ym} 表示。例如,仪器仪表的基本误差和附加误差即属此类。可用绝对值合成法和均方根合成法计算系统不确定度。

绝对值合成法:

$$\varepsilon_{ym} = \pm \sum_{j=1}^{n} \left| \frac{\partial f}{\partial x_j} \varepsilon_{jm} \right| \qquad (1-33)$$

$$r_{ym} = \pm \sum_{j=1}^{n} \left| \frac{\partial \ln f}{\partial x_j} \varepsilon_{jm} \right| \qquad (1-34)$$

一般情况:

$$r_{ym} = \pm (|r_1| + |r_2| + \cdots + |r_n|)$$

【例 1-2】 用 DA-16 型晶体管毫伏表的 3V 量程测量一个 100kHz 的 1.5V 电压。已知该仪表的基本误差为 ±3%(1kHz 时),频率附加误差 $r_f = \pm 3\%$(在 20Hz ~ 1MHz 范围内),试求系统的相对不确定度。

【解】 由仪表的基本误差求出仪表 3V 量程最大的绝对误差为

$$\Delta V_M = \pm S\% \cdot V_M = \pm 0.09V$$

最大示值相对误差

$$r_m = \frac{\Delta V_M}{V_X} \times 100\% = \frac{\pm 0.09}{1.5} \times 100\% = \pm 0.6\%$$

相对系统不确定度

$$r_{ym} = \pm (|r_m| + |r_j|) = \pm (6\% + 3\%) = \pm 9\%$$

可见这种方法是按分项误差同方向相加来考虑的。若再考虑温度、电源电压变化等多项附加误差时,显然其合成结果是过于保守的。虽然比较保险,但这种均为最大值的可能性是很小的。

均方根合成法:

$$\varepsilon_{ym} = \pm \sqrt{\sum_{j=1}^{n} \left(\frac{\partial f}{\partial x_j} \varepsilon_{jm} \right)^2} \qquad (1-35)$$

$$r_{ym} = \pm \sqrt{\sum_{j=1}^{n} \left(\frac{\partial \ln f}{\partial x_j} \varepsilon_{jm} \right)^2} \qquad (1-36)$$

一般情况:

$$r_{ym} = \pm \sqrt{|r_1|^2 + |r_2|^2 + \cdots + |r_n|^2} \qquad (1-37)$$

仍用以上数据,得

$$r_{ym} = \pm \sqrt{0.06^2 + 0.03^2} = \pm 6.7\%$$

这个数据比较合理。

1.4.2 测量误差的分配

1. 按系统误差相同的原则分配误差

这里指分配给各组成环节的系统误差相同,即

$$\varepsilon_1 = \varepsilon_2 = \cdots = \varepsilon_n = \varepsilon_j$$

因为

$$\varepsilon_y = \frac{\partial f}{\partial x_1}\varepsilon_1 + \frac{\partial f}{\partial x_2}\varepsilon_2 + \cdots + \frac{\partial f}{\partial x_n}x_n = \left(\frac{\partial f}{\partial x_1} + \frac{\partial f}{\partial x_2} + \cdots + \frac{\partial f}{\partial x_n}\right)\varepsilon_j = \left(\sum_{j=1}^{n}\frac{\partial f}{\partial x_j}\right)\varepsilon_j$$

所以

$$\varepsilon_j = \frac{\varepsilon_y}{\sum\limits_{j=1}^{n}\frac{\partial f}{\partial x_j}} \qquad\qquad (1-38)$$

式(1-38)中的分子是要求的总误差,分母是均匀的分配到各分项上的误差。可见这种分配多用于各分项性质相同、误差大小相近的情况。当然这样分配后,不一定完全合理,可以对各项的 ε_j 进行适当的调整,以利于实现。

将式(1-38)用相同误差表示时,有

$$r_j = \frac{r_{ym}}{n} \qquad\qquad (1-39)$$

式中: r_{ym} 指总的测量准确度的要求。

2. 按对总误差影响相同的原则分配误差

这里指分项误差的值不同,但它们对总误差的影响是相同的,即

$$\frac{\partial f}{\partial x_1}\varepsilon_1 = \frac{\partial f}{\partial x_2}\varepsilon_2 = \cdots = \frac{\partial f}{\partial x_n}\varepsilon_n$$

因为

$$\varepsilon_y = \frac{\partial f}{\partial x_1}\varepsilon_1 + \frac{\partial f}{\partial x_2}\varepsilon_2 + \cdots + \frac{\partial f}{\partial x_n}\varepsilon_n = n\frac{\partial f}{\partial x_j}\varepsilon_j$$

所以

$$\varepsilon_j = \frac{\varepsilon_y}{n \cdot \frac{\partial f}{\partial x_j}} \qquad\qquad (1-40)$$

【例1-3】 用测电压和电流的方法测量功率,要求功率的相对误差 $\gamma_P < 5.0\%$。测得电压 $U = 10V$,电流 $I = 80mA$。按对总误差影响相同的原则分配误差,应如何选择电压表和电流表。

【解】
$$P = UI = 10 \times 80 = 800(\text{mW})$$
$$\varepsilon_P \leqslant 800\text{mW} \times (\pm 5.0\%) = \pm 40\text{mW}$$

根据式(1-40),得

$$\varepsilon_U \leqslant \frac{\varepsilon_P}{n\partial(UI)/\partial U} = \frac{\varepsilon_P}{nI} = \frac{40}{2 \times 80} = 0.25(\text{V})$$

已知测量结果为 $U_x = 10\text{V}$,选用量程为 $U_m = 10\text{V}$ 或者 $U_m = 15\text{V}$ 的电压表。设用 $U_m = 10\text{V}$ 的电压表,则

$$\Delta U_m = \pm S\% U_m = \pm S\% \times 10\text{V} \leqslant 0.25\text{V}$$

所以, $\pm S\% \leqslant 0.25\text{V}/10 = 0.025$, $S \leqslant 2.5$ 级。因此,可选 $U_m = 10\text{V}$, $S = 2.0$ 级电压表。

$$\varepsilon_U \leqslant \frac{\varepsilon_P}{n\partial(UI)/\partial I} = \frac{\varepsilon_P}{nU} = \frac{40}{2 \times 10} = 2(\text{mA})$$

已知 $I_x = 80\text{mA}$,选 $I_m = 100\text{mA}$ 的电流表。则

$$\Delta I_m = \pm S\% I_m = \pm S\% \times 100\text{mA} \leqslant 2\text{mA}$$

所以,有 $\pm S\% \leqslant 2/100 = 0.02$, $S \leqslant 2.0$,选 $S = 1.5$ 级。
所以选 $I_m = 100\text{mA}$, $S = 1.5$ 级的电流表。

思考与练习题

1. 简述测试系统的组成及各部分的作用。

2. 现代测试系统主要有哪几种基本形式?

3. 按测量手段分类,测量可以分为哪几种? 分别是什么含义?

4. 根据误差的性质及其产生的原因,误差可分为哪几类? 分别是什么含义?

5. 描述测量仪器的性能指标都有哪些?

6. 减小系统误差的手段有哪些?

7. 多级导弹的射程为 1000km,其射击偏离预定点不超过 0.1km;优秀射手能在距离 50m 远处准确射击,偏离靶心不超过 2cm,试问哪一个射击精度高?

8. 测定某药物中 Co 的质量分数($\times 10^{-6}$)得到结果如下: 1.25,1.27,1.31,1.40。用肖维勒准则判断 1.40×10^{-6} 这个数据是否保留。

9. 电流流过电阻的热量 $Q = 0.24I^2 Rt$,若已知测量电流、电阻、时间的相对误差分别是 γ_I 、 γ_R 、 γ_t ,求热量的相对误差 γ_Q 。

10. 已知 R_1 的绝对误差是 ΔR_1 , R_2 的绝对误差是 ΔR_2 ,试分别求出两电阻串联和并联时的误差表达式。

第2章　传感器技术

在现代科学技术和工程实践中大量的对各种非电量(如位移、压力、速度、加速度、温度、液位、重量)的测量技术已经应用到各个领域,特别是各种自动测试和自动控制系统中。它是实现自动检测和自动控制的首要环节,也是检测系统与被测对象直接发生联系的环节,因而也是测试系统中最重要的环节(因为测试系统获取信息的质量的好坏往往是由传感器的性能一次性确定的,测试系统的其他环节无法添加新的信息,并且不易消除传感器所引入的误差)。

传感器不仅是信息采集的关键,而且已经成为进行现代信息测试、检测并为信息传输提供保证的一种重要手段。传感器技术则是研究不同传感器的特点、区别、联系及应用的一项基础技术,它对于检测不同信号、构建不同的测试系统具有很大的促进作用。因此了解传感器技术,学习和掌握传感器的特点、结构、组成等一般特性和常见传感器的工作原理,对于掌握现代测试技术及现代测试系统的构成具有重要的指导意义。

2.1　传感器概述

国家标准(GB 7665—87)对传感器的定义是:"能感受规定的被测量并按照一定的规律转换成可用信号的器件或装置,通常由敏感元件和转换元件组成"。电信号是最容易处理和传输的信号,因此,可以把传感器的狭义定义为:将非电信号转换为电信号的器件或者装置。

传感器的定义包括四个方面的内容:

(1) 传感器是测量装置,能完成检测任务。

(2) 它的输入量是某一被测量,可能是物理量,也可能是化学量、生物量等。

(3) 它的输出量是某一物理量,这种物理量便于传输、转换、处理、控制、显示等,这种物理量可以是声、光、电量。目前主要是电量,尤其是电压、电流等物理量。

(4) 输入与输出有对应关系,且具有一定的精确度。

广义的传感器可以定义为,把外界的各种信息转换成其他信息的器件、装置或者系统。例如,军事上把获取目标或者战场信息的各种雷达、卫星、导引头及各种感知探测装置和系统等均可以认为是传感器。

传感器的主要工作是检出信号。传感器之所以具有能量信息转换功能,就在于它的工作机理是基于各种物理、化学和材料学等学科的效应、原理及规律,并受相应的定律和法则支配。

一般来说,传感器由敏感元件、转换元件和调理变换电路等部分组成,如图2-1所示。敏感元件是直接感受被测量,并以确定关系输出某一物理量。例如,弹性敏感元件将力的变化转换为位移或者应变输出。转换元件是把敏感元件输出的非电量变换成电量（电压、电流、频率等）输出,有些传感器的转换元件不止一个,要经过若干次转换。大部分传感器输出的信号都很微弱,需要有调理变换电路对其信号进行放大、整形等变化调理,用于显示、记录、处理和控制。

图 2-1 传感器的基本组成

有些传感器把敏感元件、转换元件和调理变换电路,甚至包括电源集成到一起,有些则是把前两部分集成。不是所有的传感器可以明确地区分传感器的三个不同组成部分的。一般情况下,调理变换电路后面的后续电路,如信号放大、处理、显示等,就不再包括在传感器范围之内了。

传感器的种类繁多。在工程测试中,一种物理量可以用不同类型的传感器来检测,而同一类型的传感器也可以测量不同的物理量。概括起来,传感器的分类方法可以按以下几方面进行。

（1）按被测物理量来分,可以分为如位移传感器、力传感器、速度传感器、加速度传感器、温度传感器、压力传感器、流量传感器等,这些传感器分别用于检测位移、力、速度、加速度、温度、压力、流量等物理量。

（2）按信号变换特征来分,可以分为物性型和结构型。物性型传感器,是利用敏感器件材料本身物理性质的变化来实现信号检测的,利用了某种物质定律或者性质。例如,利用水银温度计测温,是利用了水银的热胀冷缩的性质。结构型传感器,则是通过传感器本身结构参数的变化来实现信号转换的,这类传感器与敏感材料性质没有多大关系。例如,电容式传感器,是利用极板间距离的变化而引起电容量的变化等。

（3）按传感器的工作机理来分,可将传感器分为电阻式、电感式、电容式、热电偶式、光电式、磁电式、压电式等传感器。这种传感器分类法,有助于对传感器工作原理的认识。

（4）按传感器输出量来分,可分为数字量传感器、模拟量传感器和开关量传感器。数字量传感器和模拟量传感器分别输出的是数字信号和模拟信号。开关量传感器输出的是高低电平。

描述传感器的性能指标主要有线性度、灵敏度、迟滞及重复性等静态指标以及传感器对输入的响应特性的动态指标等。

线性度是指传感器输出与输入之间的线性程度。理想的传感器的输出量和输入量之间应该为线性关系。

灵敏度是指传感器在稳态情况下输出变化量与引起此变化的输入量之比。一般希望传感器的灵敏度要高。

迟滞特性是指传感器在正（输入量增大）反（输入量减小）行程期间输出—输入特性曲线不重合的程度。

重复性是指传感器在输入量按同一方向作全量程多次测量时,所得特性曲线不一致

22

的程度。多次测量的曲线越重合,说明该传感器的重复性好,使用时的偶然误差也就越小。

2.2 应变式传感器

应变式传感器是利用电阻应变效应做成的传感器。具有电阻应变效应的材料包括金属和半导体。应变式传感器的核心元件是电阻应变片。

电阻应变片是一种能将机械构件的应变转换为电阻值变化的变换元件。在力学上,把材料或者构件在单位截面上所承受的垂直作用力称为应力。在外力作用下,单位长度材料的伸长量或缩短量称为应变量。在一定的应力范围(弹性形变)内,材料的应力与应变量成正比,比例常数称为弹性模量或弹性系数。

2.2.1 电阻应变效应

设长为 L、截面积为 A、电阻率为 ρ 的金属或半导体丝,电阻为

$$R = \rho \frac{L}{A} \tag{2-1}$$

对式(2-1)先取对数再微分可得

$$\ln R = \ln \rho + \ln L - \ln A$$

$$\frac{\mathrm{d}R}{R} = \frac{\mathrm{d}\rho}{\rho} + \frac{\mathrm{d}L}{L} - \frac{\mathrm{d}A}{A}$$

因为

$$A = \pi r^2$$

其中 r 为导电丝的半径,所以

$$\frac{\mathrm{d}R}{R} = \frac{\mathrm{d}\rho}{\rho} + \frac{\mathrm{d}L}{L} - 2\frac{\mathrm{d}r}{r} \tag{2-2}$$

式中:$\frac{\mathrm{d}L}{L} = \varepsilon_x$ 为导电丝的轴向应变;$\frac{\mathrm{d}r}{r} = \varepsilon_y$ 为导电丝的径向应变。

当导电丝沿轴向拉伸时,沿径向则缩小,两者之间的关系为

$$\varepsilon_y = -\nu\varepsilon_x \tag{2-3}$$

式中:ν 为导电丝材料的泊松系数。把式(2-3)代入到式(2-2)中,有

$$\frac{\mathrm{d}R}{R} = \frac{\mathrm{d}\rho}{\rho} + (1 + 2\nu)\varepsilon_x = K\varepsilon_x \tag{2-4}$$

$$K = \frac{\mathrm{d}\rho/\rho}{\varepsilon_x} + (1 + 2\nu) \tag{2-5}$$

式中:K 为灵敏度系数,它表示单位应变所引起的导电丝电阻的相对变化量。K 的大小与导电丝的几何尺寸 $(1 + 2\nu)$ 和材料的电阻率的变化 $\frac{\mathrm{d}\rho/\rho}{\varepsilon_x}$ 有关。

对于金属来说,$K = 1.5 \sim 2$;对半导体材料来说,$K = 50 \sim 100$。可见,半导体灵敏度要比金属大得多。

2.2.2 应变计的结构与分类

1. 应变片的结构

应变片一般由敏感栅、基片、盖片和引线所组成。敏感栅一般分为金属材料和半导体材料两类;引线作为与外界检测电路使用,通常采用低阻镀锡铜丝。

图2-2为电阻应变片的构造简图。排列成网状的高阻金属丝或半导体片构成的敏感栅1,用胶黏剂粘在绝缘的基片2上,敏感栅上粘有盖片(即保护片)3。电阻丝较细,一般为0.015mm～0.06mm,其两端焊有极低的低阻镀锡铜丝4(0.1mm～0.2mm)作为引线,以便与测量电路连接。图2-2中,L为应变片的标距,也称(基)栅长,A称为(基)栅宽,$L \times A$称为应变片的使用面积。

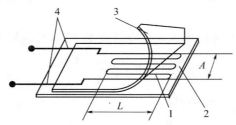

图2-2 应变片构造简图
1—敏感栅;2—基片;3—盖片;4—镀锡铜丝。

使用时,用胶黏剂将应变片贴在被测件表面上。试件形变时,应变片的敏感栅将会随着试件一同变形,并使其电阻值发生变化。由于在做应变测量时,完全是通过胶黏剂所形成的胶层将机械构件上的应变传输到应变片的敏感栅上去的,因此,在使用中,要求应变片的胶黏剂不但黏合力强,还要求黏合层应该有高的绝缘电阻、良好的防潮防油性能。同时最好黏合层的剪切弹性模量大,这样就能更加准确真实地反映机械构件的应变。

2. 应变片的分类

应变片的种类繁多,形式多样。从结构上分,有单片、双片和各种特殊图案;从使用环境上分有高温、低温、辐射、高压、磁场等。其尺寸从数米到零点几个毫米。

常用的分类方法是根据敏感材料的不同,分为金属式和半导体式应变片。

金属式应变片主要有丝式和箔式两种结构形式。丝式应变片的金属丝可以弯曲成圆弧、锐角或直角,分别称为U型、V型和H型,如图2-3所示。

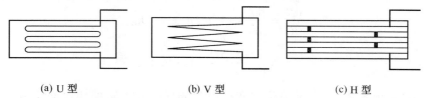

(a) U 型　　　　　　(b) V 型　　　　　　(c) H 型

图2-3 金属丝式应变片常见形式

箔式应变片的线栅是通过照相制版或者光刻腐蚀等工艺,将电阻箔(厚度一般为0.004mm～0.10mm)制成各种图形而成的应变片。

箔式应变片同丝式应变片相比,其特点是:① 利用照相制版或者光刻腐蚀等工艺,可以制成各种复杂的敏感材料的形状;② 敏感栅的表面积和应变片的使用面积之比大;③ 横向应变小;④ 允许通过的电流大,散热好,允许通过较大的电流,灵敏度高;⑤ 工艺性好,适宜批量生产。

丝式应变片是早期的品种,正逐步被箔式应变片替代。

半导体应变片常用硅或锗等半导体材料作为敏感栅。在式(2-4)中,$\mathrm{d}\rho/\rho$ 与半导体敏感条在轴向所受的应力比为常数,即

$$\mathrm{d}\rho/\rho = \pi E \qquad\qquad (2-6)$$

式中:π 为半导体材料的压阻系数;E 为弹性模量(Pa)。将式(2-6)代入式(2-4),就有

$$\frac{\mathrm{d}R}{R} = (1 + 2\nu + \pi E)\varepsilon_x \qquad\qquad (2-7)$$

对半导体应变片来说,πE 要比$(1+2\nu)$大很多,因此$(1+2\nu)$可以忽略。故半导体应变片的灵敏度系数为$K = \pi E$。

半导体应变片的优点是:尺寸、横向效应和机械滞后都很小,灵敏度很高,可以不需要放大器直接与记录仪器相连,使得测试系统简化。其缺点是对温度稳定性差、非线性严重,灵敏系数受压力或者拉力而变化,使得测量结果有 ±3% ～ ±5% 的误差。

应变片温度稳定性差的原因有:① 当温度变化时,应变片的标称电阻值会发生变化;② 当导电丝与材料的线膨胀系数不同时,温度变化引起附加变形,使应变片产生附加电阻。如果不采取措施,会给测量结果带来误差,这种误差又叫应变片的热输出。

为了消除温度变化对测量结果带来的误差,需采取温度补偿。通常采用的方法有应变片自补偿法和桥路补偿法两大类。自补偿法是采用特殊的应变片,使其温度变化时的增量等于零或者相互抵消,从而不产生测量误差的方法。桥路补偿法是将两个特性相同的应变片,用同样的方法粘贴在相同材质的两个试件上,置于相同的环境温度中,测量时,使两者接入电桥的相邻臂上,如图 2-4 所示。由于补偿片 R_B 是与工作片 R_1 完全相同的,这样,由于温度变化使工作片产生的电阻变化与补偿片的电阻变化相等,因此,电桥输出 U_{sc} 与温度无关,从而补偿了应变计的温度误差。

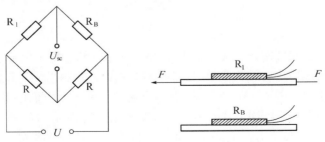

图 2-4　桥路补偿法

2.2.3　应变式传感器的应用

使用应变式传感器的优点有：方法简单；传感器尺寸小，适合于弯曲表面的应力测量；测量范围宽，灵敏度高；不会产生机械谐振；精度高等。其缺点是：测量输出的非线性；输出信号小；不能测量梯度变化。

应变片不仅可以测量应变，还可以间接测量其他各种物理量。应变式传感器广泛应用于测重、测力等领域。例如，各种电子秤、作为实验机的测力元件、火箭发动机的外壳应力测量、导弹飞行实验中的脉动压力测量等。

悬臂梁式力传感器是一种高精度、抗偏、抗侧性能优越的称重测力传感器。采用弹性梁及电阻应变片作敏感转换元件，组成全桥电路。当垂直正压力或拉力作用在弹性梁上时，电阻应变片随金属弹性梁一起变形，其应变使电阻应变片的阻值变化，因而应变电桥输出与拉力（或压力）成正比的电压信号。配以相应的应变仪，数字电压表或其他二次仪表，即可显示或记录重量（或力）。

悬臂梁通常有两种：一种为等截面积梁；另一种为等强度梁。另外还有特殊的梁式力传感器，如双端固定梁、双孔梁、单孔梁式应变力传感器等。

图2-5为悬臂梁式力传感器结构示意图。

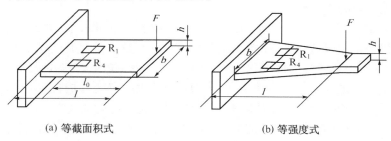

(a) 等截面积式　　　　　　　　　　(b) 等强度式

图2-5　悬臂梁式力传感器

等截面梁就是悬臂梁的横截面处处相等的梁，一端固定，力作用于自由端，在距离固定端较近的上下表面分别贴有 R_1、R_2、R_3 和 R_4 电阻应变片。如果 R_1 和 R_4 受到拉力，则 R_2 和 R_3 受到压力，两者应变相等，但极性相反。将它们组成差动电桥，则电桥的灵敏度是单臂的4倍。粘贴应变片处的应变为

$$\varepsilon = \frac{6Fl_0}{bhE}$$

由等截面梁弹性元件制作的力传感器适用于测量 500kg 以下的载荷，最小可测几十克重的力。这种传感器具有结构简单、加工容易、应变片容易粘贴、灵敏度高等特点。

等强度梁的结构如图2-5(b)所示，其特点是：沿梁长度方向的截面按一定规律变化，当集中力 F 作用在自由端时，距作用点任何距离截面上的应力相等。在自由端有力 F 作用时，在梁表面整个长度方向上产生大小相等的应变。应变大小可由下式计算：

$$\varepsilon = \frac{6Fl}{6h^2E}$$

这种梁的优点是在长度方向上粘贴应变计的要求不严格。

2.3 光电式传感器

光电式传感器是将光信号转换为电信号的光敏器件。光电式传感器的工作基础是光电效应。实际使用中,既可用光电式传感器来检测直接引起光强变化的非电量(如光强、辐射测温、气体成分等);也可用其来检测能转换成光亮变化的其他非电量(如零件线度、表面粗糙度、位移、速度、加速度等)。

光电传感器具有非接触、响应快、性能可靠等优点,因而在工业生产、科学实验和军事部门得到了广泛的应用。

2.3.1 光电效应

光是波长在 $100\mu m \sim 0.1\mu m$ 范围的电磁波。由光的粒子学说知道,光也可以被看成是具有一定能量的粒子所组成,每个光子所具有的能量 E 正比于其频率。光射在物体上就可看成是一连串的具有能量为 E 的粒子轰击在物体上。光电效应即是由于物体吸收了能量为 E 的光后产生的电效应,从变换器的角度看,光电效应可分为两大类,即外光电效应和内光电效应。

1. 外光电效应

在光线作用下,电子获得光子的能量从而脱离正电荷的束缚,使电子溢出物体表面,这种现象称为外光电效应,也称光电发射效应。

由量子力学可知,每个光子具有的能量为

$$Q = h\nu \tag{2-8}$$

式中:h 为普朗克常数,$h = 6.626 \times 10^{-34}(\text{J} \cdot \text{s})$;$\nu$ 为光的频率(Hz)。

从微观上看光照射物体这种现象,其实质相当于具有能量为 E 的光子不断轰击物体的表面。在这种情况下,物体表面的电子吸收了入射的光子能量后,将其转化为克服物质对电子的束缚的功,而另一部分则转化为溢出电子的动能。如果光子的能量 E 大于电子的溢出功 A(溢出功 A 也称为功函数,是一个电子从金属或半导体表面溢出时克服表面势垒所需做的功,其值与材料有关,还和材料的表面状态有关),则电子溢出。若溢出电子的动能为 $1/2 \times mv_0^2$,基于能量守恒定律有

$$\frac{1}{2}mv_0^2 = h\nu - A \tag{2-9}$$

式中:m 为电子的静止质量;v_0 为电子溢出物体时的初速。

式(2-9)即为光电效应方程式,由该式可知:① 要使光电子逸出阴极表面的必要条件是 $h\nu > A$,即取决于光的频率,而与光强无关。② 如果发生了光电发射,在入射光频率不变的情况下,溢出的电子数目与光强成正比。

由于不同材料的逸出功都不相同,因此对每一种材料,入射光都有一个确定的频率限(此频率限称为红限频率)。如果当入射光的频率低于红限频率时,不论光强多大,都不会产生光电子发射;反之,入射光频率高于红限频率,即使微弱的光强也会有电子发射

出来。

如果假设入射光的光频为 ν，光功率为 P，则每秒到达的光子数为 $p/h\nu$，假设这些光子中只有一部分（η）能激发电子，则可以简单估算出入射光在光电面激发的光电流密度为

$$i_p = \frac{\eta eP}{h\nu}$$

式中：η 为光强生成的载流子数与入射光子数之比，也称量子效率。它是波长的函数，并与光电面的反射率、吸收系数、发射电子的深度、表面亲和力等因素有关；E 为电子电荷量。

2. 内光电效应

物体受到光照射后，其内部的原子释放出电子，这些电子仍留在物体内部，使物体的电阻率发生变化或产生光电动势，这种现象称为内光电效应。内光电效应又可分光电导效应和光生伏特效应。

1）光电导效应

在光的照射下，材料的电导率增大，这种物理现象称为光电导效应。所有高电阻率半导体都有光电导效应，而常见的光敏电阻和光导管均属于此类。

光电导效应的物理过程是：通常半导体原子中的价电子是处于稳定的束缚状态，当光照射到半导体材料上时，价电子从外界获得足够的能量，就能从束缚状态（价带内）变成自由状态（导带内），成为一个自由电子，同时在原来的位置上形成一个空穴，自由电子和空穴都参与导电，这样就使得半导体材料的导电率增大了。

如图 2-6 所示，当光照射到半导体时，为使电子从价带激发到导带，入射光子的能量 E 应大于禁带宽度 E_g，材料的光电导性能取决于禁带宽度。由此，可得到光导效应的临界波长为

$$\lambda_0 = hc/E_g = 12390/E_g (\text{Å}) \tag{2-10}$$

式中：E_g 为禁带宽度，以电子伏（eV）为单位（$1\text{eV} = 1.60 \times 10^{-19}\text{J}$）；$c$ 为光速（m/s）。

例如：锗的 $E_g = 0.7\text{eV}$，硅的 $E_g = 1.12\text{eV}$，则可分别计算出其 λ_0 为 $1.8\mu\text{m}$ 和 $1.1\mu\text{m}$，即锗和硅分别从波长为 $1.8\mu\text{m}$ 和 $1.1\mu\text{m}$ 的红外光处就开始显示光电导特性，可用来检测可见光和红外辐射。

一般而言，本征半导体（纯半导体）的临界波长大于掺杂质半导体。照射的光线越强，阻值就越低，半导体材料的导电能力就越强。光照射停止后，自由电子和空穴逐步复合，电阻值又回到原来的阻值。

光敏电阻就是基于光电导效应的光电器件。

2）光生伏特效应

在光的照射下，物体内部产生一定方向的电势的现象称为光生伏特效应。

若在 N 型硅片中掺入 P 型杂质可形成 PN 结，如图 2-7 所示。当有光照射到 PN 结上时，如果光能足够大，光能大于半导体材料的禁带宽度时，价带中的电子就能够从价带跃迁到导带，成为自由电子，而价带则相应成为自由空穴。这些被光激发的电子在内部电场的作用下向 N 侧迁移，而空穴则向 P 侧迁移，使 N 区带上负电，P 区带上正电，这样 N

28

区和 P 区之间就形成电位差。于是 PN 结两侧便产生了光生电动势。如果把 PN 结两端用导线连接起来,电路中便会产生电流。由于光生电子、空穴在扩散过程中会分别与半导体中的空穴、电子复合,因此载流子的寿命与扩散长度有关。只有使 PN 结距离表面的厚度小于扩散长度,才能形成光电流产生光生电动势。

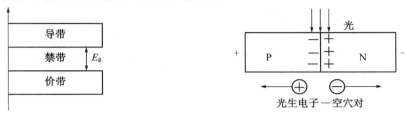

图 2-6　能带图　　　　　　　　图 2-7　PN 结产生光生伏特效应

光电池、光电晶体管就是基于光生伏特效应的光电器件。

2.3.2　光电管

1. 结构与工作原理

光电管是一种常用的光电式传感器,它利用的是材料的外光电效应。有真空光电管和充气光电管两类,两者结构相似,图 2-8 所示为其典型结构。它是在玻璃管内装入两个电极——光阴极和光阳极。光阴极可以做成多种形式,最简单的是在玻璃泡内壁上涂以阴极材料,即可作为阴极;或是在玻璃泡内装入柱面形金属板,在此金属板上涂以阴极材料组成阴极。阳极为置于光电管中心的环形金属丝或是置于柱面中心轴位置上的金属丝柱。

当光电管的阴极受到适当的光线照射后,入射光子就把它的全部能量传递给阴极材料中的一个自由电子,从而使自由电子的能量增加 $h\nu$。当电子获得的能量大于阴极材料的逸出功 A 时,它就可以克服金属表面束缚而逸出,形成电子发射(这种电子称光电子,光电子逸出金属表面后的初始动能为 $1/2 m v_0^2$)。这些电子被一定电位的阳极吸引,在光电管中形成空间电子流。如果在外电路中串接入一个适当阻值的电阻,则在此电阻上将有正比于光电管内空间电流的电压降产生,且电压降的数值与照射在光电管阴极上的光亮度成函数关系。

2. 主要性能指标

1) 伏安特性

在一定的光通量照射下,光电管阳极和阴极之间的电压 U_A 与光电流 I 之间的关系,称为其伏安特性。如图 2-9 所示,构成光电管的测量电路。若在阳极上施加电压 U_A,则光电子被吸引到阳极,形成光电流 I;当电压较小时,阴极发射的光电子只有一部分被阳极收集,随着电压的升高,阳极在单位时间内收集的电子数目逐步增多,光电流 I 也增加。当阳极电压升高到一定值时,阴极发射的电子被阳极全部吸收,这时就达到了饱和状态,光电流也不再增加。光电管的伏安特性如图 2-10 所示。

2) 光照特性

在光电管阳极电压和入射光频谱不变时,入射光的光通量与光电流的关系,称为光照特性。在光电管阳极电压足够大时,使光电管工作在饱和状态,入射光通量和光电流呈线性关系,光通量越大,光电流就越大。曲线的斜率称为光电管的灵敏度。

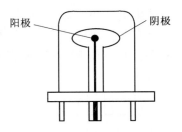

图 2-8 光电管的外形和结构

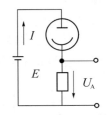

图 2-9 光电管的测量电路

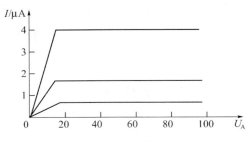

图 2-10 光电管的伏安特性

3）光谱特性

光电管的阳极和阴极之间所加电压不变时,入射光的波长(或者频率)与其绝对灵敏度的关系称为光电管的光谱特性。它主要取决于光电管的阴极材料,不同阴极材料的光电管适用于不同的光谱范围;即使光强度相同,不同光电管对于不同频率的入射光,其灵敏度也不同。

2.3.3　光敏电阻

1. 工作原理

光敏电阻是用具有内光电效应的光导材料制成,为纯电阻元件,其阻值随光照增强而减小。

除用硅、锗等材料制造外,光敏电阻还可用硫化镉、硫化铅、锑化铟、硫化铟、硫化镉、锑化铅及硒化铅等材料制造。

它的典型结构如图 2-11(a)所示,常称为光导管,光敏电阻做成图 2-11(b)所示的栅形,装在外壳中。两极间既可加直流电压,也可加交流电压。

光敏电阻既可以在直流电压下工作,也可以在交流电压下工作。当无光照时,虽然不同材料的光敏电阻的数据不大相同,但它们的阻值一般为 $1M\Omega \sim 100M\Omega$。由于其阻值太大,使得流过外电路的电流很小。当有光照时,光敏电阻的阻值变小,流经外电路的电流变大。根据电路中电流的变化值,便可以测出照射光线的强弱。当光照停止时,光电效应自动消失,电阻又恢复到原先的值。

光敏电阻被广泛应用于照相机、防盗报警器、火灾报警器、红外光学制导武器系统、红外导引头、红外引信及自动控制技术中。

2. 基本特性和主要参数

1）暗电阻、亮电阻及光电流

光敏电阻置于室温、全暗条件下,经过一段稳定时间之后测得的电阻值,称为暗电阻。

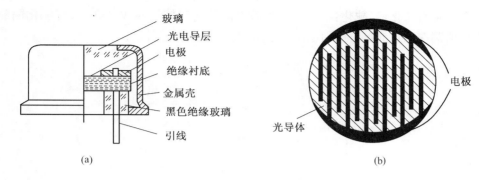

图 2-11 光敏电阻

此值大些为好,一般在 MΩ 数量级,一些较好的光敏电阻可达到 100MΩ。此时,在给定工作电压下测得光敏电阻中的电离称为暗电流。

光敏电阻,在受到光照射下时,测得的阻值称为亮电阻,此值小些为好,一般在 kΩ 数量级。这时在给定工作电压下测得光敏电阻中的电流称为亮电流。

当施加固定电压时,光敏电阻在全暗和有光照射两种条件下,其电流值的变化量称为光电流,此值越大越好。光电流实际就是亮电流与暗电流之差。

2)光敏电阻的伏安特性

当光照为定值时,光敏电阻两端所施加的电压与电流之间的关系,称为伏安特性(图 2-12)。由图 2-12 看出,光敏电阻的电压与电流之间的关系服从欧姆定律,但在不同光照度下,曲线的斜率不同,这表明光敏电阻的阻值是随光照度的变化而变化的。

同一般电阻一样,光敏电阻两端的电压有个限制,电压过高就会失去线性关系,此外,光敏电阻也有最大额定功率(耗散功率)的限制,使用时应注意不要超过允许功耗。超过最高工作电压和最大工作电流都能导致光敏电阻永久性的破坏。

3)光照特性

光照特性是指光敏电阻的光电流与光通量之间的关系(图 2-13),此关系为非线性,这是光敏电阻的一大缺点。不同类型的光敏电阻,光照特性不同。

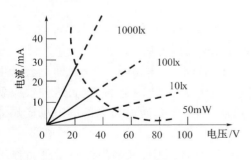

图 2-12 光敏电阻的伏安特性

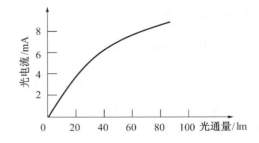

图 2-13 光敏电阻的光照特性

4)光谱特性

每种半导体材料的内光电效应对入射光的光谱都具有一定的选择作用,因此,不同材料制成的光敏电阻都有自己的光谱特性,即,每种光敏电阻对不同波长的入射光有不同的灵敏度,而且,对应最大灵敏度的光波长也不一样。

31

图 2 – 14 为硫化镉、硫化铊、硫化铅光敏电阻的光谱特性曲线,其中只有硫化镉的光谱响应峰值落在可见光区,而硫化铅的光谱响应峰值落在红外区。

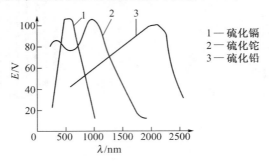

图 2 – 14　光敏电阻的光谱灵敏度

5)温度特性

光敏电阻和其他半导体器件一样,其特性受温度影响较大。当温度升高时,光敏电阻的暗电阻和灵敏度都下降,此光电流随温度升高而减小,因此,通常为了提高光敏电阻的灵敏度及性能,通常给光敏电阻加上制冷系统,使其处于低温状态。图 2 – 14 所示光谱响应峰值将向左移,这是一大缺点,但有时采用温控的方法可调节灵敏度或主要接收某一频段内的光信号。

通过以上对光敏电阻特性的分析不难发现,光敏电阻虽然有一些缺点,但是它又具有灵敏度高、光谱响应范围宽、体积小、重量轻、机械强度高、耐冲击、抗过载能力强、耗散功率大以及寿命长等优点,因而在实际生产生活中的应用依然很多。

2.4　压电式传感器

压电式传感器的转换原理是基于某些电介质材料的压电效应。在外力的作用下,在电介质表面产生束缚电荷,从而实现非电量转化成电量的测量目的。

2.4.1　压电效应

压电效应具有两种类型,分别是正向压电效应和逆向压电效应。

当某些电介质在一定方向上受到机械应力作用而伸长或压缩时,在其表面上会产生电荷(束缚电荷),或者说电介质内部的应力或应变会引起晶体内部的电场,这种效应就称为正向压电效应。特别要说明的是当外力作用消失后,电介质材料内部的电场或晶体表面的电荷也会随之消失。

晶体的压电效用可用图 2 – 15 来说明。在图 2 – 15(a)中,一些晶体不受外力作用时,晶体的正负电荷中心相重合,单位体积中的电矩(极化强度)等于零,晶体对外不呈现极性,而在外力作用下晶体形变时,正负电荷的中心发生分离,这时单位体积的电矩不再等于零,晶体表现出极性。在图 2 – 15(b)中,另外一些晶体由于具有中心对称的结构,无论外力如何作用,晶体正负的中心总是重合在一起,因此这些晶体不会出现压电效应。

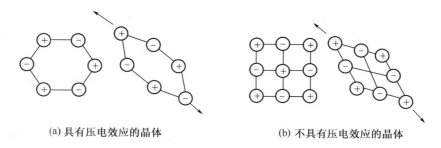

(a) 具有压电效应的晶体   (b) 不具有压电效应的晶体

图 2-15 晶体的压电效应

晶体的压电效应可以用下式来表示：

$$Q = dF \qquad\qquad (2-11)$$

式中：Q 为压电元件某个表面的电荷量；d 为压电系数；F 为施加的外力。压电晶体具有方向性，所以当压电元件受力方向和受力方式不同时，压电系数也不同。为了表示这个特征，通常用数字下标来表示受力方向和产生压电效应的晶面。

当某些电介质材料在一定方向受到电场作用时，相应地在一定的方向将产生机械变形或机械应力，这种现象称为逆向压电效应或者叫做电致伸缩效应。同样，在外电场撤去后，电介质材料内部的应力或变形也随之消失。

可见"压电效应"是可逆的，因而基于这一现象的压电式传感器又是一种"双向传感器"。

压电元件材料主要有压电晶体、压电陶瓷以及高分子压电材料等三类材料。目前已发现自然界中有二十多种单晶具有"压电效应"，其中最为大家所熟知就是石英（SiO_2）晶体，此外，还有一种人工合成的多晶陶瓷（如钛酸钡、锆钛酸铅等）以及一些人造单晶体（如罗息盐等）也具有"压电效应"。但由于这些人造晶体的性能存在某些缺陷，后来随着人造压电石英的大量生产和压电陶瓷性能的提高，这些人造晶体已逐渐被取代了。现今压电传感器的材料大多用压电陶瓷，极化后的压电陶瓷可以当做压电晶体来处理，当前常用的压电陶瓷是锆钛酸铅（PZT）。

石英晶体是最早的压电材料，至今石英仍是最重要的，也是用量最大的振荡器、谐振器和窄带滤波器等元件的压电材料。随着压电传感器的大量应用，在石英之后又研制了大量的人造晶体。

2.4.2 压电传感器的等效电路

由压电元件的工作原理可知，压电传感器可以看作一个电荷发生器，同时它也是一个电容器，晶体上聚集正负电荷的两个表面相当于电容器的两个极板，极板间的物质等效为一种介质。所以，压电式传感器可以等效为一个与电容 C_a 相串联的电压源。如图 2-16 所示，电容器上的电压 U_a、电荷量 q 和电容量 C_a 之间的关系为

$$U_a = q/C_a$$

当压电传感器与测量电路或者测量仪器相连接后，需要考虑后续测量电路的输入电容 C_i，连接电缆的寄生电容 C_g，后续电路的输入电阻 R_i 和压电传感器的泄露电阻 R_a。这样，实际的压电传感器的等效电路模型如图 2-17 所示。

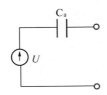
图 2 – 16 压电元件的等效电路

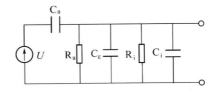
图 2 – 17 压电元件的等效电路

2.4.3 压电传感器的应用

由于压电式传感器具有体积小、重量轻且工作频带较宽等优点,近几十年来,压电测试技术在国内外都有了飞速的发展,压电式传感器的应用越来越广泛。

压电式加速度传感器主要是利用压电元件的正向压电效应,输出与加速度成正比的电荷量或电压量的装置。图 2 – 18 所示为压电式加速度计的结构。它由质量块、压电晶体片和基座等组成,其中惯性质量块和压电晶体片以及输出端都用导电胶粘贴在基座上。当待测物体运动时,基座与待测物体以同一加速度运动,压电元件在晶体的两个表面上产生交变电荷。电信号经前置放大器放大,即可由一般测量仪测出电荷大小,从而得知物体的加速度。

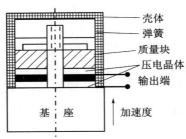

图 2 – 18 压电加速度传感器原理图

传感器输出的电荷量 Q 与加速度之间的关系为

$$Q = d \times m \times a$$

式中: m 为等效质量块的质量; a 为加速度。那么传感器的电荷灵敏度为

$$K_q = \frac{Q}{a} = d \times m$$

振动冲击测量也是压电传感器应用的重要领域,图 2 – 19 为应用压电传感器的检测撞击电路。

当有撞击时,压电传感器 SJL 产生电脉冲信号。此信号送到后续电路中,它经过分压电阻 R1、R2 和电容 C1、C2 加到闸流二极管 VT1 上,当信号足够大,就能触发闸流二极管。储能电容 C3 通过 VT2、VT1 和 VT4 向控制开关放电,进而接通通路。

另外,压电传感器还在交通人流车流信息采集、车速监速、交通动态称重以及安全报警、拾音传声、计数开关、心音脉搏监视等领域内有广泛应用。

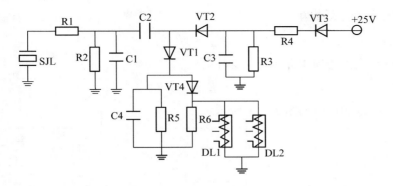

图 2 - 19　压电传感器的检测撞击电路

2.5　霍耳传感器

2.5.1　霍耳效应

置于磁场中的静止载流体中,若电流方向与磁场方向不相同,则在载流体的平行于电流与磁场方向所组成的两个侧面将产生电动势。这一现象 1879 年被美国物理学家霍耳首先发现,因此称为霍耳效应,相应的电动势称为霍耳电势。

霍耳效应是导电材料中电流与磁场相互作用而产生电动势的物理效应,如图 2 - 20 所示。

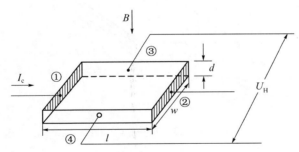

图 2 - 20　霍耳效应原理图

l—霍耳片的长;w—霍耳片的宽;d—霍耳片的高;I_c—霍耳片内通过的电流;B—磁场强度;U_H—霍耳电压。

电流是带电粒子(亦称为电荷载流子),在导电材料定向运动形成的结果。

电子平均漂流速度为

$$v = \mu E \qquad (2 - 12)$$

洛伦兹力为

$$F = evB \qquad (2 - 13)$$

当平衡时霍耳电场 E_H 对电子的作用力与洛伦兹力大小相等、方向相反而相互平衡时,即

$$eE_H = evB \qquad (2 - 14)$$

霍耳电场强度的大小为

$$E_{\mathrm{H}} = vB \tag{2-15}$$

这一电场在电极③到④方向建立霍耳电压

$$U_{\mathrm{H}} = E_{\mathrm{H}}\omega = vB\omega \tag{2-16}$$

具体霍耳电压的形成如图 2-21 所示。

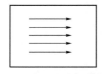 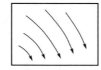 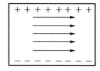

(a)磁场为0时电子在半导体中的流动　(b)电子在洛伦兹力作用下发生偏转　(c)电荷积累达到平衡时,电子在流动

图 2-21　霍耳电压形成的定性说明

霍耳片的构造:一般做成如图 2-22 所示长方形薄片,尺寸为 $a \times b \times c = 2\mathrm{mm} \times 4\mathrm{mm} \times 0.2\mathrm{mm}$。在垂直于 x 轴的两个侧面的正中贴两个金属电极用以引出霍耳电势,这个电极沿 b 向的长度要尽量小,且要求在中点,这对霍耳片的性能有直接影响。在垂直于 y 轴的两个侧面上对应地也装两个电极,用以引入控制电流 I,称它们为控制电极。垂直于 z 的表面要求光滑即可,外面用陶瓷或环氧树脂封装即成霍耳片。

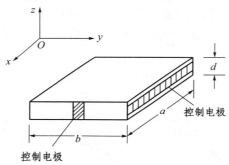

图 2-22　霍耳片的构造

2.5.2　霍耳器件的特性

霍耳电压与乘积灵敏度、控制电流 I_c 和感应强度有关。因此,磁场恒定的情况下,选用灵敏度较低的元件时,如果允许控制电流较大,也可以得到足够大的霍耳电压。其元件的输入阻抗及输出阻抗并不是常数,随磁场增强而增大,这是半导体的磁阻效应,为减少这种效应的影响,控制电流最好用恒流源提供。

从上面的分析可以看出,霍耳电压正比于控制电流强度和磁感应强度。在控制电流恒定时,霍耳电压与磁感应强度成正比。磁感应强度改变方向时,霍耳电压也改变符号。因此,霍耳器件可以作为测量磁场大小和方向的传感器,这个传感器的灵敏度与电子浓度 n 成反比。半导体材料的 n 比金属小很多,所以灵敏度较高。另外,霍耳器件的灵敏度与它的厚度 d 成反比,d 越小,灵敏度越高。

上面讨论的是磁场方向与器件平面垂直,即磁感应强度 B 与器件平面法线平行的情

况。在一般情况下,磁感应强度 B 的方向和平面法线有一个夹角 θ,这时有

$$U_H = K_H I_H B\cos\theta \qquad (2-17)$$

当霍耳元件使用的材料是 P 型半导体时,导电的载流子为带正电的空穴,它的浓度用 p 表示。空穴带正电,在电场 E 作用下沿电力线方向运动(与电子运动方向相反)。因为空穴的运动方向与电子相反,所带电荷也与电子相反,结果它在洛伦兹力作用下偏转的方向与电子却相同。因此,积累电荷就有不同符号,霍耳电压也就有相反符号。在 P 型材料的情况下,霍耳系数为正,即

$$R_H = \frac{1}{pe} \qquad (2-18)$$

霍耳灵敏度也是正的,即

$$K_H = \frac{1}{ped} \qquad (2-19)$$

因而可以根据一种材料霍耳系数的符号判断它的导电类型。

从理论上说,当 $B=0$、$I_c=0$ 时,霍耳元件的输出应该为零,即 $U_H=0$,实际上仍有一定霍耳电压输出,这就是元件的零位误差。

2.5.3 霍耳传感器的应用

霍耳传感器是利用霍耳效应来工作的一类传感器的总称。霍耳效应的产生是由于运动电荷受磁场中洛伦兹力作用的结果。霍耳元件具有对磁场敏感、结构简单、体积小、频响宽、动态范围大(输出电势的变化大)、无活动部件、使用寿命长等优点,因此在测量技术、自动化技术等方面有着广泛的应用。

利用霍耳输出正比于控制电流和磁感应强度乘积的关系,可分别使其中一个量保持不变,另一个量作为变量;或两者都作为变量。因此,霍耳元件的应用大致可分为三种类型。例如,当保持元件的控制电流恒定,而使元件所感受的磁场因元件与磁场的相对位置、角度的变化而变化时,元件的输出正比于磁感应强度,这方面的应用有测量恒定和交变磁场的高斯计等。当元件的控制电流和磁感应强度都作为变量时,元件的输出与两者乘积成正比,这方面的应用有乘法器、功率计等。

霍耳元件也可以用来测量旋转体转速。利用霍耳元件测量转速的方案很多。① 将永久磁铁装在旋转体上,霍耳元件装在永久磁铁旁,相隔 1mm 左右。当永久磁铁通过霍耳元件时,霍耳元件输出一个电脉冲,如图 2-23 所示。由脉冲信号的频率便可得到转速

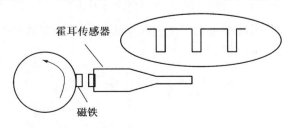

图 2-23 霍耳传感器测量旋转体转速

值。② 将永久磁铁装在靠近带齿旋转体的侧面,磁铁 N 极与 S 极的距离等于齿距。霍耳元件粘贴在磁极的端面。齿轮每转过一个齿,霍耳元件便输出一个电脉冲,测定脉冲信号的频率便可得到转速值。

2.6 电容式传感器

电容式传感器是通过检测电容的改变,并根据改变电容变化的因素,从而间接确定其他物理参量的一类传感器。这类传感器工作简单、使用方便,因此在实际生活中也获得了广泛的应用。

2.6.1 电容式传感器的工作原理

两个金属板间的电容为

$$C = \frac{\varepsilon S}{d} \qquad (2-20)$$

式中:ε 为两个极板间介质的介电常数;S 为两个极板间相对有效面积;d 为两个极板间的距离。

由式(2-20)可知,改变电容的方法有三种:① 改变形成电容的有效面积 S;② 改变两个极板间的距离 d;③ 改变介质的介电常数 ε。无论采用哪种方式,最终得到电参数的输出为电容值的增量 ΔC,这就组成了电容式传感器。

1. 变面积式电容传感器

改变电容的两极板间相对有效面积的变面积式电容器式传感器又可分为改变极板间的直线位移型、角位移型、圆柱变化型等几种情况,如图 2-24 所示。

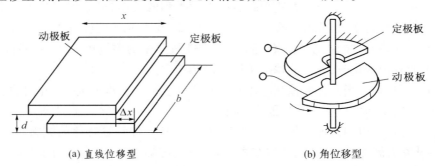

(a) 直线位移型   (b) 角位移型

图 2-24 变面积式电容传感器

以直线位移型为例,当被测量的变化引起动极板移动距离 Δx 时,覆盖面积 S 就发生变化,电容量 C 也随之改变,其值为

$$C = \frac{\varepsilon b(a - \Delta x)}{d} = C_0 - \frac{\varepsilon b}{d}\Delta x$$

式中:$C_0 = \frac{\varepsilon S}{d} = \frac{\varepsilon ab}{d}$ 为初始电容量。那么

$$\Delta C = C - C_0 = -\frac{\varepsilon b}{d}\Delta x$$

传感器的灵敏度为

$$K = \frac{\Delta C}{\Delta x} = -\frac{\varepsilon b}{d}$$

显然电容量的变化与直线位移呈线性关系。减小极板之间的间距 d，或者增大极板的长度均可以提高传感器的灵敏度。但极板间距 d 的减小受到电容器击穿电压的限制，而增大 b 则会增大电容器的体积。

2. 变极板间距型电容传感器

图 2 - 25 所示为改变两个极板间距离 d 的变极板间距型电容传感器原理图。

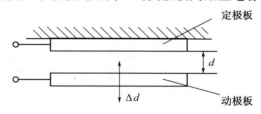

图 2 - 25　变极板间距型电容传感器

当被测量的变化引起了电容两极板间距变化 Δd 后，电容量的变化为

$$C + C_0 = \frac{\varepsilon S}{d - \Delta d} = \frac{\varepsilon S}{d} \times \frac{1}{1 - \Delta d/d} = C_0 \times \frac{1 + \Delta d/d}{1 - (\Delta d/d)^2} \qquad (2 - 21)$$

当 $\Delta d \ll d$ 时，有 $1 - (\Delta d/d)^2 \approx 1$，那么有

$$C_0 + \Delta C = C_0(1 + \Delta d/d) \qquad (2 - 22)$$

其灵敏度为

$$K = \frac{\Delta C}{\Delta d} = \frac{C_0}{d} = \frac{\varepsilon S}{d^2} \qquad (2 - 23)$$

从上式可以看出，只有当 $\Delta d \ll d$ 时，极板间距的变化才近似与电容量的变化呈线性关系，$\Delta d/d$ 越大，非线性误差越大。通过增大极板面积和减小极板间距均可以提高电容器的灵敏度。

3. 变介电常数型带电容传感器

当被测量改变了电容器间的电介质时，其介电常数发生变化，从而改变了其电容量。如式(2 - 24)所示，改变两极板的相对介电常数 ε_r 就可以改变电容量。

$$C = \frac{\varepsilon S}{d} = \frac{\varepsilon_r \varepsilon_0 S}{d} \qquad (2 - 24)$$

式中：$\varepsilon_0 = 8.85 \times 10^{-12}$ F/m 为真空中的介电常数。这种传感器的结构形式多样，可以用来测量液位、物位，也可以用来测量位移。

在航天系统中，这种传感器常用来测量液体火箭上液氢、液氧等低温介质的起始液位和剩余液位。一般电容器做成内外圆筒结构，采用金属制作，连接导线和电缆采用聚四氟乙烯多股绝缘屏蔽线,装配中不适用脱黏剂,所以传感器能在 -253℃ ~ 200℃ 的宽温度范围内工作。

2.6.2 电容式传感器的应用

电容式传感器可以用来测量直线位移、角位移、振动振幅(测至 $0.05\mu m$ 的微小振幅),尤其适合测量高频振动振幅,精密轴系回转精度、加速度等机械量,还可以用来测量压力、液位、水分含量、非金属材料的涂层、油膜厚度、电介质的湿度、密度和厚度等。在自动控制检测和控制系统中,常用来作为位置信号发生器。

电容式传感器还可以用来作为拾音器的传感器。如图 2 - 26 所示,膜片作为电容器的一个极板,当讲话时,声波引起膜片的振动,改变了空腔内的体积,相当于改变了电容器的极间距离。通过外接电路,就可以检测语音信号。

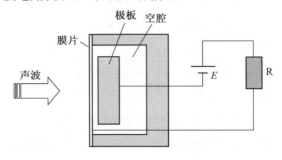

图 2 - 26　电容式拾音器

测量振动使用加速度传感器及角加速度传感器,一般采用惯性传感器测量绝对加速度。在这种传感器中可应用电容式变换器。下面介绍一个简单的差接式电容式变换器,其结构图如图 2 - 27 所示。这里有两个固定极板,极板中间有一用弹簧支撑的质量块,此质量块的两个端面经过磨平抛光后作为可动极板。当传感器测量垂直方向上的直线加速度时,质量块在绝对空间中相对静止,而两个固定电极将相对质量块产生位移,此位移大小正比于被测加速度,使 C_1、C_2 中一个增大、一个减小,因而其电容总的变化值也和加速度成正比。这样就可以借助电容的变化,检测出加速度的大小。

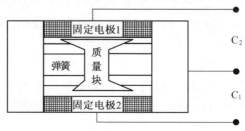

图 2 - 27　电容式加速度传感器

2.7　光纤传感器

光纤传感器(Fiber Optic Sensor, FOS)是用光纤作为功能材料,利用光在光纤中传播

40

时特性会随着检测环境不同而变化的一类传感器。

　　光纤传感器具有频带宽动态范围大,灵敏度高,便于与计算机和光纤传输系统连接,易于实现遥测和控制,适用于高压、高温、强电磁干扰、腐蚀等恶劣环境,结构简单、体积小、重量轻、耗能少等优点。

　　光纤传感器按照工作机理分类,可以分为振幅型(也叫强度型)和相位型(也叫干涉型)两种。利用待测的物理扰动与光纤连接的光纤敏感元件相互作用,直接调制光强的这类传感器称为振幅型光纤传感器。利用在一段单模光纤中传输的相干光,由于待测物理场的变化,产生相位调制的一类传感器称为相位型光纤传感器。

2.7.1　光纤

　　光纤是光导纤维的简称。其结构从内到外由纤芯、包层和护套组成。如图 2-28 所示,纤芯和包层为光纤结构的主体。纤芯一般由石英玻璃制成圆柱体,直径一般为 $5\mu m \sim 75\mu m$。环绕纤芯的是一层圆柱形外套,称为包层。包层一般也是用石英玻璃支撑,纤芯的折射率 n_1 略大于包层的折射率 n_2。根据需要包层可以是一层,也可以是折射率稍有差异的两层或多层,其直径一般在 $100\mu m \sim 200\mu m$。在包层的外面有一层护套,多为尼龙材料。光纤的导光性能取决于纤芯和包层的材料性质,而光纤的护套提供光纤的机械强度。

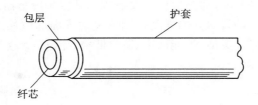

图 2-28　光纤的结构

　　光纤的传输是基于光的全反射。当光纤的直径远大于光的波长时,可以用几何光学法说明光在光纤内的传播。根据斯涅尔定律,光线在两种不同介质分界面上会产生折射现象,折射定律为

$$n_1 \sin\alpha = n_2 \sin\beta$$

式中:α、β 分别为入射角和折射角;n_1、n_2 分别为介质 1 和介质 2 的折射率,如图 2-29 所示。折射率定义为光线在真空中的传播速度与在该介质中的传播速度之比。

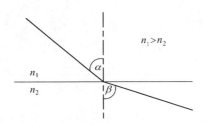

图 2-29　光线在两种不同介质分界面上的折射

图 2 – 30 表示光在光纤中传播的原理。根据全内反射原理,设计光纤纤芯的折射率 n_1 要大于包层的折射率 n_2。图中所示的两根光线,其中一根代表掠射角(入射角的余角) $\theta > \theta_c$(临界角)的一些光线。这些光线由于从纤芯折射到包层中,不能传播很远。另外一根代表掠射角 $\theta < \theta_c$(临界角)的一些光线。这些光线每当光入射到纤芯—包层分界面时,都发生全反射,所以这些光线一直被截留在光纤中,在界面上产生多次的全内反射,以锯齿形的路线在纤芯中传播。在理想情况下,将无损耗地通过光纤纤芯传输,直到它到达光纤的端面为止。

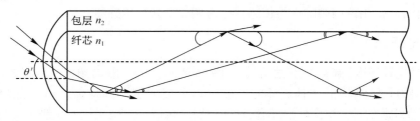

图 2 – 30   光在光纤中传播

2.7.2   光纤传感器的应用

振幅型光纤传感器的一种典型应用是反射式光纤位移传感器。它是利用光纤传输光信号的功能,根据探测到的发射光的强度来测量发射表面的位移变化。反射式光纤位移传感器具有结构简单、设计灵活、性能稳定、造价低廉、能适应恶劣环境的特点。其结构和工作原理见图 2 – 31 所示。

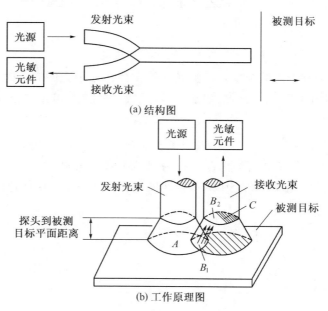

图 2 – 31   光纤位移传感器的结构和工作原理

工作原理:由于光纤有一定的数值孔径,当光纤探头端部紧贴被测件时,发射光纤中的光不能反射到接收光纤中去,接收光纤中无光信号。当被测表面逐渐远离光纤探头时,

42

发射光纤照亮被测表面的面积越来越大,于是相应的发射光锥和接收光锥的重合面积 B_1 越来越大。因而接收光纤端面上被照亮的 B_2 区也越来越大,有一个线性增长的输出信号。当整个接收光纤被全部照亮时,输出信号就达到位移—输出信号曲线上的光峰点。光峰点以前的这段曲线叫前坡区。当被测表面持续远离时,由于被反射光照亮的 B_2 大于 C ,即有部分反射光没有反射进接收光纤,还由于接收光纤更加远离被测表面,接收到的光强逐渐减小,光敏输出器的输出信号逐渐减弱,进入曲线的后坡区。

在位移—输出曲线的前坡区,输出信号的强度增加得非常快,这一区域可以用来进行微米级的位移测量。在后坡区,信号的减弱大约同探头和被测表面之间的距离平方成反比,可用于距离较远而灵敏度、线性度和精度要求不高的测量。

2.8 空天传感器

2.8.1 概述

除了应用于各类测试测量的传感器外,广义的传感器还包括把外界的各种信息转换成其他信息的器件或者系统,空天传感器就属于这类。空天传感器一般是指利用各种空天平台搭载各种探测装置,获取地面及空中信息,通过数据的传输和处理,从而研究地面或者空中目标状态及其环境的一类传感器。

由于地面及空中目标的种类及其所处环境条件的差异,目标具有反射或辐射不同波长电磁波信息的特性,传感器正是利用目标反射或辐射电磁波的固有特性,通过观察目标的电磁波信息以达到获取目标的几何信息和物理属性的目的。

在军事上主要是用于战场侦察,目标探测、识别、跟踪与拦截等任务。搭载传感器的各类平台包括人造卫星、航摄飞机、空中飞艇等。

空天传感器种类繁多,按传感器的成像原理和所获取图像的性质不同,可以分为摄影类、扫描成像类和微波类三种;按电磁波辐射来源的不同可以分为主动式传感器和被动式传感器;按传感器是否获取图像可分为图像方式的传感器和非图像方式的传感器。

无论哪种类型的遥感传感器,它们都有如图 2-32 所示的基本部件组成。

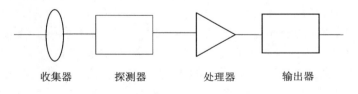

收集器　　　探测器　　　处理器　　　输出器

图 2-32　遥感传感器的一般结构

收集器是用来收集目标辐射来的能量,具体的元件如天线、透镜组、反射镜组等;探测器是将收集的辐射能变成化学能或电能,具体的元器件如感光胶片、光电管、光敏和热敏探测元件、共振腔谐振器等;处理器是对收集的信号进行处理,如显影、定影、信号放大、变换、校正和编码等,具体的处理器类型有摄影处理装置和电子处理装置;输出器是用来输出获取的数据,输出器类型有计算机显示器、示波器、磁带记录仪、XY 彩色喷笔记录仪、打印机等。

2.8.2 摄影类传感器

摄影类的传感器主要包括画幅式摄影机、缝隙摄影机、全景摄影机、多光谱摄影机等。

1. 画幅式摄影机

主要由物镜、胶片、快门、卷片机构和时间控制器等组成。曝光后的底片上只有一个潜像,须经摄影处理后才能显示出影像来。测图用的航空摄影机,为了保证有较高质量的影像,要求透镜的像差小,整个摄影系统的分辨力高,底片需有压平装置。此外为了进行连续摄影,需配有自动卷片、时间间隔控制器等装置。在航天环境下工作的摄影机会遇到一些特殊问题,如飞行器在空间不容许打开窗口,摄影窗口是物镜的一部分,必须选用表面质量、光学均匀性和抗弯强度极好的玻璃作窗口,还需要有清理窗口污染的装置;航天摄影机工作的地理纬度相差很大,太阳高度角各不相同,不同的地物反射亮度也不同,为了随时得到合适的曝光量,必须装备自动曝光控制装置;此外还必须控制舱内合适的温度、压力和湿度,尽量减小对空间相机光学系统的影响,而飞行器运动引起的像移,须采用高感光度胶片或配以像移改正装置来消去。

2. 缝隙摄影机

又称航带摄影机。在飞机或卫星上,摄影瞬间所获取的影像,是与航向垂直,且与缝隙等宽的一条地面影像。当飞机或卫星向前飞行时,摄影机焦平面上与飞行方向成垂直的狭缝中的影像也连续变化。如果摄影机内的胶片也不断地进行卷绕,且速度与地面在缝隙中的影像移动速度相同,就能得到连续的条带状的航带摄影负片。缝隙式投影性质与画幅式影像不同,其航迹线影像为正射投影,其他部分的像点,是相对于各自缝隙内的摄影中心的中心投影。

3. 全景摄影机

又称扫描摄影机,它是在物镜焦面上平行于飞行方向设置一狭缝,并随物镜作垂直航线方向扫描,得到一幅扫描成的影像图,因此称扫描相机。又由于物镜摆动的幅面很大,能将航线两边的地平线内的影像都摄入底片,因此又称它为全景摄影机。

4. 多光谱摄影机

对同一目标或者区域,在同一瞬间取多个波段影像的摄影机称多光谱摄影机。采用多光谱摄影的目的,是充分利用目标在不同光谱区,有不同的反射特征,来增加获取目标的信息量,以便提高影像的判读和识别能力。在一般摄影方法的基础上,对摄影机和胶片加以改进,再选用合适的滤光片,即可实现多光谱摄影。对于多镜头型多光谱摄影机,是通过相应的滤光片与不同光谱感光特性的胶片组合,使各镜头在底片上成像的光谱限制在规定的各自的波区内实现的。它采用的滤光片为带通滤光片或止带滤光片,而采用的胶片的种类有分色片、全色片、全色红外片和红外片等多光谱摄影时,滤光片和胶片的组合有两种方法:一种是根据设计的多光谱波段选用相应的光谱滤光片,并选用合适的胶片进行多光谱摄影;另一种是利用止带滤光片与胶片组合来分段。对于单镜头分光束多光谱摄影机进行多光谱摄影也有两种方法:一种是在物镜后面加进一些分光装置,使光束分离;另一种是利用响应不同波段的多感光层胶片进行多光谱摄影。

2.8.3 扫描成像类传感器

扫描成像类的传感器是逐点逐行地以时序获取二维图像,有两种主要的形式:① 对物面扫描的成像仪,它的特点是对地面直接扫描成像,这类仪器如红外扫描仪、多光谱扫描仪、成像光谱仪、自旋和步进式成像仪及多频段频谱仪等;② 瞬间在像面上先形成一条线图像,甚至是一幅二维影像,然后对影像进行扫描成像,这类仪器有线阵列 CCD 推扫式成像仪、电视摄像机等。

1. 红外扫描仪

一种典型的机载红外扫描仪是由旋转扫描镜、反射镜系统、探测器、制冷系统、电子处理装置和输出装置等元件组成,由于不同波区的差别较大,当旋转棱镜旋转时,第一个镜面对地面横越航线方向扫视一次。一般在可见光和近红外区可用透镜系统,也可以用反射镜系统作收集器。但在热红外区需要大量使用反射镜系统,原因是反射镜组的重量比透镜系统轻很多,而且透红外的材料较少,大多介质吸收红外比较严重。扫描视场内的地面辐射能,从画幅的一边到另一边依次进入传感器,经探测器输出视频信号,再经电子放大器放大和调制,在阴极射线管上显示出一条相应于地面扫描视场内的景物的图像线,这条图像线经曝光后在底片(胶片或磁带)上记录下来。接着第二个扫描镜面扫视地面,由于飞机向前运动,胶片也作同步旋转,记录的第二条图像正好与第一条衔接。以此下去就得到一条与地面范围相应的二维条带图像。

2. MSS 多光谱扫描仪

陆地卫星上的多光谱扫描仪(Multispectral Scanner,MSS)由扫描反射镜、校正器、聚光系统、旋转快门、成像板、光学纤维、滤光器和探测器等组成。扫描仪每个探测器的瞬时视场为 86μrad,卫星高为 915km,因此扫描瞬间每个像元的地面分辨力为 79m×79m,每个波段由六个相同大小的探测元与飞行方向平行排列,这样在瞬间看到的地面大小为 474m×79m。由于扫描总视场为 11.56°,地面宽度为 185km,因此扫描一次每个波段获取六条扫描线图像,其地面范围是 474m×185km,扫描周期为 73.42ms,卫星速度(地速)为 6.5km/s,在扫描一次的时间里卫星往前移动 474m,扫描线恰好衔接。

3. TM 专题制图仪

Landsat-4/5 上的专题制图仪(Thematic Mapper,TM)是一个高级的多波段扫描的地球资源敏感仪器,与多波段扫描仪 MSS 的性能相比,具有更高的空间分辨力、更好的频谱选择性、更好的几何保真度、更高的辐射准确度和分辨力。TM 的探测器共有 100 个,分 7 个波段,采用带通滤光片分光,滤光片紧贴探测器阵列的前面。探测器每组 16 个,呈错开排列,摄影瞬间 16 个探测器(TM6 为 4 个)观测地面的长度为 480m,扫描线的长度为 185km,一次扫描成像为地面的 480m×185km。半个周期所用的时间为 71.46ms,卫星正好飞过地面 480m,下半个扫描周期获取的 16 条图像正好与上半个扫描周期的图像线衔接。

4. HRV 线阵列推扫式扫描仪

法国 SPOT 卫星上装载的 HRV(High Resolution Visible Range Instrument)是一种线阵列推扫式扫描仪。它的特性是对像面扫描并采用电荷耦合器件(Charge Coupled Device,CCD)。仪器中的平面反射镜将地面辐射来的电磁波反射到反射镜组,然后聚焦在 CCD 线阵列元件上,CCD 的输出端以一路时序视频信号输出。由于 CCD 的光谱灵敏度的限制,只能在可见光和近红外(1.2μm 以内)区能直接响应地物辐射来的电磁波。对于热红外区没有反应。如果与多元列阵热红外探测器结合使用,则可使多路输出信号变为一路时序信号。SPOT 卫星上的 HRV 分成两种形式,一种是多光谱型 HRV,另一种是全色 HRV。美国摄影测量学会建议发射的线阵列立体测图卫星(Stereosat)和制图卫星(Mapsat),安置一台立体成像传感器,用以获取立体覆盖影像,测定地形信息。

5. 成像光谱仪

成像光谱仪基本上属于多光谱扫描仪,它的构造与前面介绍的像面扫描仪或物面扫描仪相近,不同的是它具有的通道多,所以有更高的光谱分辨力和更高的空间分辨力。

6. 多频段频谱仪

为了更广泛地使用地物的几何特征和空间分布情况,包括地物的纹理和结构等,通常利用光谱特征来识别地物,但经常被同谱异物或同物异谱所混淆,这就产生了多频段频谱仪。

7. 超光谱摄像机

一般来说,光谱分辨力在 $10^{-1}\lambda$ 范围内的,称为多光谱(Multispectral)遥感,如 TM 与 SPOT 等。光谱分辨力在 $10^{-2}\lambda$ 内的,称为高光谱(Hyperspectral)遥感,目前此类传感器有小型的高光谱成像光谱仪(如 AIS、AVIRIS、CASI)和一些便携式光谱仪。光谱分辨力在 $10^{-3}\lambda$ 以内的,称为超光谱(Ultraspectral)遥感。

超光谱摄像机采用光机扫描线阵列和面阵列图像传感器,光谱更窄(10nm),产生的是高光谱分辨的光谱图像信息,一般具有 100 个 ~ 400 个谱段的探测能力。广泛用于各种地球资源的探测,同时也具有重要的军用意义,因为超光谱成像仪可以获得精细的目标光谱曲线,可通过观察所获得的光谱图像及光谱图像的变化,进行军事装备的识别和侦察,评估作战效果。迄今为止,星载超光谱成像光谱仪还都是以科学实验为目的展开研究的,目前一般还都处于验证性实验阶段。美国 1997 年 8 月 23 日发射了世界上第一颗携带超光谱成像仪(HIS)的小型对地观测卫星“刘易斯”(Lewis)。

8. 超光谱成像仪

可探测谱段数多达 400 个 ~ 1000 个,而谱带宽更窄。超光谱成像仪主要用于科学研究,如气体的化学成分和各种物理特性分析等,与超光谱成像仪的工作机理类同,谱段更多更窄,是今后的发展方向。

成像光谱技术的发展,把光谱遥感从多光谱时代带进高光谱时代。成像光谱仪能够在众多(几十至几百)个波长上相邻接的窄带光谱波段上同时获得图像,即对每一像元可以得到几乎连续的光谱分布。也就是说成像光谱仪这种仪器既能获得图像也能获得光谱,即谱图合一的特点。近十多年来,对成像光谱数据的分析已提高到一个新的层次。利用高光谱数据可以发现和识别小于地面(含海面)像元的目标。这对于航空遥感和资源勘探都有非常重要的意义,目前正在发展更窄光谱的超超光谱星载图像传感器技术。

虽然星载 CCD、CMOS 和红外焦平面阵列全景、多光谱、超光谱和超超光谱星载图像传感器件技术及其应用技术已相继得到应用,在多光谱、超光谱和超超光谱应用方面不断取得进展,引起了全世界的关注,应用前景非常广阔,但是,这种应用毕竟还处于发展和探索阶段。这些应用主要是地球资源卫星传感器、陆地和海洋观察卫星传感器、空间预警卫星传感器、主题测绘卫星传感器、红外天文卫星传感器、军用侦察卫星传感器和军用气象卫星传感器等。

2.8.4　微波成像类传感器

微波成像类传感器主要有真实孔径侧视雷达、合成孔径侧视雷达、微波辐射仪和微波扫描仪等。

1. 真实孔径侧视雷达

天线装在飞机的侧面,发射机向侧向面内发射一束窄脉冲,地面反射的微波脉冲,由天线收集后,被接收机接收。由于地面各点到飞机的距离不同,接收机接收到许多信号,以它们到飞机距离的远近,先后依序记录。信号的强度与辐射带内各地物的特性、形状和坡向等有关。

2. 合成孔径侧视雷达

合成孔径雷达(Synthetic Aperture Radar,SAR)系统是利用目标和雷达相对运动形成的轨迹来构成一个合成孔径以取代庞大的阵列实孔径,从而能保持优异的角分辨力,而且从潜在意义上说,其方位分辨力与波长和斜距无关,是雷达成像技术的一个飞跃,具有巨大的吸引力。因此,合成孔径雷达一直是雷达成像技术的主流方向之一。随着合成孔径原理的不断推广,各种不同功能、不同形式和不同应用的新体制SAR不断涌现。从被测区域分,有条带测绘成像、聚束照射成像,它们在技术上各具特点,应用上相辅相成和多普勒锐化,而条带测绘成像又可分为正侧视和斜侧视方式;从信号处理分,有聚焦和非聚焦两种;从雷达与目标间的相对运动分,有雷达动、目标不动的成像,雷达不动、目标动的成像,雷达、目标都动的成像三种。它们在技术上各具特点,应用上相辅相成。

合成孔径侧视雷达的基本思想是用一个小天线作为单个辐射单元,将此单元沿一直线不断移动。在移动中选择若干位置,在每个位置上发射一个信号,接收相应发射位置的回波信号储存记录下来。储存时必须同时保存接收信号的幅度和相位。合成孔径天线是在不同位置上接收同一地物的回波信号,真实孔径天线则在一个位置上接收目标的回波。真实孔径天线接收目标回波后,好像物镜那样聚合成像,而合成孔径天线对同一目标的信号不是在同一时刻得到,在每一个位置上都要记录一个回波信号。每个信号由于目标到飞机之间的球面波的距离不同,其相位和强度也不同。

合成孔径雷达能全天候、全天时地提供高分辨力的雷达图像,且其分辨力与距离无关。在军事上可以作为战场和战略侦察的有力工具,也可以作为引导设备的显示装置,引导高速投掷武器轰击目标;在民用领域可以用于地质探测,地形测绘,水源、污染以及洪水灾害监测,还可以用于农作物鉴别、产量估计等方面。合成孔径雷达在军事领域的主要应用有以下几方面。

① 战略应用:全天候全球战略侦察,全天候海洋军事动态监视,战略导弹终端要点防御的目标识别与拦截,战略导弹多弹头分导自动导引,轨道平台开口的识别与拦截,对战略地下军事设施的探测。

② 战术应用:全天候重点战区军事监视,大型坦克群的成像监视,反坦克雷场的探测。

③ 特种应用:强杂波背景下的目标识别,低空与超低空目标的探测与跟踪,精密测向与测高,隐藏目标散射特性的静态和动态测量等。

因此,深入研究合成孔径雷达成像处理技术具有很重要的意义,不管在军用还是民用领域,都有着广泛的应用前景和发展潜力。

    3. 微波辐射仪和微波扫描仪

微波辐射仪是直接接收物体发射的微波。微波扫描仪是利用有扫描功能的微波辐射计(微波辐射计包括一个能有一定空间分辨力的接收能量的天线和将接收到的噪声功率转变成电压的接收机部分以及记录或显示设备)对地进行扫描,实现扫描的方式有两种:机械方式和电子方式。机械方式与通常机械扫描相似,使高定向性天线对景物进行单行扫描,然后通过飞机的飞行获取两维图像。机械方式的优点是可以实现多频率扫描。电子方式是采用可控射束定向天线(相控阵天线),通过位相消除或增强的方式改变天线的指向,实现对目标的扫描,这种方式的优点是简单、灵巧。

2.9 智能传感器

以计算机为基础的现代测控系统,都需要传感器为其提供信息源。随着现代测试技术的发展,在沿用某些材料的作用原理和物理效应的基础上,采用微机械加工技术、微电子技术、计算机技术和网络技术,研制了新型传感器和传感器系统。它们主要包括了微型传感器、智能传感器和网络传感器等。

智能化传感器是一种带有微处理器的,兼有检测、信息处理、逻辑判断、自诊断等功能的传感器。智能传感器的主要功能是:

（1）具有自校零、自标定、自校正功能;

（2）具有自动补偿功能;

（3）能够自动采集数据,并对数据进行预处理;

（4）能够自动进行检测、自选量程、自寻故障;

（5）具有数据存储、记忆与信息处理功能;

（6）具有双向通信、标准化数字输出或者符号输出功能;

（7）具有判断、决策处理功能。

智能传感器的出现是为了因应某些系统或者场合需要,装置大量的各类传感器,处理大量的采集到的传感器数据而产生的。为了实时快速采集数据,降低成本,提出了分散处理这些数据的方案。一般是先行对采集的数据存储和处理,然后用标准的串并口总线方式实现远距离高精度的数据传输。也就是在一个封装的器件内,既有传感元件,又有存储器、信息预处理电路、微处理器和通信接口。一种典型的智能传感器的组成结构如图 2－33 所示。

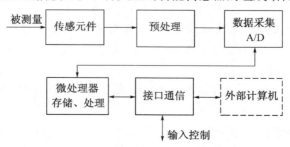

图 2－33 一种典型的智能传感器的组成结构图

通过上述结构可以看出,智能传感器实际包括传感元件即基本传感器以及信号处理单元两个部分。可以把上述结构内各模块集成,形成以硅片为基础的超大规模集成电路或者整体封装,也可以采用远离分装形式。远离封装是把基本传感器部分放置于需要检测的现场,而把信息处理部分远离环境恶劣的测量环境,这样有利于保护电子器件和智能处理器,并可进行远程操作与控制。

智能传感器中的基本传感器是智能传感器性能的基础。它有单一参数型和多参数型两类,前者采集一种物理量,后者则可以完成对现场多个参数的采集。在基本传感器中,有时为省去 A/D 和 D/A 器件,进一步提高其测量精度,开发与研制出直接输出数字或准数字信号的传感器,它与微处理器系统配套组合成智能传感器,如硅谐振式传感器,它输出的就是数字信号,不需要 A/D,可与微处理器接口构成智能传感器,用于精密测量之用。

智能传感器的信号处理单元是其核心和关键。除了硬件设备外,主要是它的软件设计。智能传感器的软件设计概括起来应完成以下几项功能:

（1）标度变换。把被测连续变化模拟量经 A/D 变换成数字量,然后由标度变换成有量纲的数据,如温度、重量、压力流量等。

（2）数字调零。在检测系统输入电路中,一般都存在着不同程度的零点漂移和增益偏差以及器件参数不稳定导致的信号变化等现象,严重影响着数据准确性。因而,必须设法进行相应参数的自动校准,才能保证一定的测量精度要求。为此,可在软件设计中设置各种参数的相应校准程序,以实现零点与增益等的偏差校准,这称其为数字调零。这可应用于系统开机或定时自动测量基准参数进行自动校准。

（3）非线性补偿。智能传感器中的非线性补偿与校正技术是先通过实验测定它的输入—输出特性曲线,在选定区域中采用多点线性插值法逐步逼近,由微处理器进行计算与分析,进而实现智能传感器的非线性补偿与自动校正。同样,也可应用于传感器由于环境温度变化导致的误差修正。

（4）数字滤波。在动态测试环境和测试系统电路中,常常会产生尖脉冲之类随机噪声干扰,尤其是在电源电路中也会引入工频 50Hz 的干扰源。因而,在智能传感器系统中必须通过设置相应的数字滤波软件来削弱或滤除这些干扰信号,以保证高精度的测试。

（5）自动转换量程。在动态测试中,常有量值差异悬殊的测量信号同时出现于测量过程中,为了细化分析不同过程的变化和提高测量精度,智能传感器采用量程自动转换程序,通过微处理器依据 A/D 变换器输出的测量数字量,判断可变量程衰减器的设定值是否合适,进而自动调节衰减器的设定值达到量程的自动转换。

显然,与传统传感器相比,智能传感器具有精度高、高可靠性和高稳定性、高信噪比和高分辨力、自适应性强、价格性能比低等特点。

20 世纪 80 年代以来,网络技术成熟并渗透到各行各业,各种高可靠、低功耗、低成本、微体积的网络接口芯片被开发出来,出现了将传感器与网络通信技术的一种智能传感器,即网络传感器。

网络传感器是网络通信技术在智能传感器中的一种应用。把网络接口芯片与智能传感器集成起来并把通信协议固化到智能传感器的 ROM 中,导致了网络传感器的产生。网络传感器继承了智能传感器的全部功能,并具有网络通信功能,因而在 FCS（Field bus

Control System)中得到了广泛的应用,成为 FCS 中现场级数字化传感器。由于传感器和网络都是信息时代支柱产业,而将传感器采集数据与网络相结合,利用已有的网络资源进行数据共享的网络传感器,已成为智能传感器产业的一个发展趋势。

2.10 传感器管理

2.10.1 传感器管理的概念与内容

关于传感器管理的概念目前尚未统一,一般认为,传感器管理是指利用多个传感器收集关于目标与环境的信息,以任务为导向,在一定的约束条件下,合理选择参与执行任务的传感器,通过使传感器信息在网络中实现共享,恰当分配或驱动多传感器或传感器的参数协同完成相应的任务,以使一定的任务性能最优。传感器管理的目的是为了充分利用传感器的资源,达到资源优化配置,因此有时也称为传感器资源管理。

显然,这里的传感器定义是采用2.1节中广义传感器的定义。

由于单传感器仅能感知其观测环境有限的局部信息,而由多个同类或异类传感器构成的多传感器系统能从不同的角度和视野获取其观测环境更多的全局信息,这使得多传感器系统在军事和民用领域正受到越来越广泛的重视。数据融合算法对多个传感器获得的数据进行处理以获得组合的观测信息,极大地扩展了获取信息的视觉,增强了对目标和环境状态的了解。与此同时,面对日益复杂的探测环境,传感器的部署数量也越来越多,这些都使得对信息获取过程进行控制(传感器控制)的难度已超出了可由人来完成的程度,从而推动了传感器管理技术的发展。

传感器资源管理的核心问题就是依据一定的最优准则,建立一个易于量化的目标函数,而后通过优化目标函数选定要工作的传感器及其工作模式或工作参数。对传感器管理的内容,简单来讲,包括空间管理、时间管理和事件管理,有些也划分为空间管理、时间管理和模式管理。详细划分,主要有以下内容:

1. 空间管理

对于非定向传感器来讲,给出它的探测跟踪方向。传感器的视野必须有规律的移动(扫描),以搜索和截获新的目标;或周期地再现目标点,以获得一条运动目标的航迹。对于全向传感器,这就要求多传感器的空间指向能够确保对整个空域的覆盖和任务执行的连续性。

2. 时间管理

在传感器必须与其他传感器或目标环境中的事件同步的情况下(如目标检测、航迹丢失、对抗活动),要求对传感器的操作进行定时管理。

3. 事件管理

通常是指控制传感器何时开机时机的管理。通过开关控制可以隐蔽或保护传感器,延长传感器的工作寿命等。

4. 工作模式管理

是指对传感器具体工作模式的选择管理和选择等。事先根据传感器的任务构造各个传感器的工作模式,传感器管理的任务就是在各个模式之间进行选择。传感器模式管理方式需要事先分析在现有作战环境下传感器应该采用什么样的工作模式。如雷达的工作方式一般都有主动式、被动式、低截获概率式。现代先进雷达的可选工作模式多达十几种。

5. 工作参数控制

是指对传感器工作参数的控制管理。根据任务执行情况,合理设定或者选择传感器的工作参数。通过参数控制可以优化传感器对目标探测跟踪性能,更好地完成任务。例如,直接控制传感器的工作参数(载频、发射功率、波束指向等)。

6. 传感器预测

为了产生传感器的可选任务方案,必须事先确定传感器的能力,这些能力包括传感器的可用性(是否失效或仅对某些目标可用)和监测能力(由传感器的性能决定,如传感器的探测范围、探测精度等)。传感器预测的作用是根据传感器的能力确定传感器对各个目标的有效性。

7. 传感器任务协同

传感器网络中的多个传感器通常具有不同的感知能力,能够获得不同的感知信息,通过在传感器之间实现信息共享,在此基础上协同分配各个传感器的任务,以任务驱动传感器的动作,使多传感器协作完成对战场的感知任务。

8. 传感器配置

传感器配置通过优化传感器的空间配置结构(布站),充分发挥每个传感器的作用,使系统的整体性能得到优化。军事系统中典型的有雷达组网,网内一般选用不同体制、不同程式、不同频段和不同极化的雷达,可以按提高覆盖空域互补能力、抗干扰和抗摧毁能力或效费比最大准则优化配置。

上述管理内容中,除了时间管理和空间管理外,也可通称为事件管理。

从上述传感器资源管理内容中,也可把它们分为两部分,即"宏管理"和"微管理"。前者是确定传感器应执行什么任务;后者是确定一个特殊的传感器将怎样执行其任务。协同传感器资源管理的主要任务是执行传感器宏管理功能,即确定每个传感器应执行什么任务。

2.10.2 传感器管理系统的结构

多传感器系统是由多个单传感器组成,对于每种传感器,它们都具有自身的工作模式、工作参数和调度方式,使其自身的效能达到优化。因此,在考虑多传感器管理策略之前,应该首先了解每种传感器自身的调度策略,以便明确多传感器管理的目的与方式。

多传感器管理系统(MSMS)的结构是实现传感器管理的基础,合理的结构体系既可以保证多传感器管理功能的快速实现,又不会过多地增加数据融合系统的工作负担。按系统所拥有的传感器和武器平台的数量来分,传感器管理一般可以分为传感器级的传感器管理、基于单平台的多传感器管理和基于多平台的多传感器管理或网络化的传感器管理。相应地,传感器管理的结构则分为集中式、分布式和网络化(混合式)结构等。

(1)集中式管理结构。指由融合中心向所有的传感器发送其需要执行的任务和完成该任务的参数集或运行模式,传感器的决策能力仅仅是完成对其自身物理资源的管理。

该结构主要用于传感器级的和简单的单平台的 MSMS 中,其优点是结构简单,且融合中心拥有整个系统最完备的信息,传感器运行参数和模式的设置、对传感器—任务配对和多任务间的协调可以更加精确合理;其缺点是融合中心难以对各个传感器的负载情况做出实时的评估,在多任务时会造成负载不均衡,甚至会造成个别传感器严重过载而无法完成任务。另外,当传感器数目增多时,融合中心的计算量会急剧上升,通信量也会大大增加。

(2)分布式管理结构。指将管理功能分布在系统的不同位置或不同传感器中。该结构可以用于复杂的单平台、多平台或网络化系统中。其优点是可以进行分布式处理,把处理任务分布到几个不同的处理器中;可以把内部的快速循环时间和以低速运行的循环时间(例如,关于波形的选用或驻留时间的决策要比关于目标优先权的决策时间快)分割开来;可以最小化通信负载及改善系统的集成性能等。其不足是任务冲突和竞争使任务协调变得更加复杂。

(3)网络化(混合式)管理结构。目前受到普遍推崇的是混合式结构,它可看作是集中式和分散式的组合。在这种结构中存在多个层次,其中顶层是全局融合中心,底层则由多个局部融合中心组成,每个局部融合中心负责管理一个传感器子集。传感器的分组可根据传感器的地理位置或平台、传感器功能或传感器传递的数据来进行(保证同类型的数据来自同组传感器)。宏/微传感器管理体系结构(图 2 - 34)可看做是由两个层次构成的混合式结构,由一个起中心作用的宏管理器和位于各传感器的微管理器组成。宏管理器负责高层次的战略决策,即如何充分利用可获得的传感器资源完成军事行动目标;微管理器则负责对具体的传感器进行战术上的调度,尽最大能力执行宏管理器的命令要求。显然,每个传感器都有各自的微管理器。

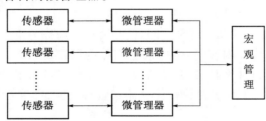

图 2 - 34　宏/微传感器管理体系结构

在多传感器系统中,任务可分为两类:一类是系统任务,它是由多个传感器联合完成的;另一类则是传感器任务,它由各传感器单独完成。在混合式管理结构中,由位于融合中心的宏管理器计算各系统任务的性能指标(依据检测概率、航迹精度、识别可信度等),预测传感器能完成给定任务的能力,根据传感器能力和要求的传感器任务性能指标确定各传感器应完成的传感器任务集合,以保证系统任务能达到所要求的性能指标。任务对传感器的分配问题(1:1 或 1:n)传统上被表示为运筹学中的运输问题或指派问题,有多种求解方法。例如:线性或非线性优化方法;效能理论方法(效能表示任务对传感器分配的适应程度);人工智能技术,如基于规则的专家系统、启发式搜索方法等。微管理器负责将宏管理器分配的任务转换为一组按时间排列的传感器命令,目前采用的方法主要有排砖方法(Brick Packing)、优先法(Best First)、遗传搜索法(Genetic Search)、OGUPSA 方法(Online,Greedy,Urgency Driven,Preemptive Scheduling Algorithm)等。

2.10.3　传感器管理的主要技术

目前的文献所涉及的多传感器管理技术主要是信息融合技术。实际上,多传感器管理技术还涉及多传感器系统的性能分析、多传感器系统的整体设计与管理等。

1. 多传感器的信息融合技术

智能化多传感器管理必须确定在目标搜索、跟踪、识别、武器投放等各种工作方式下各传感器的调度策略、使用优先级和最佳工作模式。传感器管理是在信息融合的基础上,对多传感器资源进行协调管理、优化分配,实现传感器管理的自动化。多传感器信息融合(Information Fusion)技术是通过多类同构或异构传感器数据进行综合(集成或融合)获得比单一传感器更多的信息,形成比单一信源更可靠、更完全的融合信息。它突破单一传感器信息表达的局限性,避免单一传感器的信息盲区,提高了多源信息处理结果的质量,有利于对事物的判断和决策。信息融合技术是由美国在军事方面发展起来的,它在提高系统的可靠性和鲁棒性、扩展时间和空间上的观测范围、增强数据的可信任度与系统的分辨力等方面,有着重要意义。

目前,信息融合的定义有多种,应用比较流行的定义是:信息融合是指对来自单个或多个传感器(或信源)的信息或数据进行自动检测、关联、相关、估计和组合等多层次、多方面的处理,以获取对目标参数、特征、事件、行为等更加精确的描述和身份估计。该定义一直被认为是美国信息融合学术界诠释信息融合概念的标准。

信息融合的实质就是针对多维信息进行关联或综合分析,进而选取适当的融合模式和处理算法,用以提高信息的质量,为知识提取奠定基础。在军事领域,信息融合是为运用一定准则和算法将来自多传感器的数据进行多级别、多层次的相关处理和优化综合,以获得全方位的态势感知、高精度的多目标跟踪、高置信度的多目标识别及实时可靠的威胁综合判断,为多目标攻击、武器分配等奠定基础。

随着协同作战模式和网络中心战的出现,信息融合向多平台、智能化方向发展。

信息融合主要包括检测融合、状态融合、属性融合和决策融合。

检测融合是信号处理层的数据融合,也是一个分布检测问题,它根据一定的检测准则形成最优化门限,然后融合各传感器的决策产生最终的检测输出。状态融合是为了获得目标的位置和速度,它通过综合来自多个传感器的位置信息建立目标的航迹文件,主要包括数据校准、互联、跟踪、滤波、预测、航迹相关及航迹合成等。属性融合是为了得到对目标身份的联合估计,它通过对来自多个传感器的属性数据进行相关分析和融合判决来确定目标种类、类型、威胁等级等。决策融合包括态势评估、威胁度估计和战术辅助决策生成。态势评估是通过对敌方兵力结构分析、地理、气象环境分析,导出敌方作战意图和机动性能,给出一个战场态势的动态描述;威胁度估计是以态势评估的结果为背景,根据敌我双方作战飞机性能、传感器性能、武器杀伤力、电子战策略,以定量形式对威胁进行综合判断;战术辅助决策是根据态势威胁评估结果进行协同规划、攻击规划、生存规划,提出应采取的攻击/规避策略、干扰策略、协同策略等,并给出作战效能的分析和预测,供指挥员进行战术决策。

从处理对象的层次上看,检测融合属于低级融合,它适合于同类传感器之间的融合,是近几年才开始研究的领域,目前绝大多数数据融合系统都不存在这一级;状态融合和属性融合是最重要的两级,它们是紧密相关并且常常是并行同步处理的,状态融合和属性融合是进行决策融合的前提和基础,而决策融合是高级融合,它们包括了对局部和全局态势发展的估计。

目前,比较成熟的多传感器信息融合方法主要有:经典推理、卡尔曼滤波、贝叶斯估计、D-S证据推理、聚类分析、参数模板法、物理模型法、熵法、品质因素法、估计理论法和专家系统法等;新近出现的信息融合方法主要有模糊集合理论、神经网络、粗集理论、小波分析理论和支持向量机等。在实际应用中,这些方法通常各取所长,相互交叉使用。

2. 多传感器系统的性能分析

对于一个传感器系统来说,其性能可分为静态性能和动态性能两部分。静态性能主要有零位、灵敏度、量程、分辨力等;动态性能主要有迟滞、重复性、线性度、精度、温度系数与温度附加误差等。多传感器系统因为各传感器特性的不同使得系统的综合性能各有千秋,因此,多传感器系统的性能分析又有其特殊性。特别是系统的动态性能分析,给多传感器技术提出了新的挑战。

3. 多传感器系统的整体设计与管理

多传感器系统设计就是根据系统的任务选择合适的传感器,按合适的组织方式把各传感器放置在合适的位置。目前,多传感器系统中各传感器的组织方式主要有集中式、分散式和综合式。传感器管理最基本的目的就是在合适的时候选择合适的传感器对合适的目标做合适的服务。其功能包括目标排列、事件预测、传感器预测、传感器对目标的分配、空间和时间范围控制以及配置和控制策略。传感器管理的核心问题是根据一定的准则,建立一个易于量化的目标函数,再加上传感器资源的约束条件,然后对目标函数进行优化,以获得传感器对目标的有效分配。

思考与练习题

1. 传感器一般由哪几部分组成?一般用哪些性能指标来描述?
2. 什么是电阻应变效应?给出应变计的结构。
3. 什么是光电效应?说明光敏电阻的工作原理。
4. 在光敏电阻使用过程中,在某些情况下,为什么要加入制冷系统?
5. 举例说明压电传感器的工作原理。
6. 霍耳电压是如何形成的?
7. 说明电容式传感器的工作原理,并举出其应用的例子。
8. 光纤传感器按照工作机理分为哪两类?
9. 智能传感器具有哪些主要功能?
10. 传感器管理主要有哪些内容?
11. 什么是信息融合?具体有哪些内容?

第3章　总线技术

3.1　总线概述

在以计算机为核心的现代测试系统中,信号传输是测试的重要环节,它已经转变为数字通信问题,良好的数字通信接口是现代测试系统的重要组成部分。在现代测试系统中,传输信息一般采用总线,它把各个相对独立的分系统、仪器、插件等通过各种总线接口连接成复杂测试系统。采用总线连接不仅可以简化系统设计,还可以简化系统结构,提高系统可靠性,同时也便于系统的扩充和更新、便于得到多家厂商的支持、便于组织生产、便于维修。

3.1.1　总线的概念和分类

总线是将若干部件进行相互连接的一组电缆或一组信号线的总称。总线标准是指芯片之间、插板之间及系统之间,通过总线进行连接和传输信息时,应遵守的一些协议与规范。总线标准包括硬件和软件两个方面,如总线工作时钟频率、总线信号线定义、总线系统结构、总线仲裁机构与配置机构、电气规范、机械规范和实施总线协议的驱动与管理程序。通常说的总线,实际上指的是总线标准。不同的标准,就形成了不同类型或同一类型不同版本的总线。

总线的分类方法很多。按照传输数据的方式可以分为串行总线和并行总线;按其应用的场合可以分为芯片总线、板内总线、机箱总线、设备互连总线、现场总线和网络总线等;按其用途可以分为计算机总线、外设总线和测控总线等。

从总线的性质和应用来看,可分成局部总线、系统总线和通信总线三大类。

1. 局部总线

局部总线是介于CPU总线和系统总线之间的一级总线。它有两侧:一侧直接面向CPU总线;另一侧面向系统总线,分别由桥接电路连接。由于局部总线离CPU总线更近,因此,外部设备通过它与CPU之间的数据传输速率将大大加快。如果把一些高速外设从系统总线(如ISA)上卸下来,通过局部总线直接挂接到CPU总线上,使之与高速CPU总线相匹配,就会打破系统的I/O瓶颈,充分发挥CPU的高性能。局部总线又可分成三种:

(1) 专用局部总线,是一些大公司为自己系统开发的专用总线,无通用性。

(2) VL总线(VESA Local BUS),是用于486机型的一种过渡性通用局部总线标准,现已经淘汰。

(3) PCI总线,先进的、新的局部总线标准,目前的高档微机普遍采用。

2. 系统总线

系统总线是指微机系统内部各部件(插板)之间进行连接和传输信息的一组信号

线。例如,ISA 和 EISA 就是构成 IBM – PC X86 系列微机的系统总线,可称之为标准总线。系统总线是微机系统所特有的总线,由于它用于插板之间的连接,因此也叫做板级总线。

3. 通信总线

通信总线是系统之间或微机系统与设备之间进行通信的一组信号线。例如,微机与微机之间所采用的 RS – 232C/RS – 485 总线,微机与智能仪器之间所采用的 IEEE 488/VXI 总线,以及近几年发展和流行起来的微机与外部设备之间的 USB 和 IEEE 1394 通用串行总线等。

3.1.2 总线的组成

总线主要由数据总线、地址总线、控制总线、电源线和地线四部分组成。

数据总线用于传输数据,采用双向三态逻辑(即高阻状态、导通状态和断开状态)。常见的 STD 总线是 8 位数据线,ISA 总线是 16 位数据线,EISA 总线是 32 位数据线,PCI 总线是 32 位或 64 位数据线,其中数据线的位数(也称总线宽度)表示总线的数据传输能力,反映了总线的性能。

地址总线是微机传送地址信息用的,采用单向三态逻辑。对任一种总线而言,它所规定的地址数目决定了该总线系统所具有的寻址范围。例如,ISA 总线有 24 位地址线,那么它就可寻址 $2^{24} = 16MB$;EISA 总线有 32 位地址线,则可寻址 $2^{32} = 4GB$。

控制总线是微机传送控制和状态信号用的,根据不同的使用条件,控制总线有的为单向,有的为双向,有的为三态,有的为非三态。控制总线是最能体现总线特色的信号线,它决定了总线功能的强弱和适应性,一种总线标准与另一种总线标准最大的不同就在于控制线上,而它们的数据总线、地址总线可以相同或相似。因此,可以这样说,数据总线的宽度,表征了构成计算机系统的处理能力;地址总线的位数,决定了系统的寻址能力,表明构成计算机系统的规模;而控制总线则代表总线的特色,表示该总线的控制能力。

电源线和地线,电源线和地线决定总线使用的电源种类及地线分布和用法。ISA、EISA 采用 ±12V 和 ±5V,PCI 采用 +5V 或 +3V,PCMCIA 采用 +3.3V。这表明计算机系统向低电源发展的趋势,电源种类已在向 3.3V、2.5V 甚至 1.7V 方向发展。

以上四类信号线所组成的系统总线,一般都做成标准的插槽形式,插槽的每个引脚都定义了一根总线的信号线(数据、地址或控制信号线),并按一定的顺序排列,把这种插槽叫做总线插槽。微机系统内的各种功能模块(插板),就是通过总线插槽连接的。

3.1.3 总线的性能参数

市场上的微机所采用的总线标准是多种多样的,主要原因是没有哪一种总线能够完美地适合各种场合的需要。尽管各类总线在设计上有许多不同之处,但从总体原则上看,它们的主要性能指标是可以比较的。评价一种总线的常见性能指标有如下几个方面。

(1)总线时钟频率。总线的工作频率,以 MHz 表示,它是影响总线传输速率的重要因素之一,总线的时钟频率越高,也就意味着传输速率越快。

（2）总线宽度。数据总线的位数，用位(bit)表示，如总线宽度为 8 位、16 位、32 位或 64 位。

（3）总线传输速率。在总线上每秒钟传输的最大字节数，用 MB/s 表示，即每秒多少兆字节。若总线工作频率 8MHz，总线宽度 8 位，则最大传输速率为 8MB/s。如果工作频率为 33.3MHz，总线宽度是 32 位，则最大传输速率为 133MB/s。

（4）传输方式。有同步或异步之分。在同步方式下，总线上主模块与从模块进行一次传输所需的时间（即传输周期或总线周期）是固定的，并严格按系统时钟来统一定时主、从模块之间的传输操作。在异步方式下，采用应答式传输技术，允许从模块自行调整响应时间，即传输周期是可以改变的。

（5）多路复用。若地址线和数据线共用一条物理线，即某一时刻该线上传输的是地址信号，而在另一时刻传输的则是数据或总线命令，责称其为多路复用方式。采用多路复用，可以减少总线的数目。

（6）负载能力。即总线带动负载的能力，一般采用"可连接的扩充电路板的数量"来表示，负载能力越大，反映了总线驱动外设的能力越强。

（7）信号线数。表明总线拥有多少信号线，信号线是数据线、地址线、控制线及电源线的总和。信号线数和其性能并不成正比，但与系统复杂度成正比。

（8）总线控制方式。具体指总线的传输方式（猝发方式）、并发工作、设备自动配置、中断分配及仲裁方式等内容。

（9）其他性能，一般包括总线的电源电压等级（是 5V 还是 3.3V）、系统能否扩展 64 位宽度等。

3.2 常见微型机总线

3.2.1 STD 总线

1. STD 总线概述

STD 总线是一种工业微型计算机系统的总线标准。1978 年 12 月正式公布，1985 年 2 月被 IEEE 协会接受，称为 IEEE P961，并作为标准总线给予推荐。这是一种适合工业现场控制与监测用微机的总线标准，特别适合用来组建小型自动控制系统。

STD 总线标准规定采用小型功能模板，每块模板的几何尺寸比较小，适用于存在机械振动的场合，组建系统灵活。由于 STD 总线标准中采用的功能模板小，模板功能比较单一，在模板印制电路的设计中，其电磁兼容性可达到较高水准，抗干扰能力强，总线具有良好的抗干扰、防振动、抑噪声的性能，接口简单，适应性强，简单易学，容易普及且支持多微处理机系统。实践还证明，STD 总线可以修改与发展以适应最新技术，因此它是一种最适用于工业微型机系统的总线标准。

2. STD 接口信号线

STD 总线是并行的底板总线（位于系统底板上的信号连接线），共有 56 条信号线，其中包括 10 条电源线、22 条控制线、16 条地址线以及 8 条数据线。STD 总线的接口信号线见表 3-1。

表 3 - 1 STD 总线接口线

		元 件 面				线 路 面		
	引脚	名称	流向	说明	引脚	名称	流向	说明
逻辑电源	1	$+5V_{DC}$	in	逻辑电源	2	$+5V_{DC}$	in	逻辑电源
	3	GND	in	逻辑地	4	GND	in	逻辑地
	5	VBAT	in	电池电源	6	VBB	in	逻辑偏压
数据总线	7	D_3/A_{19}	in/out		8	D_7/A_{23}	in/out	
	9	D_2/A_{18}	in/out	数据总线/	10	D_6/A_{22}	in/out	数据总线/
	11	D_1/A_{17}	in/out	地址扩展	12	D_5/A_{21}	in/out	地址扩展
	13	D_0/A_{16}	in/out		14	D_4/A_{20}	in/out	
地址总线	15	A_7	out		16	A_{15}/D_{15}	out	
	17	A_6	out		18	A_{14}/D_{14}	out	
	19	A_5	out		20	A_{13}/D_{13}	out	
	21	A_4	out	地址总线	22	A_{12}/D_{12}	out	地址总线/
	23	A_3	out		24	A_{11}/D_{11}	out	数据总线扩展
	25	A_2	out		26	A_{10}/D_{10}	out	
	27	A_1	out		28	A_9/D_9	out	
	29	A_0	out		30	A_8/D_8	out	
控制总线	31	WR*	out	写存储器或 I/O	32	RD*	out	读存储器或 I/O
	33	IORQ*	out	IO 地址选择	34	MEMRQ	out	存储器地址选择
	35	IOEXP	in/out	I/O 扩展	36	MEMEX	in/out	存储器扩展
	37	REFRESH*	out	刷新定时	38	MCSYNC*	out	CPU 机器周期同步
	39	STATUS1*	out	CPU 状态	40	STATUS0*	out	CPU 状态
	41	BUSAK*	out	总线响应	42	BUSRQ*	in	总线请求
	43	INTAK*	out	中断响应	44	INTRQ*	in	中断请求
	45	WAITRQ*	in	等待请求	46	NMIRQ*	in	非屏蔽中断
	47	SYSRESET*	out	系统复位	48	PBRESET*	in	按钮复位
	49	CLOCK*	out	处理器时钟	50	CNTRL*	in	辅助定时
	51	PCO	out	优先级链输出	52	PCI	in	优先级链输入
辅助总线	53	AUXGND	in	辅助地	54	AUXGND	in	辅助地
	55	AUX + V	in	辅助正电源	56	AUX - V	in	辅助负电源
*表示低电平有效								

3. STD 总线的电气性能

STD 总线的电气性能包括总线电压额定值、逻辑信号电压额定值、逻辑信号电压极限值。

（1）STD 总线模块版一般只需要 +5V 电源电压。但是不同器件构成的不同功能模块也可能用到其他类型的电压，不管哪种类型的电压，都必须满足表 3 - 2 列出的额定要求。

表 3-2　电源总线电压额定值

模板引脚	信号名称	电源电压	容限	参考
1、2	TTL V_{CL}	+5V	±0.25V	地引脚 3、4
1、2	CMOS V_{CC}	+5V	±0.50V	地引脚 3、4
5	VBB #1	-5V	±0.25V	地引脚 3、4
5	VBAT	+3.5~5V	—	地引脚 3、4
6	VBB #2	+5V	±0.25V	地引脚 3、4
55	AUX+V	+12V	±0.50V	辅助地 53、54
55	AUX-V	-12V	±0.50V	辅助地 53、54

（2）STD 总线同工业标准 TTL 或高速 CMOS 逻辑电平兼容。所有的逻辑信号都应满足表 3-3 给出的电压要求。

表 3-3　逻辑信号源电压额定值

TTL 总线模板参数	测试条件	MIN	MAX
V_{OH}（高态输出电压）/V	V_{CC} = MIN	2.4	—
V_{OL}（低态输出电压）/V	I_{OH} = -3mA	—	0.5
V_{IH}（高态输入电压）/V	V_{CC} = MIN	2.0	—
V_{IL}（低态输入电压）/V	I_{OL} = -24mA	—	0.8
CMOS 总线模板参数	测试条件（-40℃~85℃）	MIN	MAX
V_{OH}（高态输出电压）/V	V_{CC} = MIN、I_{OH} = -3mA	3.76	—
V_{OL}（低态输出电压）/V	V_{CC} = MIN 或 MAX	—	0.37
V_{IH}（高态输入电压）/V	I_{OL} = 6mA、V_{CC} = MIN 或 MAX	3.15,3.85	—
V_{IL}（低态输入电压）/V	V_{CC} = MIN	—	0.9

（3）表 3-4 给出了模块板引脚逻辑信号极限电压值。工作时不允许超过此值，否则将损坏器件。

表 3-4　极限电压额定值

参数	极限	参考
正电压加到逻辑输入或禁止三态输出	$+V_{CC}$ + 0.5V	地引脚 3、4
负 DC 电压加到一个 TTL 逻辑输入或禁止三态输出	-0.4V	
负 DC 电压加到 CMOS 逻辑输入或禁止三态输出	-0.5V	

4. STD 总线的时序

STD 总线信号时序规定了存储器和 I/O 设备的读写操作的时序。定义它们的目的是为了保证所有的模块板在总线上都能够兼容。

1）地址信号时序

地址信号包括下列三个信号,要求信号在存储器和 I/O 读写操作期间保持稳定,如图 3-1 所示。

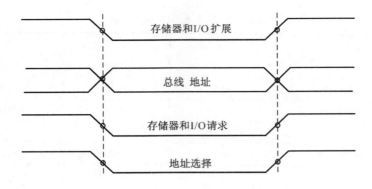

图 3 - 1　地址选择信号时序

（1）地址扩展信号（MEMEX、IOEXP）：交替选择存储器和 I/O 地址空间。

（2）地址总线信号（$A_0 \sim A_{23}$）：用于识别存储器和 I/O 空间的数据单元。

（3）请求信号（MEMRQ*、IORQ*）：选择存储器和 I/O 操作。

2）读信号时序

读信号是从选中的存储单元或 I/O 单元中读出数据。它应在选中的地址内产生一个读操作。读信号状态的变化一定要在地址选择信号内发生或者至少应同时变化。读信号的后沿表示数据传输已经结束。在处理器读到数据之前，读信号将保持数据总线上的数据有效，如图 3 -2 所示。

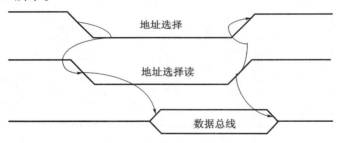

图 3 - 2　读信号时序

3）写信号时序

写信号把数据总线上的数据写到选中的存储单元内或 I/O 单元内。数据总线上的数据要在写信号产生之前建立，要在写信号结束之后消失。写信号状态的变化要发生在地址选择信号的稳定期间内，如图 3 -3 所示。

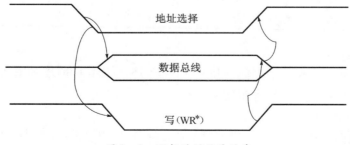

图 3 - 3　理想的写信号时序

4）读同步

模块读操作的兼容性决定于当前处理器有效地读访问时间与存储器或 I/O 模块要求的读访问时间之间的关系。处理器模块从存储器读出数据的时间(t_{ARD})，一部分用于读存储器或 I/O 单元内的数据(t_{AR})，一部分用来把读出的数据送到数据总线上(t_{SRD})。规定要求处理器模块的这三个参数应满足下列关系：最大有效的读时间 $t_{ARmax} = t_{ARD} - t_{SRD}$。

读同步的临界条件是处理器模块的 t_{AR} 大于或等于存储器或 I/O 模块的 t_{AR}。存储器或 I/O 模块的 t_{AR} 是最大的读取时间，如图 3-4 所示。

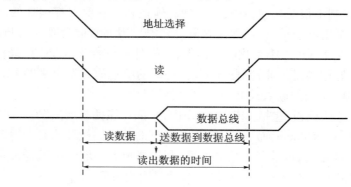

图 3-4 临界读同步

5）写同步

模块写操作的兼容性取决于当前处理器模块的有效的写数据建立和保持时间与存储器或 I/O 模块要求的写数据建立与保持时间之间的关系。

写同步的临界条件是：

（1）处理器模块有效的写数据建立时间 t_{SWTmin} 大于或等于存储器或 I/O 模块要求的写数据建立时间 t_{SWTmin}。

（2）处理器模块的写数据保持时间 t_{HWTmin} 大于或等于存储器或 I/O 模块要求的写数据保持时间 t_{HWTmin}。

图 3-5 给出了存储器或 I/O 模块的写数据建立与保持时间的关系。

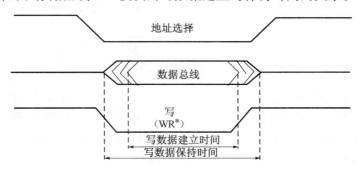

图 3-5 临界写同步

3.2.2　PC-104 总线

1. PC-104 总线概述

尽管 PC、PC/AT 结构在通用（桌上型计算机）和专用领域（非桌上型计算机）中的使用非常广泛,但在嵌入式微机的应用中,却由于标准PC、PC/AT主板和扩充卡的巨大尺寸而受到了限制。

PC-104为紧凑型的ISA(PC、PC/AT)总线结构提供了机械和电气规范,这种结构是为嵌入式系统应用的特殊要求而优化的,其总线结构的104个信号线分布在两个总线连接器上:P1连接器上有64个信号引脚、P2连接器上有40个信号引脚,所以称这种总线为PC-104。

PC-104总线是超小型PC所用的总线标准。由于这种超小型PC体积小,结构紧凑,在各种工业控制中很受欢迎,并被嵌入到对体积和功耗要求都很高的产品中(如通信装置、商用终端、军用电子设备、机器人等设备之中),因而常称为嵌入式PC总线。

PC-104总线及整机除小型化的结构外,在硬件和软件上与PC总线标准完全兼容,实质上是为了更好地满足工业控制或小型化外设的要求而开发出来的PC系列小型化机型。使用PC-104总线的嵌入式PC的主要优点是:

使用超小尺寸的插板,包括CPU插板在内,全部功能插板均按PC-104标准设计,插板尺寸规定为90mm×96mm,而一般PC系列微机的总线插板尺寸要大得多。

自堆(叠)总线结构,取消了底板和插槽,利用插板上的堆(叠)装总线插座,将插板堆叠连接在一起,如图3-6所示。这种结构组装紧凑而灵活。

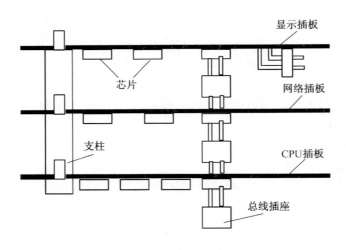

图3-6 PC-104总线结构

总线驱动电流小(6mA),功耗低(1W~2W)。为适应小型化要求,各插板都为VLSI器件、门阵列、ASIC芯片,以及大容量固态盘(一种用半导体存储器件RAM、ROM、EPROM、E^2PROM等组成的存储系统,其数据组织和数据存取方法和磁盘机相同,可存取磁盘数据那样存取固态盘的数据)。

目前使用PC-104总线的嵌入式PC已相当流行,很多厂家生产了系列化的功能块,可满足不同用户的需要。

2. PC-104接口信号线

PC-104模块有8位和16位两种总线类型,分别与PC和PC/AT总线相对应。其各自对应管脚关系见表3-5和表3-6。

表 3 - 5　PC - 104 的 J1(P1)插座信号管脚对应关系

管脚	A 排	B 排	管脚	A 排	B 排
	J1(P1)			J1(P1)	
1	IOCHK*	GND	17	SA14	DACK1*
2	SD7	RESET	18	SA13	DRQ1
3	SD6	+5V	19	SA12	REFRESH*
4	SD5	IRQ9	20	SA11	BCLK
5	SD4	-5V	21	SA10	IRQ7
6	SD3	DRQ2	22	SA9	IRQ6
7	SD2	-12V	23	SA8	IRQ5
8	SD1	SRDY*	24	SA7	IRQ4
9	SD0	+12V	25	SA6	IRQ3
10	IOCHRDY	KEY	26	SA5	DACK2*
11	AEN	SMEMW*	27	SA4	TC
12	SA19	SMEMR*	28	SA3	BALE
13	SA18	IOW*	29	SA2	+5V
14	SA17	IOR*	30	SA1	OSC
15	SA16	DACK3*	31	SA0	GND
16	SA15	DRQ1	32	GND	GND

表 3 - 6　PC - 104 的 J2(P2)插座信号管脚对应关系

管脚	C 排	D 排	管脚	C 排	D 排
	J2(P2)			J2(P2)	
0	GND	GND	10	DACK5*	MEMW*
1	MEMCS16*	SBHE*	11	DRQ5	SD8
2	IOCS16*	LA23	12	DACK6*	SD9
3	IRQ10	LA22	13	DRQ6	SD10
4	IRQ11	LA21	14	DACK7*	SD11
5	IRQ12	LA20	15	DRQ7	SD12
6	IRQ15	LA19	16	+5V	SD13
7	IRQ14	LA18	17	MASTER*	SD14
8	DACK0*	LA17	18	GND	SD15
9	DRQ0	MEMR*	19	GND	KEY

说明：对于 8 位的模块不要求 C 排和 D 排。

3. PC - 104 的信号描述

PC - 104 模块本 3.8 英寸[①]×3.9 英寸的 ISA 总线板卡。它的总线与 ISA 在 IEEE -

---

① 1 英寸 ≈ 25.4mm。

P996 中定义基本相同 16 位数据宽度,最高工作频率为 8MHz 数据传输速率达到 8MB/s,地址线 24 条,可寻访 16MB 地址单元。

所有 PC – 104 总线信号定义和功能与它们在 ISA 总线相应部分是完全相同的。104 根线分为五类:地址线、数据线、控制线、时钟线和电源线。简要介绍如下:

1)地址和数据信号线

BALE:总线地址锁存使能信号线,由平台 CPU 驱动,用来表示 SA(19:0)、LA(23:17)、AENx 以及 SBHE#信号线在什么时候有效。当 ISA 扩展卡或 DMA 控制器占用总线时,它也被置为逻辑 1。

SA(19:0):地址信号线,由当前 ISA 总线的拥有者驱动,定义用来访问存储器最低的 1MB 地址空间所需要的低 20 根地址信号线。

LA(23:17):锁存地址信号线,由当前 ISA 总线拥有者或 DMA 控制器驱动,所提供的附加的地址信号线是用来访问 16MB 的存储器地址空间。

SBHE#:系统字节高位使能信号线,由当前 ISA 总线拥有者驱动,以表明有效数据在 SD(15:8)信号线上。

AENx:地址使能信号线,由平台电路驱动,以告知 ISA 资源不能对地址信号线和 I/O 命令信号线进行响应。通过这个信号线,可以通知 I/O 资源一个 DMA 传送周期正在执行,而且只有带有有效 DACKx#信号线的 I/O 资源才能响应 I/O 信号线。

SD(15:0):数据信号线,0 ~ 7 或 8 ~ 15 由一个 8 位数据周期驱动,而 0 ~ 15 由一个 16 比特数据周期驱动。

2)周期控制信号线

MEMR#:存储器读信号线,由当前 ISA 总线拥有者或 DMA 控制器驱动,在一个周期内请求存储器资源将数据送至总线。

SMEMR#:系统存储器读信号线,在一个周期内请求存储器资源将数据送至总线。当 MEMR#为有效状态,并且 LA(23:20)信号线译码到第 1MB 空间时,该信号线有效。

MEMW#:存储器写信号线,请求存储器资源接收数据线上的数据。

SMEMW#:系统存储器写信号线,在一个周期内请求存储器资源接收数据线上的数据。当 MEMW#为有效状态,并且 LA(23:20)信号线译码到第 1MB 空间时,该信号线有效。

IOR#:I/O 读信号线,由当前总线拥有者或 DMA 控制器驱动以请求 I/O 资源在此周期内将数据送至数据总线。

IOW#:I/O 写信号线,请求 I/O 资源接收数据总线上的数据。

MEMCS16#:存储器 16 位选择信号线,由存储器资源驱动,以示该资源支持 16 位数据存取周期,并允许当前 ISA 总线拥有者执行较短的周期。

IOCS16#:I/O16 位芯片选择信号线,由 I/O 资源驱动,以示该资源支持 16 位数据存取周期,并允许当前总线拥有者执行较短的默认周期。

IOCHRDY:I/O 通道就绪信号线,允许资源对总线拥有者表明需要延长周期时间。

SRDY#:同步就绪信号线(或 NOWS#无等待状态),信号线由被访问资源驱动为有效,以表明要执行一个比默认周期更短的存取周期。

3)总线控制信号线

REFRESH#:存储器刷新信号线,由刷新控制器驱动,以表明将执行一个刷新周期。

MASTER16#：16 位主控信号线，仅由已经被 DMA 控制器赋予总线拥有权的 ISA 总线拥有者扩充卡驱动有效。

IOCHK#：I/O 通道检验信号线，可以由任意资源驱动。在没有特定中断的一般发生时，它被驱动为有效状态。

RESET：复位信号线，由平台电路驱动为有效状态。任何接收到复位信号的总线资源必须立即使所有输出驱动器处于三态，并进入适当的复位状态。

BCLK：系统总线时钟信号线，由平台电路驱动。频率为 6MHz ~ 8MHz，周期的占空比约为 50% ±5%（对于 8MHz 的频率而言，是 57ns ~ 69ns）。

OSC：振荡器信号线，是一由平台电路驱动的时钟信号。其频率为 14.31818MHz，周期的占空比为 45% ~ 55%。它不与任何其他总线信号线同步。

4）中断信号线

IRQx：中断请求信号线，允许扩充卡请求平台 CPU 提供的中断服务。

5）DMA 信号线

DRQx：DMA 请求信号线，由 I/O 资源将其驱动为有效状态来请求平台 DMA 控制器服务。

DACKx#：DMA 应答信号线，由平台 DMA 控制器驱动为有效状态以选中请求 DMA 传送周期的 I/O 设备。

TC：终端计数信号线，由平台 DMA 控制器驱动，以表明所有的数据已经被传送。

IEEE － P996 是 PC 和 PC/AT 工业总线规范，IEEE 协会将它定义 IEEE － P996.1，很明显 PC － 104 实质上就是一种紧凑型的 IEEE － P996，其信号定义与 PC/AT 相同，但电气和机械规范却不完全相同，主要区别在以下方面：

（1）自堆栈总线，省掉了昂贵的底板。

（2）针孔总线连接器，提高了可靠性。

（3）减小了总线驱动电流，降低了功耗和电路的驱动要求。

至于 16 位的 PC － 104 总线比 ISA 的信号线多 6 根（104&98），都是地线。

4. PC － 104 的机械规范

PC － 104 模块有 8 位和 16 位两种总线类型，分别与 PC 和 PC/AT 总线相对应。每种总线（8 位和 16 位）类型都提供两种总线连接选择，属于哪一种总线连接，是根据 P1 和 P2 总线连接器是否作为穿越模块的堆叠连接器而定的。

设置总线选择的目的在于满足嵌入式应用所要求的紧凑空间。

图 3 － 7 给出了一个典型的模块堆，其中包括 8 位和 16 位的模块，它说明了"叠穿式"和"非叠穿式"总线选择的用法，如图 3 － 7 所示，当一个堆栈同时连接 8 位和 16 位模块时，16 位模块必须置于 8 位模块之下（8 比特模块的背面）。在设计 8 位模块时，可以有选择的加入一个 P2 总线连接器，以允许在堆栈的任何位置使用 8 位模块。

虽然 PC － 104 模块的扩展和应用是灵活的，但实际的嵌入 PC － 104 系统使用中还是采用下面两种基本方法：

（1）独立的模块堆栈。如在图 3 － 7 上显示的一样，PC － 104 模块是自我堆栈式。这方式中，模块是被用作全兼容的总线底板，每个模板不需要背板或插槽，相互层叠而成。每个模块间留出 0.6 英寸的间距。

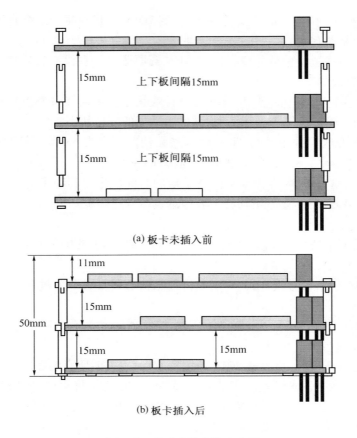

(a) 板卡未插入前

(b) 板卡插入后

图 3－7　典型的模块堆示意图

（2）作为元件应用。另外一个方法使用 PC－104 模块是如图 3－8 显示的一样。在这方式下，模块作为用一个高度集成元件，插入一个定制的母板上，母板上包含有应用接口和总线逻辑，它的自我堆栈方式，可在一个位置上安装几个模块。这种方式允许在系统调试或者测试时，临时更换模块，同时有利于将来的产品升级或者更换选件。

PC－104 的 P1、P2 接口引脚及 J1、J2 上的插孔已经指定好了，以保证连接器的正确连接，具体如图 3－9 所示。

3.2.3　USB 总线

1. USB 总线概述

在传统的接口电路中，用户必须为系统增加的每一种设备提供相应的接口或插座，并要准备相应的驱动程序，这给使用和维护带来了很大的困难。而 USB 总线（Universal Serial Bus，通用串行总线）采用通用的连接器，使用热插拔技术以及相应的软件，使得外设的连接、使用大大简化，因此受到了普遍的欢迎，已经成为流行的外设接口。

USB 之所以得到广泛支持和迅速普及，是因为它具有以下优点。

（1）用一种连接器类型连接多种外设，USB 对连接设备没有任何种类的限制，仅提出了准则和带宽上界。

（2）用统一的 4 针插头，取代了机箱后种类繁多的串行/并行口插头，实现了将计算

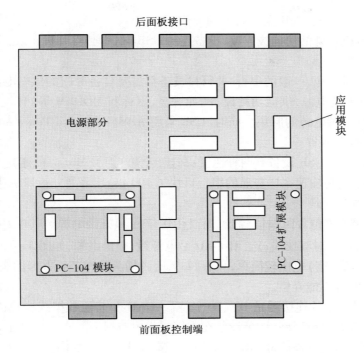

图 3 – 8 PC – 104 模块集成在其他板卡上的使用示意图

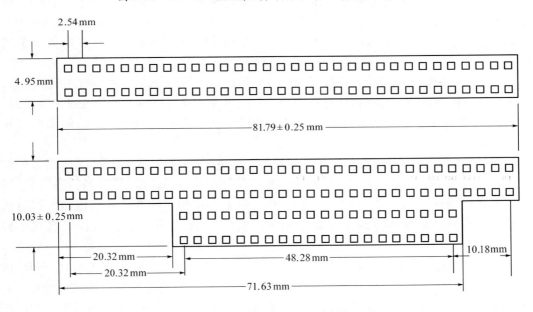

图 3 – 9 8 位和 16 位 ISA 总线连接器规范

机常规 I/O 设备、多媒体设备(部分)、通信设备(电话、网络)以及家用电器统一为一种接口的愿望。

(3)采用星形层式结构和 Hub 技术,允许一个 USB 主控机连接多达 127 个外设,用户不用担心要连接的设备数目会受到限制。两个外设间的距离(电缆长度)可达 5m,扩展灵活。

（4）连接简单快速，USB 能自动识别 USB 系统中设备的接入或移走，真正做到即插即用。USB 支持机箱外的热插拔连接，设备连到 USB 时，不必打开机箱，也不必关闭主板电源。

（5）总线提供电源，一般的串行/并行口设备都需要自备专门的供电电源，而 USB 能提供 +5V、500mA 的电源，供低功耗设备（如键盘、鼠标和 MODEM 等）作电源使用，免除了这些设备必须自带电源的麻烦。同时，USB 采用 APM（Advanced Power Management）技术，使系统能源得到节省。

（6）速度加快了，USB 设备有两种速度：高速（全速）为 12Mb/s，低速是 1.5Mb/s。这意味着 USB 的最高传输速率比普通的串行口快了 100 倍，比普通并行口也快了十多倍。

2. USB 接口信号线

USB 总线（电缆）包含四根信号线，用以传送信号和提供电源。其中，D_+ 和 D_- 为信号线，传送信号，是一对双绞线；V_{Bus} 和 GND 是电源线，提供电源，如图 3 - 10（a）所示。相应的 USB 接口插头（座）也比较简单，只有四芯，上游插头是四芯长方形插头，下游插头是四芯方形插头，两者不能弄错。

一个 USB 设备端的连接器是 D_+、D_- 及 V_{Bus}、GND 和其他数据线构成的简短连续电路，并要求连接器有电缆屏蔽，以免设备在使用过程中被损坏。它有两种工作状态：低态和高态。在低态时，驱动器的静态输出端的工作电压 V_{OL} 变动范围为 0 ~ 0.3V，且接有一个 15kΩ 的接地负载。处于差分的高态和低态之间的输出电压变动应尽量保持平衡，以能很好地减小信号的扭曲变形。一个差分输入接收器用来接收 USB 数据信号，当两个差分数据输入处在共同的 0.8V ~ 2.5V 的差分模式范围时，接收器必须具有至少 200mV 的输入灵敏度。

一个端口的输入电容量在连接器的端口处量的，上行和下行端口可以有不同的电容，一个集线器或主机的下行端口所允许的 D_+ 或 D_- 上的最大电容量（查分的或单终端的）为 150pF；带有可分电缆的高速设备的上行端口所允许的 D_+ 或 D_- 上的最大电容量为 100pF。

通过控制 D_+ 和 D_- 线从空闲态到相反的逻辑电平（K 态），就可以实现源端口的包发送（SOP，Start Of Packet）。同步字中的第一位代表了这种在电平上的转换。当它的重新发送时间低于 5ns 时，集线器必须对 SOP 中第一位的宽度变化有所限制。可以通过使用具有延迟输出使能的集线器来实现数据的匹配，这样可以使数据失真减小到最小。

SEO 态通常用来表示包的发送结束（EOP，End Of Packet），可以通过控制 D_+ 和 D_- 两位时达到 SEO 态，然后控制 D_+ 和 D_- 线一位时到达 J 态，就可以实现 EOP 信号的发送。从 SEO 态到 J 态的变化表示接收端包发送的结束。J 态持续一个位时，然后 D_+ 和 D_- 上的输出驱动器均处于高阻抗状态，总线尾端的电阻此时控制总线处于空闲态。

在两根信号线的 D_+ 线上，当设备在全速传输时，要求接 1.5kΩ（1 ± 5%）的上拉电阻，并且在 D_+ 和 D_- 线上分别接入串联电阻，其阻值为 29Ω ~ 44Ω，如图 3 - 10（b）所示。

USB 设备的电源供给有两种方式：自给方式（设备自带电源）和总线供给方式。USB 传送信号和电源是通过一种四线的电缆，图中的两根线是用于发送信号。

USB 总线存在两种数据传输率：

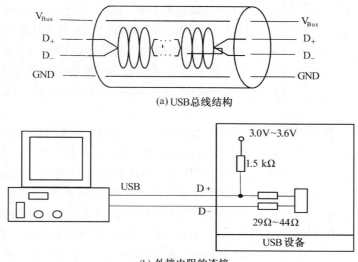

(a) USB总线结构

(b) 外接电阻的连接

图 3 – 10　USB 总线结构

（1）USB 的高速信号的比特率定为 12Mb/s。

（2）低速信号传送的模式定为 1.5Mb/s。

低速模式需要更少的 EMI 保护。两种模式可在用同一 USB 总线传输的情况下自动地动态切换。因为过多的低速模式的使用将降低总线的利用率，所以该模式只支持有限个低带宽的设备（如鼠标）。时钟被调制后与差分数据一同被传送出去，时钟信号被转换成 NRZI 码，并填充了比特以保证转换的连续性，每一数据包中附有同步信号以使得收方可还原出原时钟信号。

电缆中包括 VBUS、GND 两条线，向设备提供电源。VBUS 使用 +5V 电源。USB 对电缆长度的要求很宽，最长可为几米。通过选择合适的导线长度以匹配指定的 IR drop 和其他一些特性，如设备能源预算和电缆适应度。为了保证足够的输入电压和终端阻抗，重要的终端设备应位于电缆的尾部。在每个端口都可检测终端是否连接或分离，并区分出高速或低速设备。

3. USB 总线特性

USB 主机有一个独立于 USB 的电源管理系统（APM）。USB 系统软件通过与主机电源管理系统的交互过程来处理诸如挂起、唤醒等电源事件。为了节省能源，它还可以将暂时不用的设备其置为挂起状态，等有数据传输时，再唤醒设备。

USB 允许两种传输速度规格，15Mb/s 的低速传送和 12Mb/s 的全速传送，允许具有不同传送速度的各个节点设备相互通信。USB 2.0 标准最高传输速率可达 480Mb/s。

USB 设备描述符，USB 设备是通过描述符来报告它的属性和特点的。描述符是一个有一定格式的数据结构。每个 USB 设备都必须有设备描述符、设置描述符、接口描述符和端点描述符。这些描述符提供的信息包括目标 USB 设备的地址、传输类型、数据包的大小和带宽请求等。其中设备描述符包括了设备设置所用的默认管道的信息和设备的一般信息。设置描述符包含设置的一般信息和设置时所需的接口数，每个设置有一个或多个接口。当主机请求设置描述符时,端点描述符和接口描述符也一同返回。接口描述符提供接口的一般信息,也用于指定具体接口所支持的话备类型,以及用该接口通信时所用的端点描述符数。端点描述符包含的是它所支持的传输类型(四种)和最大传输速率。

用户驱动程序通过设备的描述可以获得有关信息,特别是在设备接入时,USB 系统软件根据这些信息进行判断和决定如何操作,这个判断和决定的过程是依靠描述符来完成的。

USB 总线属一种轮询方式的总线,主机控制端口初始化所有的数据传输。每一总线执行动作最多传送三个数据包。按照传输前制定好的原则,在每次传送开始时,主机控制器发送一个描述传输运作的种类、方向,USB 设备地址和终端号的 USB 数据包,这个数据包通常称为标志包(token packet)。USB 设备从解码后的数据包的适当位置取出属于自己的数据。数据传输方向不是从主机到设备就是从设备到主机。在传输开始时,由标志包来标志数据的传输方向,然后发送端开始发送包含信息的数据包或表明没有数据传送。接收端也要相应发送一个握手的数据包表明是否传送成功。发送端和接收端之间的 USB 数据传输,在主机和设备的端口之间,可视为一个通道。存在两种类型的通道:流和消息。流的数据不像消息的数据,它没有 USB 所定义的结构,而且通道与数据带宽、传送服务类型,端口特性(如方向和缓冲区大小)有关。多数通道在 USB 设备设置完成后即存在。USB 中有一个特殊的通道——默认控制通道,它属于消息通道,当设备一启动即存在,从而为设备的设置、查询状况和输入控制信息提供一个入口。事务预处理允许对一些数据流的通道进行控制,从而在硬件级上防止了对缓冲区的高估或低估,通过发送不确认握手信号从而阻塞了数据的传输速度。当不确认信号发过后,若总线有空闲,数据传输将再做一次。这种流控制机制允许灵活的任务安排,可使不同性质的流通道同时正常工作,这样多种流通常可在不同间隔进行工作,传送不同大小的数据包。

从逻辑上讲,USB 数据的传输是通过管道进行的。USB 系统软件通过默认管道(与端点 0 相对应)管理设备,设备驱动程序通过其他的管道来管理设备的功能接口。实际的数据传输过程是这样的:设备驱动程序通过对 USB 接口的调用发出输入输出请求(I/O Request Packet,IRP);USB 驱动程序接到请求后,调用 HCD 接口(Host Controller Driver Interface),将 IRP 转化为 USB 的传输(Teansfer),一个 IRP 可以包含一个或多个 USB 传输;然后 HCD 将 USB 传输分解为总线操作(Transaction),由主控制器以包(Packet)的形式发出。需要说明的是在 USB 数据传输中,所有的数据传输都是由主机开始的,任何外设都无权开始一个传输。

IRP 是由操作系统定义的,而 USB 传输与总线操作时 USB 规范定义的。为了进一步说明 USB 传输,USB 传输中引入了帧的概念。帧,USB 总线将 1ms 定义为一帧,每帧以一个 SOF 包围起始,在 1ms 里 USB 进行一系列的总线操作。引入帧的概念主要是为了支持与时间有关的总线操作。

上面已经提到 USB 提供了四种传输方式,这四种方式即控制传输方式、同步传输方式、中断传输方式和批传输方式。它们在数据格式、传输方向、数据包容量限制、总线访问限制等方面有着各自不同的特征。

1) 控制传输(Control Transfer)

(1) 通常用于配置/命令/状态等情形。

（2）其中的设置操作和状态操作的数据包具有 USB 定义的结构,因此控制传输只能通过消息管道进行。

（3）支持双向传输。

（4）对于高速设备,允许数据包最大容量为 8B、16B、32B 或 64B,对于低速设备只有 8B 一种选择。

（5）端点不能指定总线访问的频率和占用总线的时间,USB 系统软件会做出限制。

（6）具有数据传输保证,在必要时可以重试。

2）同步传输（Isochronous Transfer）

（1）是一种周期的、连续的传输方式,通常用于与时间有密切关系的信息的传输。

（2）数据没有 USB 定义的结构（数据流管道）。

（3）单向传输,如果一个外设需要双向传输,则必须使用另一个端点。

（4）只能用于高速设备,数据包的最大容量可以从 0 ~ 1023B。

（5）具有带宽保证,并且保持数据传输的速率恒定（每个同步管道每帧传输一个数据包）。

（6）没有数据重发机制,要求具有一定的容错性。

（7）与中断方式一起,占用总线的时间不得超过一帧的 90%。

3）中断传输（Interrupt Transfer）

（1）用于非周期的、自然发生的、数据量很小的信息的传输,如键盘、鼠标等。

（2）数据没有 USB 定义的结构（数据流管道）。

（3）只有输入这一种传输方式（即外设到主机）。

（4）对于高速设备,允许数据包最大容量为小于或等于 64B,对于低速设备只能小于或等于 8B。

（5）具有最大服务周期保证,即在规定时间内保证有一次数据传输。

（6）与同步方式一起,占用总线的时间不得超过一帧的 90%。

（7）具有数据传输保证,在必要时可以重试。

4）批传输（Bulk Transfer）

（1）用于大量的、对时间没有要求的数据传输。

（2）数据没有 USB 定义的结构（数据流管道）。

（3）单向传输,如果一个外设需要双向传输,则必须使用另一个端点。

（4）只能用于高速设备,允许数据包最大容量为 8B、16B、32B 或 64B。

（5）没有带宽的保证,只要有总线空闲,就允许传输数据（优先级小于控制传输）。

（6）具有数据传输保证,在必要时可以重试,以保证数据的准确性。

4. USB 总线的拓扑结构

1）USB 系统的描述

一个 USB 系统主要被定义为三个部分,分别是 USB 的互连、USB 的设备和 USB 的主机。

USB 的互连是指 USB 设备与主机之间进行连接和通信的操作,主要包括以下几方面。

（1）总线的拓扑结构:USB 设备与主机之间的各种连接方式。

（2）内部层次关系：根据性能叠置，USB 的任务被分配到系统的每一个层次。

（3）数据流模式：描述了数据在系统中通过 USB 从产生方到使用方的流动方式。

（4）USB 的调度：USB 提供了一个共享的连接。对可以使用的连接进行了调度以支持同步数据传输，并且避免优先级判别的开销。

USB 的设备主要包括网络集线器（向 USB 提供了更多的连接点）和功能器件（也称外围设备，作用是为系统提供具体功能，如 ISDN 的连接，数字的游戏杆或扬声器）。USB 主机和外围设备的一般构成如图 3-11 所示。

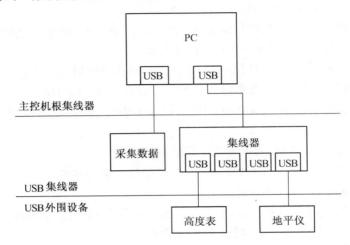

图 3-11　USB 主机和设备层次结构图

在图 3-11 中，主控机根集线器以上部分是 USB 主机，之下部分统称为 USB 设备，具体可以分为 USB 集线器和 USB 外围设备。

USB 设备提供的 USB 标准接口的主要依据，主要包含对 USB 协议的运用、对标准 USB 操作的反馈，如设置和复位以及对标准性能的描述性信息。

2）总线布局技术

USB 连接了 USB 设备和 USB 主机（Host），USB 的物理连接是有层次性的星形结构。每个网络集线器（Hub）是在星形的中心，每条线段是点点连接。从主机到集线器或其功能部件，或从集线器到集线器或其功能部件，集线器是每个星形结构的中心。PC 就是主机和根集线器，用户可以将外设或附加的集线器与之相连，这些附加的集线器可以连接另外的的外设及下级的集线器。USB 支持最多 5 个集线器层以及 127 个外设。从图 3-12 中可看出 USB 的拓扑结构。

USB 拓扑结构在任何 USB 系统中，只有一个主机。USB 和主机系统的接口称作主机控制器，主机控制器可由硬件、固件和软件综合实现。根集线器是由主机系统整合的，用以提供更多的连接点。

5. USB 3.0 简介

第一版 USB 1.0 是在 1996 年出现的，速度只有 1.5Mb/s；两年后升级为 USB 1.1，速度也大大提升到 12Mb/s，至今在部分旧设备上还能看到这种标准的接口；2000 年 4 月，目前广泛使用的 USB 2.0 推出，速度达到了 480Mb/s，是 USB 1.1 的 40 倍；如今 10 个年头

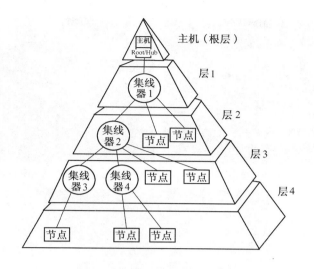

图 3 - 12　USB 拓扑结构示意图

过去了,USB 2.0 的速度早已无法满足应用需要,USB 3.0 也就应运而生,其最大传输带宽高达 5.0Gb/s,也就是 625MB/s,同时在使用 A 型的接口时向下兼容。

　　USB 3.0 具有后向兼容标准,并兼具传统 USB 技术的易用性和即插即用功能。USB 3.0 采用与有线 USB 相同的架构。除对 USB 3.0 规格进行优化以实现更低的能耗和更高的协议效率之外,USB 3.0 的端口和线缆能够实现向后兼容,以及支持未来的光纤传输。

　　1) USB 3.0 规范

　　(1) 传输速率。这款新的超高速接口的实际传输速率大约是 3.2Gb/s(400MB/S)。理论上的最高速率是 5.0Gb/s(625MB/S)。

　　(2) 数据传输。USB 3.0 引入全双工数据传输。5 根线路中 2 根用来发送数据,另 2 根用来接收数据,还有 1 根是地线。也就是说,USB 3.0 可以同步全速地进行读写操作。以前的 USB 版本并不支持全双工数据传输。

　　(3) 电源。电源的负载已增加到 150mA(USB 2.0 是 100mA 左右),配置设备可以提高到 900mA。这比 USB 2.0 高了 80%,充电速度更快。另外,USB 3.0 的最小工作电压从 4.4V 特降到 4V,更加省电。

　　(4) 电源管理。USB 3.0 并没有采用设备轮询,而是采用中断驱动协议。因此,在有中断请求数据传输之前,待机设备并不耗电。简而言之,USB 3.0 支持待机、休眠和暂停等状态。

　　(5) 物理外观。上述的规范也会体现在 USB 3.0 的物理外观上。但 USB 3.0 的线缆会更"厚",这是因为 USB 3.0 的数据线比 2.0 的多了 4 根内部线。不过,这个插口是 USB 3.0 的缺陷。它包含了额外的连接设备。其线缆的具体示意如图 3 - 13 所示。

　　2) USB 3.0 的工作原理

　　USB 2.0 为各式各样的设备以及应用提供了充足的带宽,但是,随着高清视频、TB(1024 GB)级存储设备、高达千万像素数码相机、大容量的手机以及便携媒体播放器的出现,更高的带宽和传输速度就成为了必需。

　　USB 3.0 采用新的称为"Superspeed USB"的技术,它将比现有的 USB 2.0 速度快 10

73

(a) USB 3.0电缆

(b) USB 3.0电缆A口和B口

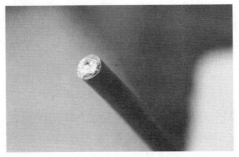
(c) USB 3.0电缆直径截面

图 3 – 13　USB 电缆示意图

倍,Superspeed USB 的最高传输速度将是 USB 2.0 的 10 倍,最低传输速度达到 300MB/s。USB 3.0 的接口分为两部分:一部分采用和 USB 2.0 一致的针脚;另外增加了一系列电气接口供 USB 3.0 信号传输使用。

USB 3.0 之所以有"超速"的表现,完全得益于技术的改进。相比目前的 USB 2.0 接口,USB 3.0 增加了更多并行模式的物理总线。USB 3.0 接口在原有 4 线结构(电源,地线,2 条数据,参见图 3 – 10)的基础上,USB 3.0 再增加了 4 条线路,用于接收和传输信号,如图 3 – 14 所示。因此不管是线缆内还是接口上,总共有 8 条线路。正是额外增加的 4 条(2 对)线路提供了"SuperSpeed USB"所需带宽的支持,得以实现"超速"。显然在 USB 2.0 上的 2 条(1 对)线路,是不够用的。

此外,在信号传输的方法上仍然采用主机控制的方式,不过改为了异步传输。USB 3.0 利用了双向数据传输模式,而不再是 USB 2.0 时代的半双工模式。简单说,数据只需要着一个方向流动就可以了,简化了等待引起的时间消耗。

其实 USB 3.0 采用了对偶单纯形四线制差分信号线,故而支持双向并发数据流传输,在理论上提升了 10 倍的带宽。这也是新规范速度猛增的关键原因。

USB 3.0 具有后向兼容标准,兼容 USB 1.1 和 USB 2.0 标准,具传统 USB 技术的易用性和即插即用功能。USB 3.0 技术的目标是推出比 USB 2.0 快 10 倍以上的产品,采用与有线 USB 相同的架构。除对 USB 3.0 规格进行优化以实现更低的能耗和更高的协议效率之外,USB 3.0 的端口和线缆能够实现向后兼容,以及支持未来的光纤传输。

USB 3.0 将采用一种新的物理层,其中,用两个信道把数据传输(Transmission)和确认(Acknowledgement)过程分离,因而达到较高的速度。为了取代目前 USB 所采用的轮流

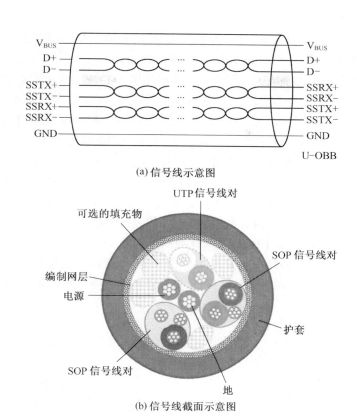

(a) 信号线示意图

(b) 信号线截面示意图

图 3-14 USB 3.0 信号线及截面示意图

检测(Polling)和广播(Broadcast)机制,新的规格将采用封包路由(Packet-routing)技术,并且仅容许终端设备有数据要发送时才进行传输。新的链接标准还将让每一个组件支持多种数据流,并且每一个数据流都能够维持独立的优先级(Separate Priority Levels),该功能可在视讯传输过程中用来终止造成抖动的干扰。数据流的传输机制也使固有的指令队列(Native Command Queuing)成为可能,因而能使硬盘的数据传输优化。

为了向下兼容 2.0 版,USB 3.0 采用了 9 针脚设计,其中 4 个针脚和 USB 2.0 的形状、定义均完全相同,而另外 5 个针脚是专门为 USB 3.0 准备的。

标准 USB 3.0 公口的针脚定义,白色部门是 USB 2.0 连接专用针脚,而红色部分为 USB 3.0 专用。

标准 USB 3.0 母口的针脚定义,紫色针脚为 USB 2.0 专用,红色为 USB 3.0 连接专用。

USB 3.0 线缆如果不算编织(Braid)用线,一共是 8 根,值得注意的是,在线缆中,USB 2.0 和 3.0 的电源线(Power)是共用的。

Mini USB 3.0 接口分为 A、B 两种公口(Plug),而母口(Receptacle)将有 AB 和 B 两种,从形状上来看,AB 母口可兼容 A 和 B 两种公口,3.0 版公口的针脚是 9 针。

3)USB 3.0 的优点

新的 USB 3.0 在保持与 USB 2.0 的兼容性的同时,还提供了下面的几项增强功能:

(1)新的协议使得数据处理的效率更高。USB 3.0 可以在存储器件所限定的存储速率下传输大容量文件（如 HD 电影）。例如，一个采用 USB 3.0 的闪存驱动器可以在 3.3s 将 1GB 的数据转移到一个主机，而 USB 2.0 则需要 33s。

（2）需要时能提供更多电力。USB 3.0 能够提供 50% ~80% 更多的电力支持那些需要更多电能驱动的设备，而那些通过 USB 来充电的设备，则预示着能够更快地完成充电。新 Powered – B 接口由额外的 2 条线路组成，提供了高达 1000mA 的电力支持。完全可以驱动无线 USB 适配器，而摆脱了传统 USB 适配器靠线缆连接的必要。通常有线 USB 设备需要连接到集线器或者是计算机本身上，而高电能支持下，就不需要在有"线"存在了。

（3）不需要时就自动减少耗电。转换到 USB 3.0，功耗也是要考虑的很重要的一个问题，因此有效的电源管理就很必要，可以保证设备的空闲的时候减少电力消耗。大量的数据流传输需要更快的性能支持，同时传输的时候，空闲时设备可以转入到低功耗状态。甚至可以空下来去接收其他的指令，完成其他动作。

（4）其他特性。极大提高了带宽高达 5Gb/s 全双工模式，能够使主机为器件提供更多的功率，从而实现 USB 充电电池、LED 照明和迷你风扇等应用。能够使主机更快地识别器件。

3.2.4　IEEE 1394 总线

1. IEEE 1394 总线概述

IEEE 1394 是 Apple 公司于 1993 年首先提出，后经 IEEE 协会于 1995 年 12 月正式接纳成为一个工业标准，全称为 IEEE 1394 高性能串行总线标准（IEEE 1394 High Performance Serial BUS Standard）。

1）IEEE 1394 总线特征

（1）遵从 IEEE 1394 控制和状态寄存器结构标准（Control and Status Register Architecture Specification）。

（2）总线传输类型包括块读写和单个 4B 读/写。传输方式有同步（等时）和异步两种。

（3）自动地址分配，具有即插即用能力。

（4）采用公平仲裁和优先级相结合的总线访问，保证所有节点有机会使用总线。

（5）提供两种环境，即电缆环境和底板环境，使其拓扑结构非常灵活。

（6）支持多种数据传输速率，例如在电缆环境下，速率有 98.304Mb/s、196.608Mb/s 和 393.216Mb/s，正在制定中的还有 1Gb/s 以上的速率。

（7）两个设备之间最多可相连 16 个电缆单位，每个电缆单位的距离可达 4.5m，这样最多可用电缆连接相距 72m 的设备。

（8）IEEE 1394 标准的接口信号线采用 6 芯电缆和 6 针插头，其中 4 根信号线组成两对双绞线传送信息，两根电源线向被连设备提供电源。

2）1394 总线特点

下面所列是 1394 总线的一些特点：

（1）采用点对点模型，所有连接设备建立一种对等网络，设备之间可以互相通信而不通过主机。而在 USB 系统中所有的通信都是在主机与设备之间进行的，并且由主机引发。

（2）单一总线最多连接 63 个物理节点（相当于 USB 系统中的接口），但一个计算机系统中最多可以有 1024 条 1394 总线。

（3）支持三种速率模式：100Mb/s、200Mb/s 和 400Mb/s。1394B 又定义了三种更高的速率：800Mb/s、1.6Gb/s 和 3.2Gb/s。而速率的选择是通过在总线上加入不同的共模电流来实现的。

（4）与 USB 一样，支持即插即用。设备可以自供电或由总线供电。在自供电时还可以向总线供电。

（5）通用性强，IEEE 1394 采用树形或菊花链结构，以级联方式，在一个接口上最多可以连接 63 个不同种类的设备。IEEE 1394 连接的设备不仅数量多，而且种类广泛，包括多媒体设备（声卡、视频卡）、传统的外设（如硬盘、光驱、打印机、扫描仪）、电子产品（如数码相机、DVD 播放机）以及家用电器等。它为微机外设和电子产品提供了一个统一的接口，对实现计算机家电化将起重要推动作用。

（6）对被连设备提供电源，IEEE 1394 电缆由 6 芯组成，其中 4 条信号线分别做成两对双绞线，用以传输信息，其他两条线作为电源线，向被连接的设备提供(4 ~ 10) V/1.5A 的电源。由于 IEEE 1394 总线能够向使用设备提供电源，因此可以免除为每台设备配置独立的供电系统，同时，当设备断电或出现故障时，也不会影响整个系统的正常运行。

（7）系统中设备之间是平等关系，任何两个带有 IEEE 1394 接口的设备可以直接连接，不需要通过 PC 机的控制。因此，在 PC 机关闭的情况下，仍可以把 DVD 播放机与数字电视机直接连接起来，插放光盘节目。

（8）连接简单，使用方便，IEEE 1394 采用设备自动配置技术，允许热插拔和即插即用，用户不必关机即可插入或者移走设备。设备被加入和拆除后，IEEE 1394 会自动调整拓扑结构，重新设置系统的外设配置。

1394 总线可以连接多种外部设备，其中包括大容量存储器、视频输出设备、数码相机、高速打印机、娱乐设备、机顶盒、小型网络和视频会议设备等。当然，能够连接到 1394 总线的设备必须符合 1394 总线规范，具有相应的 1394 总线接口。

2. IEEE 1394 总线接口信号线

IEEE 1394 接口有 6 针和 4 针两种类型。6 角形的接口为 6 针，小型四角形接口则为 4 针。最早苹果公司开发的 IEEE 1394 接口是 6 针的，后来，SONY 公司看中了它数据传输速率快的特点，将早期的 6 针接口进行改良，从新设计成为现在大家所常见的 4 针接口，并且命名为 ILINK（这也是 IEEE 1394 的另外一种叫法）6 针的接口，主要用于普通的台式计算机，时下很多主板都整合了这种接口，特别是苹果计算机，统统采用的这种接口；另一种是 4 针的接口，从外观上就显得要比 6 针的小很多，主要用于笔记本计算机和 DV 上，与 6 针的接口相比，4 针的接口没有提供电源引脚，所以无法供电，但优势也很明显：就是小。

IEEE 1394 总线支持等时和异步两种传输方式。等时传输的概念和 USB 系统基本相同，按一定的速率进行传输，拥有固定的带宽，和 USB 不同的是，除了点对点的传输外，还可以一对多，进行广播式传输。异步传输通过唯一地址指定响应节点，通信时请求方（即发送方）与响应方（即接收方）需要进行联络。响应方在收到请求（相当于 USB 系统中的命令）时要作出应答表示已收到请求，而请求方在收到响应方对请求所作的响应信息时也要作出应答,表示已收到响应。这种联络方式比 USB 复杂。

USB 传输时以 125μs 为循环周期(相当于 USB 系统中的帧周期)。异步传输有至少 20% 的带宽可用,等时传输则至多 80%。传输过程采用六线制,包括两对双绞线和一对电源线。一对双绞线传输数据,另一对传输选通信号,数据和选通进行"异或"运算后可得到时钟信号。传输协议采用四层传输协议,由上至下依次为总线管理层、事务层、链路层和物理层。总线管理层负责总线配置、电源和带宽管理、节点活动管理等。事务层(这里的事务相当于 USB 系统中的传输)为支持有关异步传输操作向上层提供服务。链路层负责传输包的生成和分解。物理层提供串行总线接口实现数据比特传输,并实现总线仲裁以确保同一时间上只有一个节点通过总线发送数据。

总线信号支持三种事件:总线配置、总线仲裁和数据传输。当系统加电或者有设备插入或拔出时会进行总线配置(总线配置无须主机干预),配置完成后开始数据传输,但节点在每次传输事务之前需首先通过总线仲裁事件获得总线控制权。

3. IEEE 1394 总线特性

1)1394 协议结构

在 1394 协议中定义了事务层、物理层、链路层三个协议层,用于在请求者和响应者之间的数据传输过程中完成相关服务。

(1)事务层。事务层只支持异步传输方式,并且负责为每个接收到的数据包提供确认。如果数据正确接收了,紧跟在接收之后,不需要仲裁总线,会直接向发送方返回一个传送正确的确认包;如果接收方因为忙不能接收数据包,或者接收的包不正确,会向发送方返回一个"重试"的确认包,通知发送方重传数据包。

(2)物理层。物理层是串行总线实际的接口。实现了 1394 设备和 1394 线缆的连接,除了接收和发送数据信号外,还提供了仲裁机制来确保所有的节点有公平的机会来取得总线的使用权。1394 总线线缆用两对双绞线 TPA 和 TPB 来实现不归零的数据信号的传送。

在物理层,可以提供多个同线缆相连接的端口,每个端口都有自动检测设备的添加和拆除的装置。

(3)链路层。对于异步传输来说,链路层是事务层和物理层的接口,完成将事务层传来的请求转换成线缆上传输的 1394 数据包;响应者的链路层接收到由物理层传来的数据包,会将包恢复成请求送至事务层。

对于等时传输来说,链路层是应用程序和物理层的接口。在传输期间,链路层负责生成将要通过 1394 线缆传送的等时包。还将从物理层接收来自线缆的等时包,解码包的信道号,如果此节点是目标节点,则将数据送到应用程序层,否则向其他端口转发此包。

图 3-15 简单地列出了各个层之间的相互关系。从图中可以看出,1394 的每一层是相互独立的,它们之间通过一些服务来连接。

2)1394 传输类型

IEEE 1394 串行总线支持了两种传输类型:异步传输和等时传输。

(1)异步传输。异步传输使用确定的 64 位地址来指向某一特定的节点,完成读取、写入、锁定事务,所有的异步传输共占用 20% 的总线带宽,基于请求和应答的机制来确保数据传输的正确性。异步传输时,节点不被分配任何特定的总线带宽,但 1394 协议可以保证每个节点在适当的时间间隔内获得对总线的公平访问。

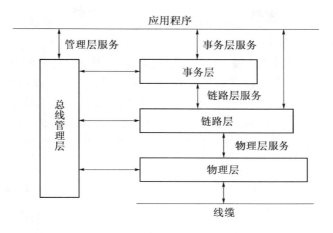

应用程序

管理层服务　　　　　　事务层服务

总线管理层

事务层

链路层服务

链路层

物理层服务

物理层

线缆

图 3－15　IEEE 1394 的分层协议

（2）等时传输。等时传输通过一个与等时传输关联的 6 位信道号码（Channel ID）来确定一个或多个设备，以固定的时间间隔（125μs）发送数据，所以必须分配固定的总线带宽，有着高于异步传输的优先级。等时传输可用的最大带宽是整个带宽的 80%。在等时传输中，接收方不向发送方发送确认信号来对数据的正确性进行确认。

3）IEEE 1394 总线设备驱动程序

在 Windows 环境下，系统提供了 IEEE 1394 总线驱动程序（1394bus. sys）和端口驱动程序（ohci1394. sys）。设备驱动位于设备栈顶，通过发 I/O 请求包（I/O Request Package，IRP）给 IEEE 1394 总线驱动来与设备通信。IRP 是驱动程序中最重要的数据结构，系统使用它和驱动程序进行通信。I/O 管理器在收到用户的 I/O 请求时创建一个 IRP，并发送给驱动程序，驱动程序的例程处理它，并在这个 I/O 任务最终完成时销毁它。

IRP 记载着 I/O 过程每个阶段的状态，跟踪 I/O 发展，并向驱动程序报告 I/O 任务的完成情况。IRP 的创建、发送、处理和销毁实际上构成了整个驱动程序。IEEE 1394 总线驱动为 1394 总线提供了独立于硬件的接口，负责管理 1394 设备驱动程序与 1394 控制器之间的通信、加载及卸载设备驱动程序。设备驱动程序在功能层工作，它们不需要任何低层硬件资源，只需对总线驱动程序发请求，由总线驱动程序访问硬件来完成这些请求。

当与主机即计算机的 1394 接口连上之后，计算机就会读取 1394 设备端 ConfigROM 的信息，从而发现未知设备，安装驱动程序以后，设备即可正常工作。在配置进程中，1394 总线上首先会出现持续 200ms 左右时间的总线复位（bus reset）状态，之后进行树标识和自标识工作。树标识进程定义了总线的拓扑结构。树标识之前，每一 1394 节点都知道自己和其他的节点相连，此过程过后，整个网络的拓扑就形成了，设置计算机为根节点（Root），其他的节点为分支节点。树标识后是自标识进程，自标识通过根节点发送自标识授权信号和节点返回自标识数据包来完成，其实现的功能主要有：为每个节点分配物理标识，相邻节点交换传输速度信息，将树标识进程定义的拓扑在整个网络中广播。

数据传输使用异步 DMA 传输。数据由 DMA 控制器读入到具有 1394 协议芯片的异步 DMA FIFO 中。异步数据包由链路层控制器负责构造，根据事务类型的不同数据包的格式和内容也随之改变，然后物理层控制器将打包好的数据通过串行总线传输，接收方收到数据包后发送包含确认代码和奇偶校验的确认包来响应发送方。异步传输的地址是由目标节点的标识和目的偏移值共同组成的,这些值在包中都有明确的标识。

　　4. IEEE 1394 拓扑结构

　　IEEE 1394 总线标准既可用于内部总线连接,又可用于设备之间的电缆连接,计算机的基本单元(CPU、RAM)和外设都可用它连接。IEEE 1394 总线设备被设计成可以提供多个接头,允许采用菊花链或树形拓扑结构。典型的 IEEE 1394 总线系统连接如图3 - 16所示,它包含了两种环境:一种是电缆连接,即电缆(Cable)环境;另一种是内部总线连接,即底板(Backplane)环境。不同环境之间用桥连接起来。系统允许有多个 CPU,且相互独立。

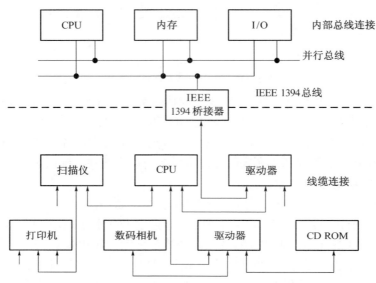

图 3 - 16　典型的 IEEE 1394 总线系统连接图

　　地址分配,IEEE 1394 总线的设备地址为 64 位宽,其中高端 16 位是串行总线的节点标志(node - ID),这意味着允许系统最多有 64K 个节点。串行总线的 node - ID 又分为两个更小的域,高 10 位标志是总线 ID(bus - ID),低 6 位标志的是物理节点 ID(physical - ID)。因为这两个域都保留了全 1 时的值做特殊用途,这样,所有的地址组合就能提供1023 个总线地址,而每个总线就可直接连接 63 个节点,余下的 248 位在节点内部,分别用作 CSRs(命令和状态寄存器)和一般存储器空间。

　　用 IEEE 1394 连接起来的设备,采用一种内存编址的方法,各设备就像内存的存储单元一样。可以将设备资源当作寄存器或内存,因此可进行处理器到内存的直接传送,而不必经过 I/O 通道进行传送,这样的设置对于提高传输速度有很大的帮助。

3.3　GPIB 总线

3.3.1　GPIB 总线概述

　　GPIB 是通用接口总线(General Purpose Interface Bus)的缩写,它规定了自动测试系统(Auto Test System,ATS)中各种设备(器件)之间实现信息交换所必需的一整套机械的、电气的和功能的要素,以便提供一种有效的信息交换手段,在互相连接的各器件之间进行通信,接口系统经过了从专用接口到通用接口的演变,专用接口示意图如图3-17所示。

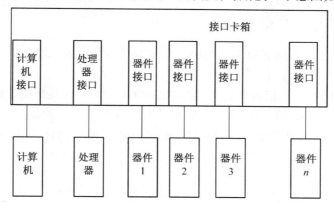

图 3-17 专用接口示意图

由图 3-13 可见,在 ATS 系统中,为了实现控制器与其他设备之间的通信,专门设计了一个机箱,将各种机器的接口电路集中装在这一机箱内,再由接口处理器将它们与装在同一机箱的计算机接口联系起来,接口处理器与 ATS 的控制器连接起来,从而实现整个 ATS 系统的内部通信。

这种接口机箱和其中的各种器件接口板是为某一具体项目的 ATS 而专门设计的,当组建另外的 ATS 系统时,原有的接口机箱和其中的各种器件接口板很难适用,必须重新设计新的接口板和机箱,这无疑造成了硬件的极大浪费。因此,为了 ATS 系统的发展和推广应用,迫切需要设计一种通用的接口系统,使得各仪器生产厂家都在该接口系统的规范下,按照统一的标准进行设计,并将它放在自己的仪器里,这样,组建新的 ATS 系统时,只需一组无源标准总线电缆和标准的连接器将组成系统的仪器连接起来即可组建出各种不同的应用系统,这些配有标准接口的仪器可根据 ATS 系统的需要随时加入系统,不需要的仪器又很容易从系统拆下来,而后仍可作为单独的仪器使用。

3.3.2 GPIB 总线特性

(1)系统内可连接的设备数目最多 15 个。

(2)最大的数据传送距离为 20m 经扩展后可达 500m 以上。

(3)总线中共有 16 条信号线:包括 8 条数据线、5 条接口管理线和 3 条挂钩线。

(4)数据在总线上以位并行,字节串行,异步双向方式传输,数据传输率最大为 1MB/s。

(5)地址容量,单字节可容纳 31 个讲者和 31 个听者,增加副地址时可同时有 961 个讲者和 961 个听者。

(6)为保证数据的准确可靠传送,采用三线挂钩技术。系统内可以有多个讲者和多个听者。但在任何一个时刻只能有一个讲者和 14 个听者。系统内可有多个控者。其控制权可在它们之间转移,但同时只能有一个控者起作用。

(7)接口收发电路可为集电极开路门输出的 TTL 电路或三态电路。

81

（8）逻辑状态负逻辑。低电平≤0.8V 为"1"，高电压≥2.0V 为"0"。

（9）适用于电磁干扰较轻的实验室和生产过程。

3.3.3 GPIB 总线接口信号

GPIB 标准总线提供 16 条接口信号线，其 16 条信号线分为三组。

1. 数据输入输出信号线

GPIB 标准总线提供八根数据输入/输出线（DIO1 ~ DIO8），其作用是将讲者发出的信息传送到听者（接收信息的器件），将控者（发出控制命令或信息的器件）发出的通令和消息传送给讲者（发出信息的器件）和听者，数据传输时采用国际通用的标准 7bit 字符编码。

2. 三根挂钩线

在 GPIB 总线通信时，控者和讲者发出的每一信息要求全部被寻址的听者都接收，但同时只能有一个讲者发布消息。为保证信息在传送中不因听者接收信息速度的差异而产生混乱，采用了美国 HP 公司的专利"三线挂钩"技术，这三条线分别如下：

（1）数据有效线 DAV。当这条线处于逻辑"1"电平时，表示数据线上的信息是有效的；反之，当此线处于高电平时（逻辑"0"），DIO 线上的信息无效，不能接收。

（2）未准备好接收数据线 NRFD，它供听者使用，当该线处于低电平（逻辑"1"），表示听者尚未准备好接收数据，示意讲者不要发布信息；反之，当该线当处于高电平时，表示听者准备好接收信息。

（3）数据未被接收线 NDAC，该线处于低电平时，表示听者没有收到信息；反之，当该线处于高电平时，表示已经收到讲者发送的数据。

3. 五条接口管理线

（1）注意线 ATN，它由控者使用。用于规定 DIO 线上数据的性质，当 ATN 线处于低电平（逻辑"1"）时。表示数据线上传送的是接口消息，全部设备都要收听，当 ATN 线为高电平时，表示数据线上传送的是器件消息，这时，只有受命的讲者向总线上发送数据。

（2）结束或识别线 EOI，它由讲者或控者使用。该线与 ATN 线配合使用，当 EOI = 1 且 ATN = 0 时，表示数据线上讲者发送的信息结束，当 EOI = 1 且 ATN = l 时表示控者发出的识别信息，由控者执行并行点名操作。

（3）服务请求线 SRQ，ATS 中每一设备均可使这条线处于低电平（逻辑"1"），表示它向控者发出服务请求。

（4）接口清除线 IFC，它仅供系统控者使用。此线置于低电平时表示控者发出的是 IFC 通令，使系统中全部设备的有关接口功能恢复到初始状态。

（5）远控可能线 REN，它由系统控者使用。当其处于低电平时表示总线处于远控可能状态。

3.3.4 GPIB 总线三线挂钩过程

三线挂钩技术是确保总线上的信息准确可靠地传输的技术约定，它的基本思想是对于信息发送者，只有当接收者都做好了接收信息的准备后，才宣布它送到总线上的信息为有效，对于接收者，只有确切知道总线上的信息是给自己的且已被发送者宣布为有效时才

能接收,其大致过程如下:

（1）发送者向总线上发送信息但尚不宜将数据有效,即 DAV = "0"。

（2）所有接收者准备好接收数据,即令 NRFD = "1",即通知发送者已准备好接收数据。

（3）当发送者确认所有接收者均已作好接收数据准备时,发出 DAV = "1",表示总线上的数据有效,可以接收。

（4）当接收者确认数据可以接收时,开始接收数据,同时令 NRFD = "0",为下一次的循环做好准备。

（5）各设备接收速度不同,当接收最慢的设备也接收完毕时,令总线 NDAC = "1",表示所有设备均接收完。

（6）当发送者确认数据已被所有设备接收时,原来的数据有效已无必要,发 DAV = "0",同时将总线上的数据撤销。

（7）各接收者根据收到的 DAV = "0" 信息,即恢复 NDAC = "0",至此,DAV、NRFD 和 NDAC 三条挂钩线均已恢复到起始状态,表示一次挂钩联络的结束,并为下一循环作好准备。

3.4　RS – 232C/422/485 总线

数据通信有两种基本的方式:一种是并行方式;另一种是串行方式。在并行方式中,在同一时刻能够传输多位信息,这种方式速度较快,但是需要多根电缆,在远距离传输时干扰大、成本高。在串行方式中,在同一时刻只能够传输一位信息,因此,对于 1B 的信息至少需要 8 个时钟周期才能传输完备。

串行通信方式因其使用线路少、成本低,特别是在远程传输时,避免了多条线路特性的不一致而被广泛采用。RS – 232C 是美国电子工业协会正式公布的串行总线标准,它是目前用来实现计算机与计算机之间、计算机与外设之间最常用的串行数据通信标准。用 RS – 232C 总线进行设备互连时,设备之间的通信距离一般不大于 15m,传输速率最大为 20Kb/s。

3.4.1　RS – 232C/422/485 总线概述

RS – 232 被定义为一种在低速率串行通信中增加通信距离的单端标准。它是在 1970 年由美国电子工业协会(EIA)联合贝尔公司、调制解调器厂家及计算机终端生产厂家共同制定的用于串行通信的标准。它的全名是"数据终端设备(Data Terminal Equipment,DTE)和数据通信设备(Data Communication Equipment,DCE)之间串行二进制数据交换接口技术标准"。该标准规定采用一个 25 脚的 DB25 连接器,对连接器的每个引脚的信号内容加以规定,另外还对各种信号的电平加以规定。目前,RS – 232 是 PC 机与通信工业中应用最广泛的一种异步串行通信方式。它是为点对点(即只用一对收、发设备)通信而设计的,所以适合本地设备之间的通信。在实际传输中它采取不平衡传输方式,即所谓单端通信,并且收、发端的数据信号是相对的。

由于 RS – 232 – C 接口标准出现较早,难免有不足之处,主要有以下四点。

（1）接口的信号电平值较高,易损坏接口电路的芯片,又因为与 TTL 电平不兼容,故需使用电平转换电路方能与 TTL 电路连接。

（2）传输速率较低,在异步传输时,波特率为 20Kb/s。

（3）接口使用一根信号线和一根信号返回线而构成共地的传输形式,这种共地传输容易产生共模干扰,所以抗噪声干扰性弱。

（4）传输距离有限,最大传输距离标准值为 50 英尺①,实际上也只能用在 50m 左右。

针对 RS – 232C 的不足,于是就不断出现了一些新的接口标准,RS – 422、RS – 485 就是其中的一些标准。

RS – 422 标准全称是"平衡电压数字接口电路的电气特性",它定义了接口电路的特性。实际上还有一根信号地线,共 5 根线。由于接收器采用高输入阻抗和发送驱动器比 RS – 232 更强的驱动能力,故允许在相同传输线上连接多个接收节点,最多可接 10 个节点。即一个主设备(Master),其余为从设备(Salve),从设备之间不能通信,所以 RS – 422 支持点对多的双向通信。接收器输入阻抗为 $4k\Omega$,故发端最大负载能力是 $10 \times 4k\Omega + 100\Omega$(终接电阻)。

RS – 485,在 RS – 422 后推出,绝大部分继承了 RS – 422,主要的差别是 RS – 485 可以是半双工的,而且一个驱动器的驱动能力至少可以驱动 32 个接收器(即接收器为 1/32 单位负载),当使用阻抗更高的接收器时可以驱动更多的接收器。

RS – 485 相对于 RS – 232C 具有以下特点。

（1）RS – 485 的电气特性:逻辑"1"以两线间的电压差为 +2V ~ +6V 表示;逻辑"0"以两线间的电压差为 –6V ~ –2V 表示。接口信号电平比 RS – 232C 降低了,就不易损坏接口电路的芯片,且该电平与 TTL 电平兼容,可方便与 TTL 电路连接。

（2）RS – 485 的数据最高传输速率为 10Mb/s。

（3）RS – 485 接口是采用平衡驱动器和差分接收器的组合,抗共模干扰能力增强,即抗噪声干扰性好。

（4）RS – 485 接口的最大传输距离标准值为 4000 英尺,实际上可达 3000m,另外 RS – 232 – C 接口在总线上只允许连接 1 个收发器,即单站能力,而 RS – 485 接口在总线上是允许连接多达 128 个收发器。即具有多站能力,这样用户可以利用单一的 RS – 485 接口方便地建立起设备网络。

（5）因 RS – 485 接口具有良好的抗噪声干扰性,长的传输距离和多站能力等上述优点就使其成为首选的串行接口。

因为 RS – 485 接口组成的半双工网络,一般只需两根连线,所以 RS – 485 接口均采用屏蔽双绞线传输。

RS – 485 接口连接器采用 DB – 9 的 9 芯插头座,与智能终端 RS – 485 接口采用 DB – 9 (孔),与键盘连接的键盘接口 RS – 485 采用 DB – 9(针)。

3.4.2　RS – 232/422/485 总线接口信号

1. RS – 232C

RS – 232C 接口信号特性如下:

---

① 1 英尺 ≈ 0.3048m。

EIA – RS – 232C 对电器特性、逻辑电平和各种信号线功能都作了规定。

在 TxD 和 RxD 上：

（1）逻辑 1（MARK）= – 3V ~ – 15V

（2）逻辑 0（SPACE）= + 3V ~ + 15V

在 RTS、CTS、DSR、DTR 和 DCD 等控制线上：

（1）信号有效（接通，ON 状态，正电压）= + 3V ~ + 15V

（2）信号无效（断开，OFF 状态，负电压）= – 3V ~ – 15V

根据设备供电电源的不同，±5V、±10V、±12V 和 ±15V 这样的电平都是可能的。

2. RS – 422

1）RS – 422 数据信号传输方式

RS – 422 与 RS – 232 不一样，数据信号采用差分传输方式，也称作平衡传输，它使用一对双绞线，将其中一对线定义为 A，另一对线定义为 B。

通常情况下，发送驱动器 A、B 之间的正电平为 + 2V ~ + 6V，是一个逻辑状态，负电平为 – 2V ~ + 6V，是另一个逻辑状态。另有一个信号地 C，在 RS – 485 中还有一"使能"端，而在 RS – 422 中这是可用可不用的。"使能"端是用于控制发送驱动器与传输线的切断与连接。当"使能"端起作用时，发送驱动器处于高阻状态，称作"第三态"，即它是有别于逻辑"1"与"0"的第三态。

接收器也作与发送端相对的规定，收、发端通过平衡双绞线将 AA 与 BB 对应相连，当在收端 AB 之间有大于 + 200mV 的电平时，输出正逻辑电平，小于 – 200mV 时，输出负逻辑电平。接收器接收平衡线上的电平范围通常为 200mV ~ 6V。

2）RS – 422 电气规定

RS – 422 的最大传输距离为 4000 英尺（约 1219m），最大传输速率为 10Mb/s。其平衡双绞线的长度与传输速率成反比，在 100Kb/s 速率以下，才可能达到最大传输距离。只有在很短的距离下才能获得最高速率传输。一般 100m 长的双绞线上所能获得的最大传输速率仅为 1Mb/s。

RS – 422 需要一终接电阻（该电阻在电路的末端，起负载的作用，从而避免了无外接用户时，电路出现开路状态），要求其阻值约等于传输电缆的特性阻抗。在矩距离传输时可不需连接终接电阻，即一般在 300m 以下不需终接电阻。终接电阻接在传输电缆的最远端。

3. RS – 485

由于 RS – 485 是从 RS – 422 基础上发展而来的，所以 RS – 485 许多电气规定与 RS – 422 相似，如都采用平衡传输方式、都需要在传输线上接终接电阻等。RS – 485 可以采用二线与四线方式，二线制可实现真正的多点双向通信。

采用四线连接时，与 RS – 422 一样只能实现点对多的通信，即只能有一个主设备，其余为从设备，但它比 RS – 422 有改进，无论四线还是二线连接方式总线上可多接到 32 个设备。

RS – 485 与 RS – 422 的不同还在于其共模输出电压是不同的，RS – 485 为 – 7V ~ + 12V，而 RS – 422 为 – 7V ~ + 7V，RS – 485 接收器最小输入阻抗为 12kΩ，RS – 422 是 4kΩ；RS – 485 满足所有 RS – 422 的规范，所以 RS – 485 的驱动器可以用在 RS – 422 网络

中应用。

RS-485 有关电气规定见表 3-7。

表 3-7　RS-232 中的信号和管脚分配

信　号	DB-25	DB-9
公共地	7	5
发送数据(TD)	2	3
接受数据(RD)	3	2
数据终端准备(DTR)	20	4
数据准备好(DSR)	6	6
请求发送(RTS)	4	7
清除发送(CTS)	5	8
数据载波检测(DCD)	8	1
振铃指示(RI)	22	9

RS-485 与 RS-422 一样,其最大传输距离约为 1219m,最大传输速率为 10Mb/s。平衡双绞线的长度与传输速率成反比,在 100Kb/s 速率以下,才可能使用规定最长的电缆长度。只有在很短的距离下才能获得最高速率传输。一般 100m 长双绞线最大传输速率仅为 1Mb/s。

RS-485 需要两个终接电阻,其阻值要求等于传输电缆的特性阻抗。在矩距离传输时可不需终接电阻,即一般在 300m 以下不需终接电阻。终接电阻接在传输总线的两端。

3.4.3　RS-232/422/485 总线特性

1. RS-232C

1）连接器的机械特性

由于 RS-232C 并未定义连接器的物理特性,因此,出现了多种连接器,在实际中应用较多的是 DB-25 和 DB-9 类型的连接器,其引脚的定义各不相同。表 3-7 列出的是被较多使用的 RS-232 中的信号和管脚分配。

信号的标注是从 DTE 设备的角度出发的,TD、DTR 和 RTS 信号是由 DTE 产生的,RD、DSR、CTS、DCD 和 RI 信号是由 DCE 产生的。

PC 机的 RS-232 口为 9 芯针插座。一些设备与 PC 机连接的 RS-232 接口,因为不使用对方的传送控制信号,只需三条接口线:"发送数据 TXD"、"接收数据 RXD"和"信号地 GND"。

双向接口能够只需要 3 根线制作是因为 RS-232 的所有信号都共享一个公共接地。非平衡电路使得 RS-232 非常地容易受两设备间基点电压偏移的影响。对于信号的上升期和下降期,RS-232 也只有相对较差的控制能力,很容易发生串话的问题。RS-232 被推荐在短距离(15m 以内)间通信。由于非对称电路的关系,RS-232 接口电缆通常不是由双绞线制作的。

2）传输电缆

RS – 232C 标准规定的数据传输速率为 50B/s、75B/s、100B/s、150B/s、300B/s、600B/s、1200B/s、2400B/s、4800B/s、9600B/s、19200B/s,驱动器允许有 2500pF 的电容负载,通信距离将受此电容限制。

例如,采用 150pF/m 的通信电缆时,最大通信距离为 15m;若每米电缆的电容量减小,通信距离可以增加。传输距离短的另一原因是 RS – 232 属单端信号传送,存在共地噪声和不能抑制共模干扰等问题,因此一般用于 20m 以内的通信。

由 RS – 232C 标准规定在码元畸变小于 4% 的情况下,传输电缆长度应为 50 英尺,其实这个 4% 的码元畸变是很保守的,在实际应用中,约有 99% 的用户是按码元畸变10% ～ 20% 的范围工作的,所以实际使用中最大距离会远超过 50 英尺,美国 DEC 公司曾规定允许码元畸变为 10% 而得出下面实验结果。其中 1 号电缆为屏蔽电缆,型号为 DECP. NO. 9107723 内有三对双绞线,每对由 22# AWG 组成,其外覆以屏蔽网。2 号电缆为不带屏蔽的电缆。型号为 DECP. NO. 9105856 – 04 是 22#AWG 的四芯电缆。

传输速率与传输距离对照表见表 3 – 8。

表 3 – 8　传输速率与传输距离对照表

传输速率/(b/s)	1 号电缆传输距离/m	2 号电缆传输距离/m
110	1500	900
300	1500	900
1200	900	900
2400	300	150
4800	300	75
9600	75	75

3）链路层

在 RS – 232 标准中,字符是以一系列位元来一个接一个地传输。最长用的编码格式是异步起停(Asynchronous Start – Stop)格式,它使用一个起始位后面紧跟 7 个或 8 个数据位,这个可能是奇偶位,然后是两个停止位。所以发送一个字符需要 10 位,带来的一个好的效果是使全部的传输速率,发送信号的速率可以以 10 来分划。

串行通信在软件设置里需要做多项设置,最常见的设置包括传输速率、奇偶校验和停止位。

传输速率是指从一设备发到另一设备的传输速率,即 b/s。典型的波特率是 300b/s、1200b/s、2400b/s、9600b/s、19200b/s 等。一般通信两端设备都要设为相同的传输速率,但有些设备也可以设置为自动检测传输速率。

奇偶校验(Parity)是用来验证数据的正确性。奇偶校验一般不用,如果使用,那么既可以做奇校验也可以做偶校验。奇偶校验是通过修改每一发送字节(也可以限制发送的字节)来工作的。如果不作奇偶校验,那么数据是不会被改变的。在偶校验中,因为奇偶校验位会被相应置 1 或 0(一般是最高位或最低位),所以数据会被改变以使得所有传送的数位(含字符的各数位和校验位)中"1"的个数为偶数;在奇校验中,所有传送的数位(含字符的各数位和校验位)中"1"的个数为奇数。奇偶校验可以用于接受方检查传输是否发送生错误——如果某一字节中"1"的个数发生了错误,那么这个字节在传输中一定有错误发生。如果奇偶校验是正确的,那么要么没有发生错误,要么发生了偶数个的错误。

停止位是在每个字节传输之后发送的,它用来帮助接受信号方硬件重同步。

在串行通信软件设置中D/P/S是常规的符号表示。8/N/1(非常普遍)表明8位数据,没有奇偶校验,1位停止位。数据位可以设置为7、8或者9,奇偶校验位可以设置为无(N)、奇(O)或者偶(E),奇偶校验位可以使用数据中的比特位,所以8/E/1就表示一共8位数据位,其中一位用来做奇偶校验位。停止位可以是1位、1.5位或者2位的。

4)传输控制

当需要发送握手信号或数据完整性检测时需要制定其他设置。公用的组合有RTS/CTS、DTR/DSR或XON/XOFF(实际中不使用连接器管脚而在数据流内插入特殊字符)。

接受方把XON/XOFF信号发给发送方来控制发送方何时发送数据,这些信号是与发送数据的传输方向相反的。XON信号告诉发送方接受方准备好接受更多的数据,XOFF信号告诉发送方停止发送数据直到知道接受方再次准备好。XON/XOFF一般不赞成使用,推荐用RTS/CTS控制流来代替它们。

XON/XOFF是一种工作在终端间的带内方法,但是必须两端都支持这个协议,而且在突然启动的时候会有混淆的可能。

XON/XOFF可以工作于3线的接口。RTS/CTS最初是设计为电传打字机和调制解调器半双工协作通信的,每次它只能一方调制解调器发送数据。终端必须发送请求发送信号然后等到调制解调器回应清除发送信号。尽管RTS/CTS是通过硬件达到握手,但它有自己的优势。

5)RS-232标准的不足

经过许多年来RS-232器件以及通信技术的改进,RS-232的通信距离已经大大增加。由于RS-232接口标准出现较早,在实际使用中主要有以下四点不足。

(1)接口的信号电平值较高,易损坏接口电路的芯片,又因为与TTL电平不兼容,故需使用电平转换电路方能与TTL电路连接。

(2)传输速率较低,在异步传输时,传输速率为20Kb/s。现在由于采用新的UART芯片16C550等,传输速率达到115.2Kb/s。

(3)接口使用一根信号线和一根信号返回线而构成共地的传输形式,这种共地传输容易产生共模干扰,所以抗噪声干扰性弱。

(4)传输距离有限,最大传输距离标准值为50m,实际上也只能用在15m左右。

2. RS-422

针对RS-232串口标准的局限性,人们又提出了RS-422、RS-485接口标准。RS-485/422采用平衡发送和差分接收方式实现通信:发送端将串行口的TTL电平信号转换成差分信号A、B两路输出,经过线缆传输之后在接收端将差分信号还原成TTL电平信号。由于传输线通常使用双绞线,又是差分传输,所以又极强的抗共模干扰的能力,总线收发器灵敏度很高,可以检测到低至200mV电压,故传输信号在1km之外都是可以恢复。

88

1）信号线数

RS－422 有 4 根信号线：两根发送（Y、Z）、两根接收（A、B）。由于 RS－422 的收与发是分开的，所以可以同时收和发（全双工）。

2）格式转换

支持多机通信的 RS－422 将 Y－A 短接作为 RS－485 的 A、将 RS－422 的 Z－B 短接作为 RS－485 的 B 可以这样简单转换为 RS－485。

3）通信距离

最远的设备（控制器）到计算机的连线理论上的距离是 1200m，在实际应用中建议控制在 800m 以内，如能控制在 300m 以内使用，则效果最好。如果要求使用的距离超长，可以选购中继器。

4）负载数量

即一条总线可以带多少台设备（控制器），这个取决于控制器的通信芯片和 422 转换器的通信芯片的选型，一般有 32 台、64 台、128 台、256 台几种选择，这个是理论的数字，实际应用时，根据现场环境，通讯距离等因素影响，负载数量可能达不到指标数。

422 通信总线（必须用双绞线，或者网线的其中一组），如果用普通的电线（没有双绞）干扰将非常大，通信不畅，甚至通信不上。

3. RS－485

1）传输速率与传输距离

RS－485 的数据最高传输速率为 10Mb/s，最大的通信距离约为 1219m，传输速率与传输距离成反比，在 10Kb/s 的传输速率下，才可以达到最大的通信距离。

但是由于 RS－485 常常要与 PC 机的 RS－232 口通信，所以实际上一般最高 115.2Kb/s。又由于太高的速率会使 RS－485 传输距离减小，所以往往为 9600b/s 左右或以下。

2）网络拓扑

RS－485 接口是采用平衡驱动器和差分接收器的组合，抗共模干能力增强，即抗噪声干扰性好。RS－485 采用半双工工作方式，支持多点数据通信。

RS－485 总线网络拓扑一般采用终端匹配的总线型结构。即采用一条总线将各个节点串接起来，不支持环形或星型网络。如果需要使用星型结构，就必须使用 485 中继器或者 485 集线器才可以。RS－485/422 总线一般最大支持 32 个节点，如果使用特制的 485 芯片，可以达到 128 个或者 256 个节点，最大的可以支持到 400 个节点。

3）连接器

RS－485 的国际标准并没有规定 RS－485 的接口连接器标准、所以采用接线端子或者 DB－9、DB－25 等连接器都可以。

很多人往往都误认为 RS－422 串行接口是 RS－485 串行接口的全双工版本，实际上，它们在电器特性上存在着不少差异，共模电压范围和接收器输入电阻不同使得该两个标准适用于不同的应用领域。RS－485 串行接口的驱动器可用于 RS－422 串行接口的应用中，因为 RS－485 串行接口满足所有的 RS－422 串行接口性能参数；反之则不能成立。对于 RS－485 串行接口的驱动器，共模电压的输出范围是 －7V 和 +12V 之间；对于 RS－422 串行接口的驱动器，该项性能指标仅有 ±7V。RS－422 串行接口接收器的最小输入

电阻是 $4k\Omega$；而 RS – 485 串行接口接收器的最小输入电阻则是 $12k\Omega$。

3.4.4 RS – 232C/422/485 总线拓扑结构

RS – 232C 用于短距单机通信,其总线结构形式如图 3 – 18 所示(以某门禁控制设备为例)。

图 3 – 18 某门禁控制设备的短距单机通讯方式

RS – 422 和 RS – 485 一般可以与不同的设备联网组成完整的自动测试系统。RS – 422 可支持 10 个节点,RS – 485 支持 32 个节点,因此多节点构成网络。网络拓扑一般采用终端匹配的总线型结构,不支持环形或星形网络,如图 3 – 19 所示。

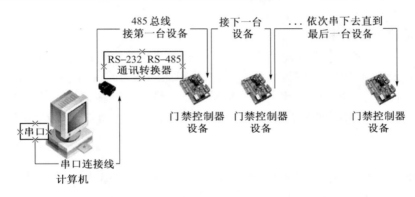

图 3 – 19 串行设备的组网方式示意图

在构建 RS – 422 或者 RS – 485 网络时,应注意如下几点。

(1)采用一条双绞线电缆作总线,将各个节点串接起来,从总线到每个节点的引出线长度应尽量短,以便使引出线中的反射信号对总线信号的影响最低。图 3 – 20 所示为实际应用中常见的一些错误连接方式(图 3 – 20(a)、图 3 – 20(b)、图3 – 20(c))和正确的连接方式(图 3 – 20(d)、图 3 – 20(e)、图 3 – 20(f))。图 3 – 20(a)、图 3 – 20(b)、图 3 – 20(c)这三种网络连接尽管不正确,在短距离、低速率仍可能正常工作,但随着通信距离的延长或通信速率的提高,其不良影响会越来越严重,主要原因是信号在各支路末端反射后与原信号叠加,会造成信号质量下降。

(2)应注意总线特性阻抗的连续性,在阻抗不连续点就会发生信号的反射。下列几种情况易产生这种不连续性:总线的不同区段采用了不同电缆,或某一段总线上有过多收发器紧靠在一起安装,再者是过长的分支线引出到总线。

总之,应该提供一条单一、连续的信号通道作为总线。

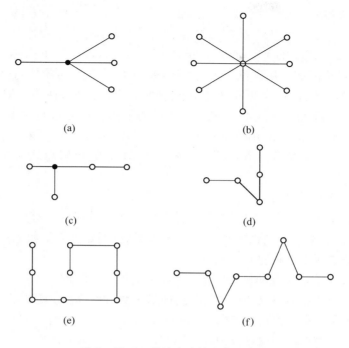

图 3 - 20　几种总线连接方式示意图

3.5　VXI 总线

3.5.1　VXI 总线概述

VXI 总线是 VME 总线在仪器领域的扩展(VME bus eXtensions for Instrumentation),是计算机操纵的模块化自动仪器系统。经过十年的发展,它依靠有效的标准化,采用模块化的方式,实现了系列化、通用化以及 VXI 总线仪器的互换性和互操作性。其开放的体系结构和 P&P 方式完全符合信息产品的要求。今天,VXI 总线仪器和系统已为世人普遍接受,并成为仪器系统发展的主流。

目前,全世界有近 400 家公司在 VXI 总线联合会申请了制造 VXI 总线产品的识别代码(ID 号),其中约 70% 为美国公司,25% 为欧洲公司,亚洲各国仅占 5%。在约 1300 多种 VXI 产品中,80% 以上是美国产品,其门类几乎覆盖了数据采集测量的各个领域。

经过 VXI 总线仪器系统十年的冲击,美国传统的仪器产业结构已经发生了很大的变化,新的 VXI 产业雏型结构已基本形成:VXI 仪器模块和硬件厂商占 1/3 弱(近 100 家);VXI 系统集成商占 1/3 强(超过 100 家);其余近 100 家公司则从事软件开发、测试程序开发,VXI 附件、配件、服务等业务。

在市场方面,美国 VXI 市场的总销售额仍以每年 30% ~ 40% 的强劲势头迅猛增长。军事部门不仅把 VXI 用于基地设备的修理与维护,而且也用于作战系统。目前,许多政府机构和军事机构正在把 VXI 看作测试标准,美国军方开始由定做逐步转向使用现成的商用 VXI 系统,这一行动正在把更多的民用部门导向 VXI。然而,当 IEEE 在

1993 年春天正式接受 VXI 规范为其标准的时候,VXI 市场还面临着两大障碍——系统的易用性和成本。今天的 VXI 系统已很容易集成和使用,这主要得益于 NI、TEK 等五家公司 1993 年发起成立的 VXI plug & play Systems Alliance(以下简称 VPP 系统联盟)制订了详细的 VPP 标准。从理论上讲,由于 VXI 系统中没有传统的自动测试系统各仪器内必然存在的电源、显示面板和数据处理单元等重复组件,使得 VXI 这种虚拟仪器体系结构更有利于降低系统成本。加之 VXI 厂商采用各种先进技术努力降低成本,使 VXI 的系统成本不断降低,应用范围不断扩大。目前,VXI 正在进入“低成本→高市场分额→低成本”的良性市场状态。已成为公认的 21 世纪仪器总线系统和自动测试系统的优秀平台。

1. VXI 总线规范的目标

VXI 总线联合体制订 VXI 总线规范的目标是定义一系列对所有厂商开放的、与现有工业标准兼容的、基于 VME 总线的模块化仪器标准,其要点可概括如下:

(1)使设备之间以明确的方式通信。

(2)使 VXI 系统比标准的机架堆叠式系统具有更小的物理尺寸。

(3)使用专门的通信协议和更宽的数据通道为测试系统提供更高的系统吞吐率。

(4)提供可用于军事模块化仪器(Instrument on a Card)系统的测试设备。

(5)通过使用虚拟仪器原理方便地扩展测试系统的功能。

(6)通过使用统一的公共接口降低系统集成时的软件开发成本。

(7)在该规范内定义实现多模块仪器系统的方法。

2. VXI 总线标准体系

国际上现有两个 VXI 总线组织—VXI 总线联合体和 VPP 系统联盟,前者主要负责 VXI 总线硬件(即仪器级)标准规范的制订;而后者的宗旨是通过制订一系列的 VXI 总线软件(即系统级)标准来提供一个开放的系统结构,使其更容易集成和使用。VXI 总线标准体系就由这两套标准构成。

VXI 总线仪器级和系统级规范文件分别由 10 个标准组成,见表 3 - 9 和表 3 - 10。

表 3 - 9 VXI 总线仪器级标准规范文件

标 准 代 号	标 准 名 称
VXI - 1	VXI 总线系统规范(IEEE 1155—1992)
VXI - 2	VXI 总线扩展的寄存器基器件和扩展的存储器器件
VXI - 3	VXI 总线器件识别的字符串命令
VXI - 4	VXI 总线通用助记符
VXI - 5	VXI 总线通用 ASCII 系统命令
VXI - 6	VXI 总线多机箱扩展系统
VXI - 7	VXI 总线共享存储器数据格式规范
VXI - 8	VXI 总线冷却测量方法
VXI - 9	VXI 总线标准测试程序规范
VXI - 10	VXI 总线高速数据通道

表 3 - 10　VXI 总线系统级标准规范文件

标　准　代　号		标　准　名　称
VPP - 1		VPP 系统联盟章程
VPP - 2		VPP 系统框架技术规范
VPP - 3 仪器驱动程序技术规范	VPP - 3.1	VPP 仪器驱动程序结构和设计技术规范
	VPP - 3.2	VPP 仪器驱动程序开发工具技术规范
	VPP - 3.3	VPP 仪器驱动程序功能面板技术规范
	VPP - 3.4	VPP 仪器驱动程序编程接口技术规范
VPP - 4 标准的软件输入输出接口技术规范	VPP - 4.1	VISA - 1 虚拟仪器软件体系结构主要技术规范
	VPP - 4.2	VISA - 2 VISA 转换库(VTL)技术规范
	VPP - 4.2.2	VISA - 2.2 视窗框架的 VTL 实施技术规范
VPP - 5		VXI 组件知识库技术规范
VPP - 6		包装和安装技术规范
VPP - 7		软面板技术规范
VPP - 8		VXI 模块/主机机械技术规范
VPP - 9		仪器制造商缩写规则
VPP - 10		VXIP&P LOGO 技术规范和组件注册

3. VXI 总线的系统结构与控制方案

1）结构配置

从物理结构看,一个 VXI 总线系统(图 3 - 21)由一个能为嵌入模块提供安装环境与背板连接的主机箱组成。由图 3 - 22 可见,VXI 总线以 IEEE - 1014 VME 总线标准为基础、等同采用了 32 位的 VME 体系结构,并在 VME 标准的基础上增加了两种模块尺寸和一个连接器。P1 连接器和 P2 连接器的中排插针严格按照 VME 规范的定义保留下来,VXI 对 VME 用户可定义的 P2 连接器外面两排插针和 VXI 所增加的 P3 连接器作了定义。

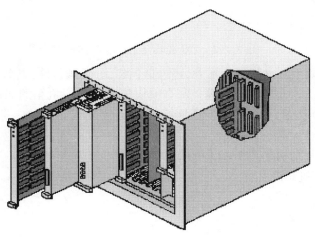

图 3 - 21　VXI 总线系统结构示意图

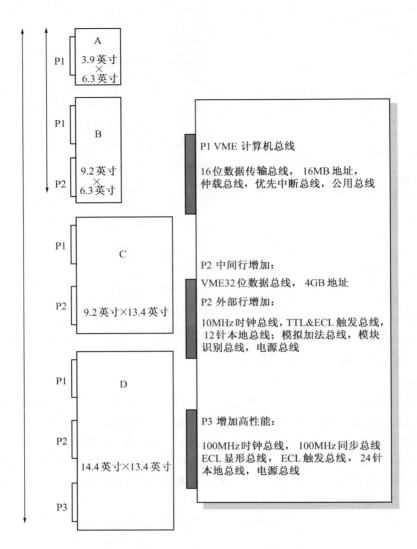

图 3－22　VXI 模块尺寸与总线分布

VXI 总线规范除电气与机械标准外,还包括包装、电磁兼容性、电源分布、VXI 主机箱和嵌入模块的冷却方法与气流要求等。所有模块装入 VXI 主机箱的插槽,而通过模块前面板提供开关、LED 指示、测试点与 I/O 连接等。

2)电气结构

VXI 总线的电气结构如图 3－23 所示,从功能上可分为八大总线。

(1) VME 计算机总线;

(2) 时钟和同步总线;

(3) 模块识别总线;

(4) 触发总线;

(5) 模拟加法总线;

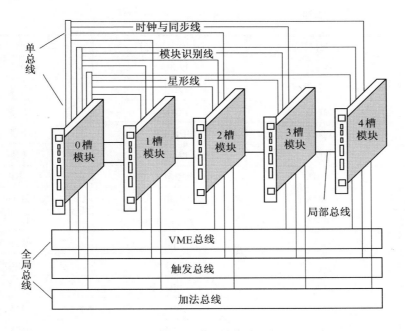

图 3 – 23　VXI 总线电气结构

（6）局部总线；

（7）星形总线；

（8）电源总线。

3.5.2　VXI 总线接口信号

VXI 总线系统通过相应的连接器与不同的外设进行连接，一共提供 P1、P2 和 P3 连接器来连接不同尺寸的用户电路板。

1. VXI 的 P1 连接器

VXI 总线的模块共有 4 种不同的尺寸，只有 P1 连接器能适用于任一种尺寸的模块在 VXI 总线中工作。VXI 总线 P1 连接器的引脚定义与 VME 总线规范相同，见表 3 – 11，对于数据传输总线 DTB（Data Transfer Bus）的使用，VXI 总线有以下规定和建议。

（1）建议不要使用 VME 总线规范中作为"用户自定义"的地址修改线。

（2）从模块必须在数据选通脉冲变低后的 20 μs 内使 DTACK* 或 BERR* 变低。

（3）从模块必须在数据选通脉冲变高后的 5 μs 内释放 DTACk* 和 BERR*。

（4）总线定时器就是 BTO(≥100)。

（5）所有模块均可以使用或跳过"总线授权"及"中断认可"菊花链信号线。

（6）所有 VXI 总线主机箱都必须提供一个 VME 总线电源监控模块。

表 3 – 11　VME 总线 P1/J1 连接器引脚定义

引 脚 号	A 行信号助记符	B 行信号助记符	C 行信号助记符
1	D00	BBSY*	D08
2	D01	BCLR*	D09
3	D02	ACFAIL*	D10

引脚号	A 行信号助记符	B 行信号助记符	C 行信号助记符
4	D03	BG0IN*	D11
5	D04	BG0OUT*	D12
6	D05	BG1IN*	D13
7	D06	BG1OUT*	D14
8	D07	BG2IN*	D15
9	GND	BG2OUT*	GND
10	SYSCLK	BG3IN*	SYSFAIL*
11	GND	BG3OUT*	BERR*
12	DS1*	BR0*	SYSRESET*
13	DS0*	BR1*	LWORD*
14	WRITE*	BR2*	AM5
15	GND	BR3*	A23
16	DTACK*	AM0	A22
17	GND	AM1	A21
18	AS*	AM2	A20
19	GND	AM3	A19
20	ICACK*	GND	A18
21	IACKIN*	SERCLK（1）	A17
22	IACKOUT*	SERDAT*（1）	A16
23	AM4	GND	A15
24	A07	IRQ7*	A14
25	A06	IRQ6*	A13
26	A05	IRQ5*	A12
27	A04	IRQ4*	A11
28	A03	IRQ3*	A10
29	A02	IRQ2*	A09
30	A01	IRQ1*	A08
31	−12V	+5V STDBY	+12V
32	+5V	+5V	−5V

注：* 号表示该线为低电平有效，以下同

2. P2 连接器

在 VXI 总线子系统中，P2 连接器中间一排定义与 VME 总线规范相同，但是对于靠外面的两排引脚做了重新定义，以便为面向仪器应用的模块提供更多的系统资源。同时，由于 0 槽模块承担着特殊的功能，其引脚定义与其他槽的 P2 连接器有所不同。

与 VME 总线系统相比,VXI 总线子系统的 P2 连接器增加了以下引脚。

(1) −5.2V、−2V、±24V 和附加的 +5V 电源。

(2) 10MHz 差分时钟线 CLK10 + 与 CLK10 − 。

(3) 模块识别线 MODID。

(4) 8 条并行 TTL 触发线 TTLTRG0 ~ TTLTRG7。

(5) 2 条并行 ECL 触发线 ECLTRG0 ~ ECLTRG1。

(6) 12 条由生产厂家定义的,连接到相邻模块的本地总线 LBUS。

(7) 带有 50Ω 匹配负载的模拟相加总线 SUMBUS。

具体 P2 连接器各引脚的定义见表 3 − 12。

表 3 − 12　VXI 总线 P2 连接器引脚定义

引 脚 号	A 行信号助记符	B 行信号助记符	C 行信号助记符
1	ECLTRG0	+5V	CLK10 +
2	−2V	GND	CLK10 −
3	ECLTRG1	RSV1	GND
4	GND	A24	−5.2V
5	MODID12 [LBUSA00]	A25	LBUSC00
6	MODID11 [LBUSA01]	A26	LBUSC01
7	−5.2V	A27	GND
8	MODID10 [LBUSA02]	A28	LBUSC02
9	MODID09 [LBUSA03]	A29	LBUSC03
10	GND	A30	GND
11	MODID08 [LBUSA04]	A31	LBUSC04
12	MODID07 [LBUSA05]	GND	LBUSC05
13	−5.2V	+5V	−2V
14	MODID06 [LBUSA06]	D16	LBUSC06
15	MODID05 [LBUSA07]	D17	LBUSC07
16	GND	D18	GND
17	MODID04 [LBUSA08]	D19	LBUSC08
18	MODID03 [LBUSA09]	D20	LBUSC09
19	−5.2V	D21	−5.2V
20	MODID02 [LBUSA10]	D22	LBUSC10
21	MODID01 [LBUSA11]	D23	LBUSC11

引 脚 号	A 行信号助记符	B 行信号助记符	C 行信号助记符
22	GND	GND	GND
23	TTLTRG0 *	D24	TTLTRG1 *
24	TTLTRG2 *	D25	TTLTRG3 *
25	+5V	D26	GND
26	TTLTRG4 *	D27	TTLTRG5 *
27	TTLTRG6 *	D28	TTLTRG7 *
28	GND	D29	GND
29	RSV2	D30	RSV3
30	MODID00	D31	GND
31	GND	GND	+24V
32	SUMBUS	+5V	−24V

注：该表表示的是 0 槽信号引脚，[ ]内的其他槽（1 槽~12 槽）引脚与 0 槽的不同之处。以 20 引脚为例，0 槽 A 行对应 MODID02 信号，而其他槽则对应[ ]信号，即 LBUSA10

3. P3 连接器

为了满足高性能仪器的需要，VXI 总线在 D 尺寸模块上增加了 P3 连接器。与 P2 连接器相似，0 槽在 P3 连接器为系统提供资源方面也起着独特的作用，如高速时钟触发，见表 3−13。P3 连接器增加了以下信号线：

（1）+5V、−5.2V、−2V、±24V 和 ±12V 附加电源线。

（2）与 P2 连接器 10MHz 时钟同步的 100MHz 差分时钟信号线。

（3）一个用于 100MHz 时钟选择的同步信号线。

（4）4 条附加的本地 ECL 触发线。

（5）24 条附加的本地总线。

（6）用于模块间准确定时的星状触发线。

（7）4 条保留线。

表 3−13 VXI 总线 P3 连接器引脚定义

引 脚 号	A 行信号助记符	B 行信号助记符	C 行信号助记符
1	ECLTRG2	+24V	+12V
2	GND	−24V	−12V
3	ECLTRG3	GND	RSV4
4	−2V	RSV5	+5V
5	ECLTRG4	−5.2V	RSV6

引脚号	A 行信号助记符	B 行信号助记符	C 行信号助记符
6	GND	RSV7	GND
7	ECLTRG5	+5V	−5.2V
8	−2V	GND	GND
9	STARY12 + ［LBUSA12］	+5V	STARX01 + ［LBUSC12］
10	START12 − ［LBUSA13］	STARY01 − ［LBUSC15］	STARX01 − ［LBUSC13］
11	STARX12 + ［LBUSA14］	STARX12 − ［LBUSA15］	STARX01 + ［LBUSC14］
12	STARY11 + ［LBUSA16］	GND	STARX02 + ［LBUSC16］
13	STARY11 − ［LBUSA17］	STARY02 − ［LBUSC19］	STARX02 − ［LBUSC17］
14	STARX11 + ［LBUSA18］	STARX11 − ［LBUSA19］	STARX02 + ［LBUSC18］
15	STARY10 + ［LBUSA20］	+5V	STARX03 + ［LBUSC20］
16	STARY10 − ［LBUSA21］	STARY03 − ［LBUSC23］	STARX03 − ［LBUSC21］
17	STARX10 + ［LBUSA22］	STARX10 − ［LBUSA23］	STARX03 + ［LBUSC22］
18	STARY09 + ［LBUSA24］	−2V	STARX04 + ［LBUSC24］
19	STARY09 − ［LBUSA25］	STARY04 − ［LBUSC27］	STARX04 − ［LBUSC25］
20	STARX09 + ［LBUSA26］	STARX09 − ［LBUSA27］	STARX04 + ［LBUSC26］
21	STARY08 + ［LBUSA28］	GND	STARX05 + ［LBUSC28］
22	STARY08 − ［LBUSA29］	STARY05 − ［LBUSC31］	STARX05 − ［LBUSC29］
23	STARX08 + ［LBUSA30］	STARX08 − ［LBUSA31］	STARX05 + ［LBUSC30］
24	STARY07 + ［LBUSA32］	+5V	STARX06 + ［LBUSC32］
25	STARY07 − ［LBUSA33］	STARY06 − ［LBUSC35］	STARX06 − ［LBUSC33］
26	STARX07 + ［LBUSA34］	STARX07 − ［LBUSA35］	STARX06 + ［LBUSC34］
27	GND	GND	GND
28	STARX +	−5.2V	STARY +
29	STRAX −	GND	STRAY −
30	GND	−5.2V	−5.2V
31	CLK100 +	−12V	SYNC100 +
32	CLK100 −	GND	SYNC 100 −

注：该表表示的是 0 槽信号引脚,［］内的其他槽(1 槽～12 槽)引脚与 0 槽的不同之处。以 9 引脚为例,0 槽 A 行对
应 STARY12 + 信号,而其他槽 A 行则对应［］信号,即 LBUSA12

3.5.3 VXI 总线系统控制方案

1. 0 槽与资源管理器

VXI 机箱最左边的插槽包括有诸如背板时钟（Backplane Clock）、配置信号（Configuration Signals）、同步与触发信号（Synchronization and Trigger Signals）等系统资源，因而只能在该槽中插入具有 VXI"0 槽"功能的设备，即 0 槽模块，通常简称为 0 槽。VXI 资源管理器（RM）实际上是一个软件模块，它可以装在 VXI 模块或者外部计算机上。RM 与 0 槽模块一起进行系统中每个模块的识别、逻辑地址的分配、内存配置、并用字符串协议建立命令者/从者之间的层次体制。

2. 系统控制方案

VXI 总线系统的配置方案是影响系统整体性能的最大因素之一。常见的系统配置方式有 GPIB、嵌入式和 MXI 三种控制方案，分别如图 3－24(a)、图 3－25(a) 和图 3－26(a) 所示。

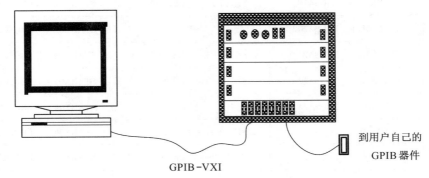

(a) GPIB 控制方案

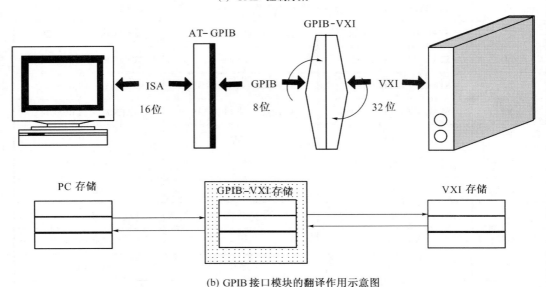

(b) GPIB 接口模块的翻译作用示意图

图 3－24 GPIB 控制方案

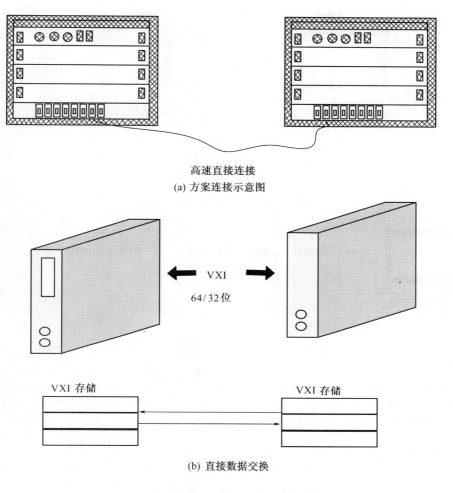

高速直接连接

(a) 方案连接示意图

VXI

64/32位

VXI 存储

VXI 存储

(b) 直接数据交换

图 3 – 25　嵌入式控制方案

GPIB 控制方案通过 GPIB 接口把 VXI 主机箱与外部的计算机平台相连。如图 3 – 24(b)所示,计算机通过 GPIB 和 GPIB – VXI 翻译器向 VXI 仪器发送命令串,而 GPIB – VXI 接口模块以透明的方式在 VXI 字符串协议和 GPIB 协议之间进行翻译。由于要对字符串本身进行这种额外的翻译,使系统的随机读写速度严重下降。虽然 GPIB 的最大吞吐率可达 1MB/s,而使用 GPIB – VXI 0 槽模块的 VXI 系统最大吞吐率只有 580B/s(随机写)～300KB/s(块传输)。

嵌入式控制方案包括一个插入 VXI 0 槽并直接与背板总线相连的嵌入式计算机,这种系统配置方案的物理尺寸最小,并因控制计算机直接与背板总线相连而获得最高的系统性能。直接对 VXI 总线的访问意味着计算机可直接读写消息基和寄存器基仪器,消除了 GPIB – VXI 接口翻译对速度的影响。数据在仪器之间以二进制的形式并行、高速传输——主控计算机就像传统的智能仪器内部的微处理器一样工作,因而获得了最高的系统性能。

第三种系统配置方案使用高速的 MXI 总线连接器将外部计算机接入 VXI 背板总线,使外部的计算机可以像嵌入式计算机一样直接控制 VXI 背板总线上的仪器模块。

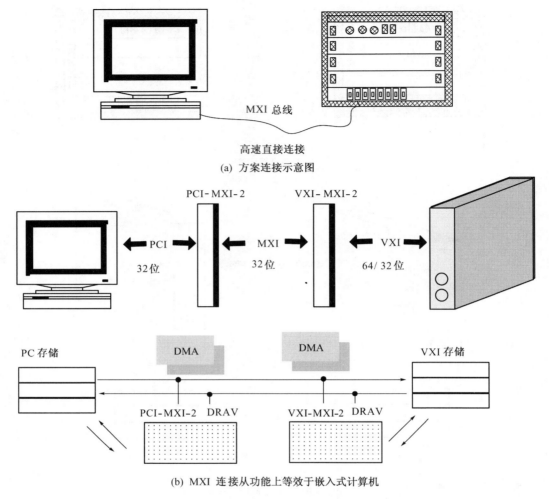

(a) 方案连接示意图

(b) MXI 连接从功能上等效于嵌入式计算机

图 3 - 26　MXI 高速连接方案

　　这种系统控制方案从 0 槽模块的硬件构成到主控机与 VXI 主机箱之间的连接方式都类似于 GPIB 控制方案,但从功能上完全等效于嵌入式控制方案。因此,该方案既有外挂式的灵活性(可以使用用户现有的各种计算机或工作站),又有嵌入式的高性能(持续系统吞吐率达 23Mb/s)。

3.5.4　硬件寄存器与通信

　　器件(Device)是组成 VXI 总线系统最基本的逻辑单元。通常,一个器件将占据一块 VXI 模块,但也允许在一个模块上实现多个器件和一个器件占据多个模块。一个单机箱 VXI 系统最多可以有 256 个器件。根据器件所支持的通信协议能力可将其分成寄存器基器件、消息基器件、存储器器件和扩展器件四类。

　　VXI 模块必须有一组具有特定地址的专用寄存器,其 64KB A16 寻址空间的上 16KB 空间为 VXI 总线器件所保留。每个 VXI 器件都有一个用于确定其寄存器在上述寻址空间所在位置的 8 位逻辑地址。VXI 器件的逻辑地址类似于 GPIB 设备的 GPIB 地址,可以手动或在系统上电时自动配置。

1. 寄存器基器件(Register – Based Device)

任何 VXI 总线器件,不管其功能如何,都必须有一组配置寄存器(Configuration Registers),系统通过访问 VME 总线上 P1 口的配置寄存器来识别器件的类型、型号、生产厂家、地址空间与所要求的存储器空间。仅有这种最低通信能力的 VXI 总线器件就是寄存器基器件。通过这组公共的配置寄存器、中央资源管理器(Resource Manager, RM)和基本的软件模块,可以在系统初始化时自动进行系统与存储器配置。

2. 消息基器件(Message – Based Device)

除寄存器基器件以外,VXI 总线规范还定义了同时具有通信寄存器(Communication Register)和配置寄存器的所谓消息基器件。所有的消息基 VXI 总线器件,无论是哪家厂商生产的,都必须能用 VXI 专用字符串协议进行最低限度的通信。有了这种最低限度的通信能力,就可建立像共享内存这样的高性能通信通道,从而发挥 VXI 总线带宽能力的优势。

3. 字符串协议(Word Serial Protocol)

VXI 总线字符串协议的功能非常像 IEEE – 488 协议,同一时刻在器件之间一位一位或一个字一个字地传递数据消息。这样,VXI 消息基器件之间实际上在按照与 IEEE – 488 仪器非常类似的方式进行通信。一般来说,消息基器件通常都包含一定程度的本地智能用于完成更高级的通信。

所有的 VXI 消息基器件都要用字符串协议以某种标准方式进行通信。若要与一个消息基器件通信,就得通过该器件上的数据入(Data In)或数据出(Data Out)硬件寄存器在同一时刻写或读一个 16 位字符来进行,因而这种通信协议称为字符串。字符串通信是按其响应寄存器中的 bits 定速的,并进而确定数据入寄存器是否空和数据出寄存器是否满。这种工作方式非常类似于串口通信中的通用异步收发方式(Universal Asynchronous Receiver Transmitter, UART)。

4. 命令者/从者分层体制(Commander/Servant Hierarchies)

VXI 总线定义了一个命令者/从者通信协议,便于用户利用 VXI 器件分层的概念建立一种分层体制。这种分层结构就像一棵倒置的树,命令者是有一个或多个相关低层器件(即从者)的顶层器件,而从者则像一个树杈。在多级嵌套的分层结构中,一个器件既可以是命令者,也可以是从者。

一个 VXI 模块有且只能有一个命令者,而命令者对其一个或多个从者的通信和配置寄存器享有绝对控制权。如果从者是消息基器件,命令者通过从者的通信寄存器按照字符串协议与从者进行通信;如果从者是寄存器基器件,则通过器件专有的寄存器操作实现通信。对消息基器件,从者通过响应字符串命令或按字符串协议向其命令者查询实现与其命令者的通信;对寄存器基器件,从者通过器件专有寄存器的状态与其命令者进行通信。

5. 中断与异步事件

通过硬件中断或直接向其命令者的硬件信号寄存器写特定消息,从者可以把异步状态和事件通知其命令者。无总线主控器的器件总是通过中断发送这些信息,而有总线主控器能力的器件既可以用中断方式、也可以用发送信号的方式与其命令者通信。有些命令者仅可接受信号,有些则仅可能进行中断操作。

VXI 总线规范定义了专门的字符串命令,以便命令者能理解其消息基器件的能力,并通过按某种方式产生中断或信号来对其从者进行配置。例如,使用特定的中断线、通过发送信号、配置仅有某种状态或错误条件的报告等方法命令者可以向其从者发送命令、实现对其从者的控制。

虽然字符串通信协议是专门用来在命令者与从者之间进行通信的,但通过特定的共享存储器协议或简单地直接写一个信息到器件的信号寄存器可以在两个器件之间建立一对一的通信。

3.5.5 VXI 总线接口软件

软件是成功开发基于 VXI 总线的虚拟仪器系统之关键,因而成为选择 VXI 系统时要考虑的最重要因素之一。有很多编程语言、操作系统和应用程序开发环境(Application Development Environment,ADE)可供选择,但如何做出正确选择以实现并发挥 VXI 系统的优势、最大限度地减小现在和将来的系统开发成本却是非常重要的。

软件的选择不仅影响系统的整体性能与功能,而且影响系统的开发时间和效率。所选择的软件应当具有完善的调试能力、能够与最流行的操作系统和编程语言相兼容。应当指出,诸如 C、C++、BASIC、ADA 或 ATLAS 等标准语言没有内置的 VXI 能力,而 VXI 能力是通过 VXI 总线接口软件函数库实现的。该软件库之所以很重要,是因为它直接影响 VXI 计算机硬件、操作系统、编程语言和 ADE 的选择。

VPP 系统联盟研究发展的 I/O 软件规范——虚拟仪器软件体系结构(Virtual Instrument Software Architecture,VISA)使工业软件在兼容性和互操作性方面前进了重要的一步。VISA 规范(即 VPP-4.1)不仅为 VXI、也为 GPIB 和串口定义了新一代的 I/O 软件标准。在 VISA 之前虽然也有许多支持 VXI、GPIB 和串口的商业 I/O 软件,但这些软件没有标准化,也互不兼容。VISA 标准由于得到包括 TEK、HP 和 NI 在内的 50 多家大仪器公司的共同支持,VISA 事实上已成为面向仪器工业的软件标准。

由于现在可供选择的仪器与软件非常之多,绝大多数用户都不愿将自己限定在一个厂商所能提供的产品范围内,而更倾向于从不同厂商选择最好的仪器和软件来组成性价比最好的多厂商测试系统。用于 GPIB 总线的 IEEE 488 标准和用于 VXI 总线的 IEEE 1155 标准保证了不同厂商硬件之间的兼容性与互操作性,但没有统一的软件标准规范,就不能形成真正开放的体系结构。因此,建立一种能被尽可能多的大厂商所接受的驱动程序体系结构标准,以保证用户所开发的仪器代码可在不同厂商与操作系统的仪器之间相互移植——这正是 VISA 所要做的。

3.5.6 电磁兼容与噪声

作为最基本的电磁兼容性要求,在 VXI 总线系统中加入一个新的模块不得影响其他模块的性能。为了防止 VXI 模块间的相互影响,VXI 总线标准包括了对近场辐射及其敏感度要求的描述与限制。为满足电磁兼容性要求,VXI 模块的宽度从原来 VME 模块的 0.8 英寸增加到 1.2 英寸,以便有足够的空间将整个模块完全屏蔽在一个金属罩子里,并通过背板将金属外壳接地。这样,你可以将现有的 VME 模块插入 VXI 机箱,但 VXI 模块却不能插入 VME 机箱。

VXI 总线标准也包括了对传导辐射及其敏感度要求的描述与限制,以防止电源噪声影响模块性能。每个模块的远场辐射噪声必须小于它在整个噪声中应占的份额。例如,在一个包括 13 个模块的机箱中,每个模块所辐射的噪声必须小于所允许总噪声的 1/13。由于 VXI 系统要通过背板总线实现模块间极其精确的时间耦合,因此,必须将噪声和背板时钟与触发线上的串扰减小到最低程度。

3.6　1553B 总线

3.6.1　1553B 总线概述

MIL - STD - 1553B 总线全称为"飞行器内部时分命令/响应式多路数据总线"(Air - craft Internal Time Division Command/Response Multiplex Data Busj,它是由美国自动化工程师协会(SAE)的 AE - 9E 委员会在军方和工业界的支持下于 1968 年确定开发标准的信号多路传输系统,1973 年公布了 MIL - STD - 1553 标准,1978 年修订发表了 MIL - STD - 1553B 标准。这个标准规定了飞机内部数字式总线的技术要求,包括数据总线及接口,同时也规定了对多路总线的操作方式和总线上的信息流格式以及电气要求和功能构成。

1553B 总线被用来为各种系统之间的数据和信息的交换提供媒介,它类似于"局域网或者 LAN",因其性能优异,因而在航空、航天、航海和其他武器装备上得到广泛的应用,有"一网盖三军"之称。1553B 于 1978 年 9 月 21 日正式公布并投入使用。作为新型的航空电子总线标准,它一经使用便获得广泛认同,被应用到美国航空、航天、舰船、坦克等诸多领域,取得了很好的效果。优异的可靠性、实时性和抗干扰性、较高的传输速率、灵活的拓扑结构、简单的电缆连接方式、成熟的技术等特性,使其迅速地被推广到英、法、瑞典等很多国家的军用领域。

我国引进 1553B 总线技术,将其改变为 GJB 289 标准已经很多年了。目前已经将 1553B 总线技术逐步推广到航空、航天、舰船、导弹等领域,取得了很好的效果。从我国目前的电子总线技术发展趋势和实际应用来看,在未来的 5 年～10 年内,1553B 总线仍然会在军用电子总线上占据主导地位。

1. 1553B 总线的特点

1553B 总线是一种集中式的时分串行总线,其主要特点是分布处理、集中控制和实时响应。其可靠性机制包括防错功能、容错功能、错误的检测和定位、错误的隔离、错误的校正、系统监控及系统恢复功能。采用双冗余系统,有两个传输通道,保证了良好的容错性和故障隔离。综合起来 1553B 总线有以下几个特点。

(1)实时性好,1553B 总线的数据传输率为 1Mb/s,每条消息最多包含 32B,传输一个固定不变的消息所需时间短。数据传输速率比一般的通信网高。

(2)合理的差错控制措施和特有的方式命令,为确保数据传输的完整性,1553B 采用了合理的差错控制措施——反馈重传纠错方法。当 BC 向某一 RT 发出一个命令或发送一个消息时,终端应在给定的响应时间内发回一个状态字,如果传输的消息有错,终端就拒绝发回状态字,由此报告上次消息传输无效。而特有的方式命令不仅使系统能完成数据通信控制任务,还能检查故障情况并完成容错管理功能。

（3）总线效率高,总线形式的拓扑结构对总线效率的要求比较高,为此1553B对涉及总线效率指标的某些强制性要求如命令响应时间、消息间隔时间以及每次消息传输的最大和最小数据块的长度都有严格限制。

（4）具有命令/响应以及"广播"通信方式,BC能够以"广播"方式向所有RT发送一个时间同步消息,这样总线上的所有消息传输都由总线控制器发出的指令来控制,相关终端对指令应给予响应并执行操作。这种方式非常适合集中控制的分布式处理系统。但1553B总线价格高昂,限制了它在工业领域的普遍性应用。

2. 1553B总线的优点

1）线性局域网络结构

合理的拓扑结构使得1553B总线成为航空系统或地面车辆系统中分布式设备的理想连接方式。与点对点连接相比,它减少了所需电缆、所需空间和系统的重量。便于维护,易于增加或删除节点,提高设计灵活性。

2）冗余容错能力

由于其固有的双通道设计,1553B总线通过在两个通道间自动切换来获得冗余容错能力,提高可靠性。通道的自动切换对软件透明。

3）支持"哑"节点和"智能"节点

1553B总线支持非智能的远程终端。这种远程终端提供与传感器和激励器的连接接口。十分适合智能中央处理模块和分布式从属设备的连接。

4）高水平的电器保障性能

由于采用了电气屏蔽和总线耦合方式,每个节点都能够安全地与网络隔离;减少了潜在的损坏计算机等设备的可能性。

5）良好的器件可用性

1553B总线器件的制造工艺满足了大范围温度变化以及军标的要求。器件的商品化使得1553B总线得以广泛地应用在苛刻环境的项目当中。

6）保证了的实时可确定性

1553B总线的命令/响应的协议方式保证了实时的可确定性。这可能是大多数系统设计者在设计使命关键系统中选择1553B总线的最主要的原因。

3. 1553B技术发展

MIL-STD-1553B总线具有高速、灵活的特点,通信效率高,修改、扩充和维护简便。下面列举一些数据:MIL-STD-1553B是数字命令/响应式时分制多路传输数据总线,传输速率1Mb/s,足以满足第三代作战飞机的要求;字长度20比特,数据有效长度16比特;半双工传输方式,双冗余故障容错方式,传输媒介为屏蔽双绞线。1553B总线的冗余度设计,提高了子系统和全系统的可靠性。总线本身(包括总线控制器、双绞线、偶合器等)平均无故障工作时间超过10 000h,在全系统中基本可忽略其故障率,速度更快、反应时间更短、保密性更好、抗干扰能力更强,能充分发挥火控设备性能。字差错率小于千万分之一。

1553B协议最初是为空军设计的,随着1553B总线的优越性的不断体现和武器装备的升级换代,1553B协议已应用到各个兵种,在陆军和海军的武器和维护系统中已开始采用1553B总线。随着国防现代化的建设和武器系统的升级换代,我军也开始将1553B协议大量的应用到武器系统的设计中。

3.6.2 1553B 总线特性

1. 1553B 硬件原理

1553B总线由四种基本硬件组成:传输介质、总线控制器(BC)、远程终端(RT)和总线监视器(BM)。

1)传输介质

1553B总线的传输介质由总线和短截线组成,它们都是屏蔽双绞线,短截线实现终端和总线的连接,总线两端接总线匹配器,其阻抗与电缆的特性阻抗匹配(误差:±2%)。

1553B总线耦合方式有直接耦合和变压器耦合。变压器耦合方式最长距离为20英尺(约0.10m);直接耦合方式最长距离为1英尺(约30.5cm)。系统的总线应尽可能接近终端设备,必须尽可能避免总线阻抗失配引起的麻烦。

2)远程终端(RT)

RT在1553B标准里面被规定为:"所有的终端不完成总线控制器或总线监视器的功能"。RT包含一个接口模块,负责总线和子系统之间的数据传输。子系统是信息的发送者和信息的接收使用者。在早期的应用中,RT主要被用来进行模/数、数/模转换。由于数字化的迅速发展,当今有的RT已嵌入子系统之中。图3-27表示了不同情况(嵌入、非嵌入)的RT,一般由收发送器、编码/译码器、协议控制器、缓冲存储器和存储器以及子系统接口组成。在双冗余系统中(现在最常用的应用)需要两个收发器、两个编码/译码器。应该指出,RT可以寻址存储器,实现存储器共享。

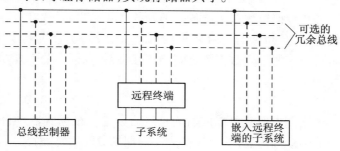

图3-27 典型的1553B总线系统结构

RT除了必须进行数据传输以外,还必须能够缓冲有用的数据、检测传输错误、确认有效数据和报告信息传输的状态。RT必须遵循标准规定的协议,只能接收来自总线控制器的命令。对于双冗余总线的应用来说,RT还必须能够同时接收和处理两条总线的数据和命令。当终端接收到有效数据时,必须在标准规定的时间内作出响应,收到非法数据要丢弃。现在大多数RT还能够向子系统和总线控制器提供某些状态信息。

3)总线控制器(BC)

总线控制器负责数据总线上数据的流动方向。当几个终端都可以当做总线控制器时,某个时刻只允许一个被激活。总线控制器向总线上送出数据、传达命令、控制和管理命令。总线控制器的功能通常由指控计算机、显示处理机或者火控计算机来完成。

总线控制器有三种类型：字控制器（Word Controller）、消息控制器（Message Controller）和帧控制器（Frame Controller）。标准仅规定了送到总线上的命令，而没有对总线控制器内部如何工作作出规定。Frame Controller 是总线控制器的最新概念，它能够处理的信息帧内容较多，帧结束或错误发生时可中断计算机，有效地减轻了子系统的负担。

4）总线监视器

总线监视器是一个监视总线上信息变化的终端。监视器可以收集总线上所有的数据，也可以有选择地收集。总线监视器分为两类：一类仅有监视、记录功能；另一类除监视、记录功能外，还是一个备份的总线控制器。总线监视器在收集数据的同时，还必须像RT 一样完成信息的确认。如果检测到错误，应通知有错的子系统。

2. 1553B 总线应用中的关键技术

粗略的说，单个机载电子设备就类似于计算机局域网 LAN 中的单个计算机，通过1553B 总线就可把各个机载电子设备组成一个网络，而1553B 标准就类似于通信协议，堪称现代作战飞机电子系统的"脊梁骨"。其核心就在于"标准"二字。有了 1553B，雷达、光电探测、导航、本机传感、座舱显示、外挂管理和火控计算机等得以完美地连接综合，构成了第三代战斗机标志性的分布式集中控制系统。

在实际应用中1553B 总线在武器通信系统应用中应注意以下几方面问题。

1）总线接口硬件和软件设计

采用接口卡或接口控制器形式与武器各子系统的硬件连接。同时，需要编写相应的通信控制软件，包括传输层软件和驱动层软件，通过信息和资源的共享，按照武器的作战目标，在应用层上真正实现功能的综合。

2）接口控制文件（Interface Control Document，ICD）

ICD 由通过 1553B 数据总线在武器各电子设备之间互联的接口信号组成。根据武器的控制策略和控制目标，必须编写符合要求的 ICD 文件，确定总线上传输的周期性数据和随机数据。只有这样才能确定数据流之间的相互关系，高效率的实现功能的综合，有效提升武器的作战性能。

3）总线表

总线表是指一个周期内所有可能传输的总线命令集。根据武器平台的控制要求，确定一个周期内传输的命令和消息队列，按照大小周期划分时间片，对消息队列进行排序和优化，使总线负载达到平衡，提高总线的利用率和数据传输的实时性。

3.6.3　1553B 总线消息传输机制

1. 1553B 总线字格式

1553B 总线上的信息是以消息的形式调制成曼彻斯特码进行传输的。总线传输的数据字包括指令字、数据字和状态字。每条消息最长由 32 个字组成，其字格式如图 3 - 28 所示。

1）指令字

指令字由总线控制器（BC）发出，共包含 20 位的长度，前 3 位是同步头，最后一位是奇偶校验位，采用奇校验。有效信息为 16 位，0 ~ 4 位为 RT 的地址位，指定要进行操作的RT，为"11111"表示广播方式；第 5 位是发送/接收（T/R）位，为"1"表示指定的 RT 发送

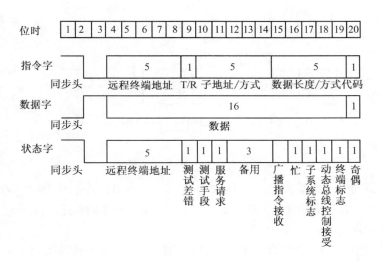

图 3－28　1553B 字格式示意图

消息,为"0"表示指定的 RT 接收消息。6 位～10 位为子地址/方式代码场,为"00000"或"11111"时表示方式代码,否则为该指令指定终端的子地址号;11 位～15 位为计数/方式码场,若是方式代码,表示方式控制码,否则表示指定终端发送或接收的数据长度(为"00000"时,数据长度为 32)。

2)数据字

数据字长度为 20 位,前 3 位是同步头,最后一位是奇偶校验位(奇校验),16 位有效信息即是总线上传输的数据信息。

3)状态字

状态字由远程终端发出,20 位长,前 3 位是同步头,最后一位是奇偶校验位(奇校验),16 位有效信息位,包括 5 位远程终端地力和 8 位指示了通信状态和 RT 及子系统状态的信息位。

所有的字的长度为 20 位,有效信息位是 16 位,在总线上以曼彻斯特码的形式进行传输,传输一位的时间为 1s(即码速率为 1MHz)。同步字头占 3 位,先正后负为命令字或状态字,先负后正为数据字。

在这三种类型的字中,命令字位于每条消息的起始部分,其内容规定了该次传输的具体要求。状态字只能由 RT 发出,它的内容代表 RT 对 BC 发出的有效命令的反馈。BC 可以根据状态字的内容来决定下一步采取什么样的操作。数据字既可以由 BC 传输到某 RT,也可以从某 RT 传输至 BC,或者从某 RT 传输到另一 RT,它的内容代表传输的数据。

2. 1553B 消息格式

消息是构成 1553B 总线通信的基本单位,如果需要完成一定的功能,就要将多个消息组织起来,形成一个新的结构叫做帧(Frame)。帧的结构如图 3－29 所示。

在图 3－29 中,完成一个消息的时间称为消息时间,两个消息之间的间隔称为消息间隔时间,完成一个帧的时间称为帧时间。在实际应用中这三种时间都是可以通过编程设置的。

1553B 总线上消息传输的过程是:

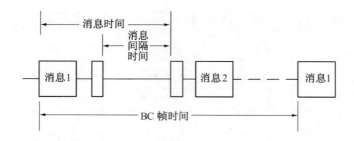

图 3-29 帧的结构示意图

总线控制器向某一终端发布一个接收/发送指令,终端在给定的响应时间范围内发回一个状态字并执行消息的接收/发送。BC 通过验收 RT 回答的状态字来检验传输是否成功并做后续的操作。

图 3-30 和图 3-31 分别给出了 1553B 广播帧和消息帧的传输方式。

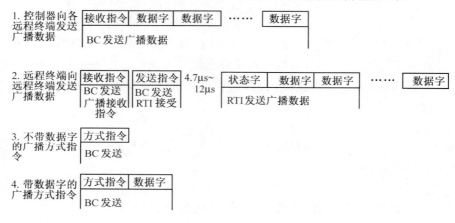

图 3-30 1553B 广播帧的传输方式示意图

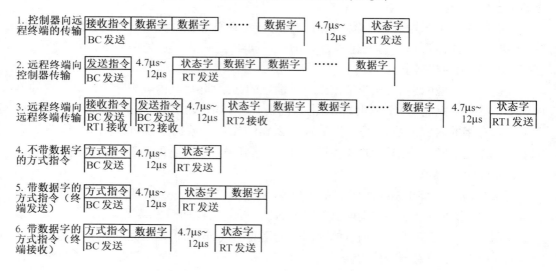

图 3-31 1553B 消息帧的传输方式示意图

1553B 协议中一共定义了 10 种消息格式。这 10 种消息分为两类:一类是广播帧消息(共 4 种);另一类是消息帧消息(共 6 种)。

消息帧消息在总线控制器的直接控制下才能执行,并且这 6 种格式都要求被访问的远程终端做出特定、唯一的响应。广播帧消息传输采用广播方式,允许总线控制器或某一个远程终端将消息发送至所有其他终端,而不需要确认接收终端的状态,这种传输方式效率很高,但是消息发送端对各接收端的接收状态无法确认,不能保证传输的可靠性,所以应慎重使用广播消息格式。

对基本传输格式说明如下:

1) BC→RT 传输

BC 发出一个接收指令字,接着发出相应数目的数据。RT 接收完成后,如果不是广播消息,将响应一个状态字确认此消息,完成一次 BC→RT 传输。

2) RT→BC 传输

BC 发出一个发送指令字,指定的 RT 在确认指令字后,返回状态字,并跟随相应数目的数据字,BC 确认返回的消息,完成 RT→BC 的传输。本消息没有广播方式。

3) RT→RT 传输

BC 发送一个接收指令字,紧跟着发送一个发送指令字,发送指令字指定的 RT 先发送确认状态字,跟着发出指定数量的数据字给接收指令字指定的 RT 接收,接收完成后,若非广播指令,接收 RT 发送确认状态字,完成 RT→RT 数据传输。

3. 1553B 方式指令

方式指令专门用于 BC 通信或 RT(或子系统)错误故障的监控、诊断和控制管理。当 BC 发出的指令字中的子地址场(方式场)全为 0 或全为 1 时,此指令即是方式指令,由数据长度场(方式代码场)中的 5 位码具体表示是哪一种方式命令。方式指令的方式代码主要有以下一些:

(1) 动态总线控制(00000);

(2) 同步(00001);

(3) 发送上一状态字(00010);

(4) 启动自测试((00011);

(5) 发送器关闭((00100);

(6) 取消发送器关闭(00101);

(7) 禁止终端标志位(00110);

(8) 取消禁止远程标志位(00111);

(9) 复位远程终端(01000);

(10) 发送矢量字(10000);

(11) 不带数据字的同步(10001);

(12) 带数据字的同步(10010);

(13) 发送自检测字(10011);

(14) 选定的发送器关闭(10100);

(15) 取消选定的发送器关闭(10101)。

开发者可根据需要制定协议增加方式代码。

3.6.4　1553B 总线应用

1. 1553B 在军事通信中的应用

基于军事上的需要,现在武器上的电子设备不断增加,如何将电子设备加以有效的综合,从而使之达到资源和功能的综合,已成为武器发展的必然要求。武器综合电子系统的基础就是采用数据总线结构,利用数据总线使处理机(包括硬件和软件)、信息传输以及控制显示三个分系统为各种任务所共用。这样就具有以下优点:减少武器设备体积和重量,提高武器系统可靠性,降低成本,提高检测精度等。现代武器对本身通信系统的要求一般有以下几点。

(1)能有效实现各子系统之间的数据传输,且满足特定的通信特性。

(2)通信子系统相对独立地工作,对应用软件尽可能透明,且占用主机的时间尽可能少。

(3)通信系统灵活,易于修改。

(4)通信子系统具有较强的抗干扰能力。

而1553B 总线的优良性能恰好能满足上面几点要求,从而使其在现代武器系统中得到了越来越多的重视,已成为战车、舰船、飞机等武器平台上电子系统的主要工作支柱。

航空电子系统通常包括十多个机载计算机子系统,如何有效地实现各子系统之间的数据通信对整个航空系统的成败无疑起着关键性的作用。自1973 年美国公布了军用标准 MIL – STD – 1553B 总线后,它就迅速的被应用于空军,在 F – 16、F – 18、B – 1 和 AV – SB 等多种飞机上得到应用。

目前世界上可以作为军用标准和专门的舰用战术数据总线有许多种,但使用的最多的还是当推美国的 MIL – STD – 1553B。1553B 的传输介质有同轴电缆、屏蔽双绞线、光缆等,通过变压器耦合或直接耦合方式把终端耦合到总线上去。这种数据总线的传输速率、传输距离、远程终端数,能较好的满足各类中小型舰艇以及潜艇系统通信的要求,故应用十分普及。

各种军事装备经常工作在强振动、高噪声、粉尘多,温度变化大的恶劣环境中。因此,其内部电子设备间的数据通信要求通过严格的故障检测,以达到较高的可靠性、残存性和容错能力。在实时性方面,动力系统一体化控制要分别对发动机和变速器进行控制,二者之间的数据通信要求一条消息的最大响应时间一般极短,这样才能实现对发动机和变速器的实时控制,从而提高整个动力系统的综合性能。此外,还有一些对数据通信的特殊要求,如协议简单性、短帧信息传输、信息交换的频繁性、网络负载的稳定性、高安全性和性价比高等。1553B 总线具有很高的可靠性和很好的实时性,对于动力传动一体化控制这种数据通信种类多、数据量大、实时性要求较高、网络节点少的系统,1553B 总线比现有的绝大多数总线具有更多的性能优势。

2. 1553B 总线在国内应用

新中国空军的装配和战斗机的研制技术都起源于苏联,因此,很长的一段时间内,中国的战斗机都会留下苏联战斗机的痕迹。西方从第三代斗机开始,在航电设计上都遵循了模块化设计、1553B 总线、武器通用的外挂管理、雷达火控系统等特点。苏联的战斗机在航电设计上存在很多弊病,主要原因在于苏联的大规模集成电路技术远远落后于西方。

于是苏联的设计师们就用强大的整合能力将很多落后的元器件组成一套满足作战需求的电子设备系统,虽然这能够解决一时之需,但是从使用上看也存在着维护、升级方面的困难——从某种角度讲中国的战斗机也存在这种问题。

20 世纪 80 年代初,中国装配空军的主流战斗机是歼 – 8 Ⅱ。由于歼 – 8 Ⅱ 机载设备的落后直接影响到该机总体性能的发挥,使歼 – 8 Ⅱ 在现代条件下生存率大幅降低。当时中国的防空面对苏联空军高空高速战略侦察机几乎无能为力,而苏联空军 MIG – 29、31TU – 22M3 等高性能飞机的服役,使中国空军感到来自北方的空中压力日益沉重。

基于上述原因,中国希望能引进国外先进技术改良歼 – 8 Ⅱ。此时期正是中国与西方军事合作的"蜜月期",1986 年中国与美国政府达成协议,同前格鲁曼公司合作改良歼 – 8 Ⅱ,这就是内部代号"八号工程",对外名为"和平典范(peace pearl)"的合作计划。该计划的主要内容是,美国对中国的 55 架歼 – 8 Ⅱ 型战斗机进行现代化改装,包括安装现代化的雷达、火控系统、标准数据总线等设备,使之具备现代化战斗机的作战能力,中国方面提供了两架原型机远赴美国进行改装。当年歼 – 8 Ⅱ 加装美国航电设备是 1000 万美元一套。美方声称,经过美国先进技术整和后的歼 – 8 Ⅱ,其基本性能与 F – 16/ 79 相当。中国空军希望用改装了的歼 – 8 Ⅱ 装备部署在中苏边境附近的航空兵师,以防止苏空军的可能入侵。

格鲁曼公司对歼 – 8 Ⅱ 战斗机改进的核心就在于引进了 1553B 数据总线。1553B 总线具有高速、灵活的特点,通信效率高,修改、扩充和维护简便。1553B 总线的冗余度设计,提高了子系统和全系统的可靠性。总线本身(包括总线控制器、双绞线、耦合器等)平均无故障工作时间超过 1000h,在全系统中基本可以忽略其故障。采用 1553B 的连接方式就比歼 – 8 Ⅱ 上原有联结方式好得多,同时可以省去歼 – 8 Ⅱ 设备间复杂繁琐的点对点连接,仅此一项可令全电子系统的重量减轻约 5 %,并节省空间、耗电。在后勤维护方面,标准的接口、插卡非常容易拆卸,可以方便地通过数字式工具进行测试/虚拟。仅地面测试项,就可以比以往减少约 30% 的维护工时。

"和平典范'"计划使中国第一次真正获得了西方的航电观念,从公开展示的歼 7MG、歼 – 8 Ⅱ M、超 7("枭龙"/FC – 11 型)等战斗机及一些日常报道来看,中国的航电确实是在向西方标准靠拢。军方于 1997 年推出了国家军标 GJB 289A—97《飞机内部时分制指令/响应型多路传输数据总线要求》,这实际上就是美国的 1553B 标准。这一切表明:尽管"和平典范"计划夭折,中国已经接受了"和平典范"计划带来的西方航电设计观念,并确立了 1553B 的标准地位。

3.7 PXI 总线

作为对 PCI 总线在仪器领域的扩展,1997 年美国国家仪器(NI)公司发布的一种高性能低价位的开放性、模块化仪器总线 PXI(PCI Extensions for Instrumentation),它将 CompactPCI 规范定义的 PCI 总线技术发展成适合于实验、测量与数据采集场合应用的机械、电气和软件规范,从而形成了新的虚拟仪器体系结构。

制订 PXI 规范的目的是为了将台式 PC 的性能价格比优势与 PCI 总线面向仪器领域的必要扩展完美地结合起来,形成一种小型、廉价为主要特点的虚拟仪器平台。它对用户来说具有十分良好的软硬件环境,PXI 测试系统保证了系统的易于集成与使用,进一步降低了用户的开发费用,所以在数据采集、工业自动化系统、计算机机械观测系统和图像处理等方面获得了广泛应用。

3.7.1　PXI 总线概述

1. PXI 总线的产生和发展

PXI 总线是由最早的 PCI 总线发展到 Compact PCI 总线,而后再进一步发展而来的。其发展过程如下:

1) PCI 局部总线技术

PCI 是 Peripheral Component Interconnet 的英文缩写,由美国 Intel 公司首先提出。1991 年 Intel 公司联合世界上多家公司成立了 PCISIG,致力于促进 PCI 局部总线工业标准的建立和发展。1992 年,PCISIG 发布 PCI 局部总线规范 1.00,经过修改后,1993 年发布了局部总线规范 2.0,1995 年又发布了修改版 2.1,PCI 局部总线是微型机上的处理器/存储器与外围控制部件、外围附加模块之间的互连机构,它规定了互连机构的协议、电气、机械以及配置空间规范。

2) Compact PCI 总线

Compact PCI 是 Compact Peripheral Component Interconnet 的缩写,是 PCI 总线的电气和软件标准加欧式卡的工业组装标准。

自 1993 年以来,由于总线在开放性、高性能、低成本、通用操作系统等方面的优势,使其得到迅速的普及和发展。这一冲击波大大地激发了工业领域和通信市场的制造商及用户开始考虑如何利用的成果和改造 PCI 总线,制造出更坚实、模块化、更易用、生命周期更长的嵌入式计算机产品,满足工业控制、通信领域的需要。

1994 年,美国的一些工业计算机制造商建立了工业计算机制造协会(PCI Industrial Computer Manufacturers Group),简称 PICMG。1995 年 PICMG 出版了 Compact PCI 规范 1.0,1997 年又出版了 Compact PCI 规范 2.0。

Compact PCI 迅速利用的优点,提供满足工业环境应用要求的高性能核心系统。

3) PXI 总线技术

PXI 总线是年美国国家仪器公司发布的一种高性能低价位的开放性、模块化仪器总线,是一种专为工业数据采集与仪器仪表测量应用领域而设计的模块化仪器自动测试平台。它能够提供高性能的测量,而价格并不十分昂贵。PXI 将 Compact PCI 规范定义的 PCI 总线技术发展成适合于实验、测量与数据采集场合应用的机械、电气和软件规范,从而形成了新的虚拟仪器体系结构。PXI 这种新型模块化仪器系统是在总线内核技术上增加了成熟的技术规范和要求而形成的。

PXI 机械规范在 Compact PCI 机械规范中增加了环境测试和主动冷却要求,以保证多厂商产品的互操作性和系统的易集成性;软件规范则将 Microsoft Windows NT 和 Microsoft Windows 95 定义为其标准软件框架,并要求设备制造商必须提供系统设备驱动程序。

PXI 系统可以连接到任何一种机上且可以扩展各种 I/O 模块。时至今日,PXI 已经成为当今测试、测量和自动化应用的标准平台,它的开放式构架、灵活性和技术的成本优势为测量和自动化行业带来了一场翻天覆地的改革。

2. PXI 总线的基本构成

PXI 系统由三个基本部分组成,分别是机箱、系统控制器和模块,如图 3-32 所示。

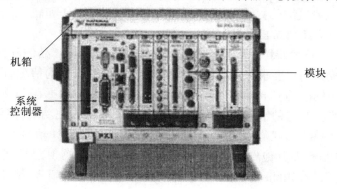

图 3-32 PXI 系统的组成

1）机箱

机箱为系统提供了坚固的模块化封装结构。按尺寸不同,机箱有 4 槽~18 槽不等,并且还可以有一些专门特性,如 DC 电源和集成式信号调理。机箱具有高性能 PXI 背板,它包括 PCI 总线、定时和触发总线。这些定时和触发总线使用户可以开发出需要精确同步的应用系统。

2）系统控制器

所有机箱包含一个插于机箱最左端插槽(插槽 1)的系统控制器。可选的控制器有标准桌面的 PC 远程控制,也有包含 Microsoft 操作系统如(Windows 2000/XP)或实时操作系统的高性能嵌入式控制。

3）模块

也称为外部模块,主要是完成实际的测量功能的硬件,另外也可以是与其他系统进行通信的一些模块。PXI 结合了 PCI 电气总线特性与 Compact PCI 的坚固性、模块化及机械封装的特性,并增加了专门的同步总线和主要软件特性。这使它成为测量和自动化系统的高性能、低成本运载平台。这些系统可用于诸如制造测试、军事和航空、机器监控、汽车生产及工业测试等各种领域中。

3.7.2 PXI 机械特性

1. 坚固的欧洲插卡封装系统

PXI 使用与 Compact PCI 相同的高级引脚接插座系统。这种形式的模块支架和 PCI 槽有所不同,模块能被上下两侧的导轨和"针—孔"式的接插连接端牢牢地固定住。

这些由国际电工委员会(IEC 1076)规定的高密度间距且阻抗匹配的接插件,能够在所有条件下提供最佳的电气性能。PXI 采纳了 Comoact PCI 所启用的"针—孔"式接插端结构。这些接插件可被广泛地应用于高性能领域,尤其是电信领域。PXI 规范未来新增加的内容可以被规定在 6U 模块扩展连接器的引脚上。通过使用这些简单、牢固的连接器模块,任何 3U 的卡均能工作在 6U 的机箱中。

2. 冷却环境额定值的附加机械特性

在 PICMC 2.01/Compact PCI 规范中规定的所有机械规范,可直接用于 PXI 系统,但 PXI

含有简化系统集成的附加规定。PXI 机箱要求强迫气流的空气流动方向,即从板的下方向上方流动。PXI 总线规范要求对所有 PXI 产品进行包括温度、湿度、振动和冲击等完整的环境测试,并要求提供测试结果文件,要求提供所有 PXI 产品的工作和储存温度额定值。

3. 与 Compact PCI 的互操作性

PXI 提供了一个重要特性。以保持与标准的 Compact PCI 产品的互操作性。考虑到一些 PXI 兼容系统的用户要求采用不执行 PXI 规定特性的部件的情况,即当某个用户想在 PXI 机箱中使用标准的 Compact PCI 接口卡,或者另一用户选择在 Compact PCI 机箱中使用 PXI 兼容模块。在这种情形下,用户将不能使用 PXI 的专用功能,但仍可使用模块的基本功能。在 PXI 总线的规范中,并不保证 J2 连接器所定义 PXI 信号的 PXI 兼容产品与一些 Compact PCI 机箱及其他专用产品(可能在背板 P2 连接器上定义其他分总线信号)之间的互操作性。尽管如此. Compact PCI 和 PXl 两者都采用 PCI 局部总线,因此才能确保如图 3-33 所示的软件与电气的兼容性。

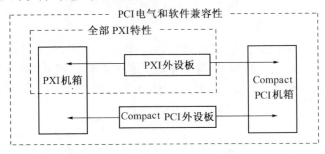

图 3-33　Compact PCI 与 PXI 的兼容性

3.7.3　PXI 总线规范

整个平台规范分为硬件规范和软件规范。

1. PXI 硬件规范

PXI 机械规范在 Compact PCI 机械规范中增加了环境测试和主动冷却要求,以保证多厂商产品的互操作性和系统的易集成性,增加了专门的同步总线,如图 3-34 所示。

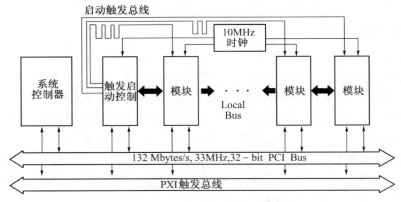

图 3-34　PXI 定时和触发总线

PXI 为满足高精度的定时、同步与数据通信要求,在保持 PCI 总线所有优点的前提下,增加了专门的系统参考时钟、触发总线、星形触发线和模块间的局部总线,这些总线都位于 PXI 总线背板上,其中星形总线是在系统槽右侧的第一个仪器模块槽,是与其他 6 个仪器槽之间分别配置了一条唯一确定的触发线形成的,如图 3 – 35 所示。

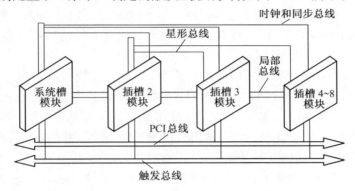

图 3 – 35 PXI 总线的电气结构

2. PXI 软件规范

像其他的总线标准体系一样,PXI 定义了保证多厂商产品互操作性的仪器级(即硬件)接口标准。与其他规范所不同的是在电气要求的基础上还增加了相应的软件要求,以进一步简化系统集成。这些软件要求就形成了的系统级即软件接口标准。PXI 的软件规范主要包括以下几点。

(1) 对于系统控制器来说;支持 Microsoft Windows NT 这样的标准操作系统框架。

(2) 建议所有仪器模块带有配置信息(configuration information)和支持标准的工业开发环境(如 NI 的 LabView、LabWindows/CVI 和 Microsoft 的 VC/C ++ 、VB 等) 支持 VISA 软件的设备驱动程序(WIN32 device drivers)以及前面板文件。对其他没有软件标准的工业总线硬件厂商来说,他们通常不向用户提供其设备驱动程序,用户通常只能得到一本描述如何编写硬件驱动程序的手册。用户自己编写这样的驱动程序,其工程代价(包括要承担的风险、人力、物力和时间)是很大的。PXI 规范要求厂商而非用户来开发标准的设备驱动程序,使 PXI 系统更容易集成和使用。

(3) 对已有仪器标准的支持。提供与现有仪器标准如 GPIB、VXI 以及串口等设备的互操作的方法。

(4) PXI 规范还规定了仪器模块和机箱制造商必须提供用于定义系统能力和配置情况的初始化文件等其他一些软件要求。初始化文件所提供的这些信息是操作软件用来正确配置系统必不可少的。

3.7.4 PXI 系统控制器

PXI 控制器主要有两种类型:嵌入式控制器和外置控制器。其中 MXI – 3 外置控制器极大地扩展了 PXI 的系统控制,包括直接 PC 控制,多机箱控制和更长的控制距离,扩大了 PXI 的应用范围。

嵌入式控制器,嵌入式控制器提供了丰富的标准和扩展接口,如串行口、并行口、USB

端口、鼠标、键盘口、以太网接口及 GPIB 接口等。丰富的端口带来的最直接的好处就是节省仪器扩展槽的使用,最大限度地在 PXI 机箱内插入更多的仪器模块。PXI 规定系统槽位于总线最左端,主控机只能向左扩展其自身的扩展槽,不能向右扩展而占用仪器模块插槽,作为嵌入式控制器,必须要放在系统槽内。这种控制方式是一种最紧凑的工作方式,能够完全利用 132MB/s 的 PCI 总线宽度。如 N18186 系列 PⅣ嵌入式控制器,它支持高达 2.2 GHz 的 Intel PⅣ处理器,特别适合高性能自动化系统的应用。多数嵌入式控制器是 6U 尺寸的,也有少量 3U 尺寸的。

外置控制器,外置式控制器采用外置台式 PC 机结合总线扩展器的方式实现系统控制通常需要在 PC 机扩展槽中插入一块 MXI－3 接口卡,然后通过铜缆或光缆与 PXl 机箱 1#槽中的 MXI－3 模块相连。MXI－3 是 NI 公司提出的一种基于 PCI－PCI 桥接器规范的多机箱扩展协议,它将 PCI 总线以全速形式进行扩展,外置 PC 机中的 CPU 可以透明地配置和控制 PXI 模块,MXI－3 模块通常是 3U 尺寸的。

MIX－3 接口实现了两条 PCI 总线的桥接,可达到 1.5Gb/s 的串行连接速度,具有软件和硬件的透明性,独立于操作系统平台,可以工作在 Microsoft Windows、Macos、Solafis 等操作系统中。从物理连接特性来看,MXI－3 外置控制器有两种配置方式:直接 PC 控制和 PXI 多机箱扩展。

(1)直接 PC 控制如图 3－36 所示,在外部主控 PC 机扩展槽内插入 MXI－3 接口卡,通过线缆与 PXI 机箱系统槽上的 MXI－3 模块连接。在这种方式下,随着 PC 的升级换代,非常有利于 PXI 控制器的升级。

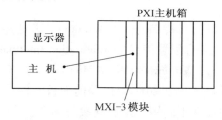

图 3－36　MXI－3 外置控制器(直接 PC 控制)

(2)PXI 多机箱扩展(两个 PXI 机箱扩展)的情形如图 3－37 所示。若主机箱采用

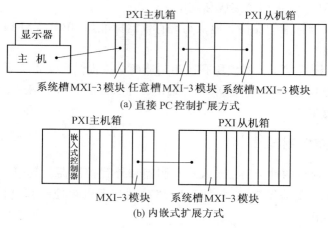

(a)直接 PC 控制扩展方式

(b)内嵌式扩展方式

图 3－37　PXI 多机箱扩展示意图

118

PC 直接控制方式,则在主机箱内有两个 MXI – 3 模块。其中,第一个 MXI – 3 模块安装在主机箱的系统槽上,用来实现 PC 直接控制;而另一个 MXI – 3 模块可以安装在任意一个仪器槽内,用来实现 PXI 机箱的级联,若主机箱采用嵌入式控制,在主机箱内只有一个 MXI – 3 模块,且可以安装在任意一个仪器槽内。MXI – 3 模块必须安装在 PXI 机箱的第一个槽内,两个模块通过线缆连接,实现两个机箱的级联。根据 PXI 规范,通过 MXI – 3 最多可扩展到 254 个机箱,值得注意的是,MXI – 3 接口仅仅扩展了 PCI 总线,而不能扩展 PXI 的时钟和触发信号。

在上述两种方式下,连接电缆可以是铜缆,也可以是光缆。采用铜缆连接距离限制在 10m 之内,而采用光缆最远可达 200m,这可根据应用场合灵活采纳。

思考与练习题

1. 什么是总线? 什么是总线标准?
2. 总线的基本组成包括哪几部分? 每一部分的作用是什么?
3. STD 总线的电气性能主要包括哪些内容?
4. PC – 104 总线的特点是什么?
5. USB 总线具有哪些特点? 它的接口信号线是如何定义的?
6. IEEE 1394 传输协议分为哪四层? 每一层的主要功能是什么?
7. 什么是 GPIB 总线? 它的接口信号线是如何定义的?
8. 试描述 GPIB 总线的三线挂钩过程。
9. RS – 232 中信号高低电平是如何定义的? RS – 422 和 RS – 485 中又是如何定义的?
10. VXI 总线连接器有几种类型? 各有哪些特点?
11. VXI 总线系统控制一般有几种方案? 各是什么?
12. 1553B 总线应用场合一般是什么? 它有哪些特点?
13. 简单描述 1553B 总线的消息传输机制。
14. 什么是 PXI 总线? 它有哪些特点?
15. PXI 的系统控制器有几种? 各自是怎么构成的?

第4章　虚拟仪器技术

4.1　虚拟仪器基本概念

4.1.1　虚拟仪器技术

美国国家仪器公司(National Instruments, NI)提出的虚拟仪器(Virtual Instrument, VI)概念,引发了传统仪器领域的一场重大变革,使得计算机和网络技术得以长驱直入地进入仪器领域,有效地和仪器技术结合起来,从而开创了"软件即是仪器"的先河。

虚拟仪器是一种概念仪器,迄今为止,对它还没有一个明确的国际标准和定义。虚拟仪器实际上就是一种基于计算机的自动化测试仪器系统。一般认为,虚拟仪器,就是采用计算机开放体系结构取代传统的单机测量仪器,对数据进行计算机处理、显示和存储的测量仪器。虚拟仪器的突出优点在于将仪器技术和计算机技术相结合,从而开拓了更多的功能,具有很大的灵活性。由于虚拟仪器的设备利用率高、维修费用低,因此能够获得较高的经济效益。用户购买了这种虚拟仪器,就不必再担心仪器会永远保持出厂时既定的功能模式,用户可以根据实际生产环境变化的需要,通过对软件的不同应用,来拓展虚拟仪器功能,以便适应实际生产的需要。虚拟仪器的另外一个突出的优点是能够和网络技术结合,能够通过网络借助 OLE、DDE 技术与企业内部网 Intranet 连接,与外界进行数据通信,将虚拟仪器实时测量的数据输送到 Intranet。

虚拟仪器技术利用高性能的模块化硬件,结合高效灵活的软件来完成各种测试、测量和自动化的应用。其灵活高效的软件能帮助用户创建完全自定义的用户界面;模块化的硬件能方便地提供全方位的系统集成;标准的软、硬件平台能满足对同步和定时应用的需求。这也正是 NI 公司多年来始终引领测试测量行业发展趋势的原因所在。只有同时拥有高效的软件、模块化 I/O 硬件和用于集成的软、硬件平台这三大组成部分,才能充分发挥虚拟仪器技术性能高、扩展性强、开发时间短以及无缝集成这四大优势。

4.1.2　虚拟仪器的组成

(1) 高效的软件。软件是虚拟仪器技术中最重要的部分。使用正确的软件工具并通过设计或调用特定的程序模块,设计者可以高效地创建自己应用以及友好的人机交互界面。NI 公司提供的行业标准图形化编程软件——Lab VIEW,不仅能轻松方便地完成与各种软、硬件的连接,更能提供强大的后续数据处理能力,设置数据处理、转换、存储的方式,并将结果显示给用户。此外,NI 公司提供了更多交互式的测量工具和更高层的系统管理软件工具,例如连接设计与测试的交互式软件 Signal Express、用于传统 C 语言的 Lab Windows/CVI、针对微软 Visual Studio 的 Measurement Studio 等,均可满足客户对高性能应用的需求。

有了功能强大的软件,用户就可以在仪器中创建智能性和决策功能,从而发挥虚拟仪器技术在测试应用中的强大优势。

(2)模块化的I/O硬件。面对如今日益复杂的测试测量应用,NI公司提供了全方位的软、硬件的解决方案。无论是使用PCI、PXI、PCMCIA、USB,还是使用IEEE 1394总线,NI公司都能提供相应的模块化的硬件产品,其种类从数据采集、信号调理、声音和振动测量、视觉、运动、仪器控制、分布式I/O到CAN接口等工业通信领域,应有尽有。NI公司高性能的硬件产品结合灵活的开发软件,可为测试和设计者创建完全自定义的测量系统,以满足各种独特的应用要求。

(3)用于集成的软、硬件平台。NI公司首先提出的专为测试任务设计的PXI硬件平台,已经成为当今测试、测量和自动化应用的标准平台,它的开放式构架、灵活性和PC技术的成本优势为测量和自动化行业带来了一场翻天覆地的改革。由NI公司发起的PXI系统联盟现已吸引了68家厂商,联盟属下的产品数量也已激增至近千种。

PXI作为一种专为工业数据采集与自动化应用度身定制的模块化仪器平台,内建有高端的定时和触发总线,再配以各类模块化的I/O硬件和相应的测试测量开发软件,用户就可以建立完全自定义的测试测量解决方案了。无论是面对简单的数据采集应用,还是高端的混合信号同步采集,借助PXI高性能的硬件平台,用户都能应付自如。这就是虚拟仪器技术带来的无可比拟的优势。

4.1.3 虚拟仪器技术的优势

(1)性能高。虚拟仪器技术是在PC技术的基础上发展起来的,所以完全"继承"了以现成即用的PC技术为主导的最新商业技术的优点,包括功能超卓的处理器和文件I/O,使用户在数据高速导入磁盘的同时就能实时地进行复杂的分析。此外,不断发展的因特网和越来越快的计算机网络使得虚拟仪器技术展现出更强大的优势。

(2)扩展性强。NI公司的软、硬件工具使得工程师和科学家们不再局限于当前的技术。得益于NI公司软件的灵活性,只需更新用户的计算机或测量硬件,就能以最少的硬件投资和极少的、甚至无需软件上的升级即可改进用户的整个系统。在利用最新科技的时候,用户可以把它们集成到现有的测量设备,最终以较少的成本加速产品上市的时间。

(3)开发时间短。在驱动和应用两个层面上,NI公司高效的软件构架能与计算机、仪器仪表和通信方面的最新技术结合在一起。NI公司设计这一软件构架的初衷就是为了方便用户的操作,同时还提供了灵活性和强大的功能,使用户轻松地配置、创建、发布、维护和修改高性能、低成本的测量和控制解决方案。

(4)无缝集成。虚拟仪器技术从本质上说是一个集成的软、硬件概念。随着产品在功能上不断地趋于复杂,工程师们通常需要集成多个测量设备来满足完整的测试需求,而连接和集成这些不同设备总是要耗费大量的时间。NI公司的虚拟仪器软件平台为所有的I/O设备提供了标准的接口,帮助用户轻松地将多个测量设备集成到单个系统,从而减少了任务的复杂性。

4.2　虚拟仪器的软件标准

虚拟仪器发展的主要目标是建立在最新商品化硬件和软件平台上的开放性通用测试系统,进一步降低测试系统研制和维护费用。在推进测试系统开发性、标准化技术发展的进程中,新的测试软件标准、先进的测试软件开发环境、测试性理论的发展和故障诊断与人工智能技术的广泛应用已经成为该领域最活跃、发展最迅速的技术标志。本节将围绕虚拟仪器技术中软件标准展开论述。

4.2.1　VISA 技术

在以往的虚拟仪器开发过程当中,仪器 I/O 控制软件的开发没有制定统一的规范,仪器厂商按照各自的标准开发 I/O 控制软件出售给用户。由于没有统一的规范约束,使得不同厂商的仪器 I/O 控制软件与上层仪器驱动器和应用程序层软件的互不兼容,造成用户在组建、使用和维护虚拟仪器系统时重复投入了大量的资金。

VISA(Virtual Instrumentation Software Architecture),即虚拟仪器软件结构,是 VPP(VXI Plug&Play,VXI 即插即用)系统联盟制定的 I/O 接口软件标准及其相关规范的总称。VISA 是虚拟仪器软件体系结构的简称。1993 年 9 月,泰克公司、惠普公司、美国国家仪器公司等 35 家最大的仪器仪表公司成立了 VPP 系统联盟,其目的是研制出一种新的标准,以确保不同厂商、不同接口标准的仪器能相互兼容、通信和交换数据,并且提供给用户方便易用的驱动程序。为此,VPP 系统联盟于 1996 年 2 月推出了 VISA 标准,它的特点如下:

(1)面向对象编程。既可以用于单处理器喜帖结构,也可以用于多处理器结构或者分布式网络结构,其控制功能是用于多种网络机制。

(2)VISA 是当前所有仪器接口类型功能函数的超集,且十分简洁。GPIB 有 60 多个函数,VXI 有 130 多个函数,惠普的 SICL 有 100 多个函数。而 VISA 只用 90 多个函数就能实现上述所有接口函数的功能。

(3)VISA 作为标准函数,与仪器的 I/O 接口类型无关。利用 VISA 编写的模块驱动程序既可以用于嵌入式计算机 VXI 系统,也可以用于通过 MXI、GPIB – VXI 或 1394 接口控制的系统中。当更换不同厂家符合 VPP 规范的 VXI 总线器嵌入式计算机或 GPIB 卡、1395 卡时,模块驱动程序无须改动。

(4)VISA 程序与操作系统及编程语言无关,只需要对它进行很小的修改,就可以从一个平台移植到另一个平台。

在 VISA 标准下仪器驱动器的内部模型如同一个金字塔,如图 4 – 1 所示。在金字塔的最底层是 VISA 资源管理器,它负责管理与控制不同种类的仪器,进行标准化处理。在金字塔的上面,VISA 定义了三个级别的仪器驱动资源:I/O 级资源、仪器级资源和用户级资源。每一个级别的程序可以调用其下面级别所有程序的功能。在金字塔的最顶端,是人机接口应用程序。利用 VISA 标准的开放性、兼容性和可移植性,可以将不同的仪器组合集成起来,构成分布式集成控制系统。由于 VISA 的内部结构是一个先进的面向对象的结构,因此 VISA 与在它之前的 I/O 控制软件相比,在接口无关性、可扩展性和功能上都有很大提高。VISA 的可扩展性远远超过了 I/O 控制软件的范畴,而且由于 VIAS 内部结构的灵活性,使得 VISA 在功能和灵活性上超过了其他 I/O 控制库。而它的 VISA 函数却比其他具有类似功能的 I/O 控制库的少得多,因此 VISA 很容易被初学者掌握。另外,VISA 高度的可访问性和可配置性又使得熟练的用户在应用过程中可以利用 VISA 的许多特性。

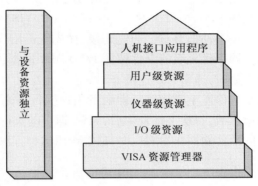

图 4-1   VISA 标准下仪器驱动器的内部模型

VISA 不仅为将来的仪器编程提供了许多新特性,而且兼容过去已有的仪器软件。

VISA 标准的推出,统一了仪器工业的软件接口标准,使得仪器驱动程序的兼容性增强,并且可适应未来软、硬件的发展需要。目前,VISA 正在进行 IEEE 1226.5 的标准化工作。

VISA 中定义了 VISA 资源时间处理机制,在设备编程过程中,通常会遇到以下这些情况。

(1)硬件设备请求系统给予处理,如 VXI 设备发出的设备服务请求 SRQ。

(2)硬件设备产生的需要系统立即响应,如 VXI 设备中的 SYSFAIL。

(3)程序有时需要知道一个系统服务程序是否在线。

(4)产生非正常状态,如设备资源已经关闭后发生对设备资源的读写。

(5)程序执行过程中出现的错误。

以上这些情况,在 VISA 中被定义为事件模型,VISA 对这些事件的处理有标准的规定。图 4-2 是 VPP 中定义的 VISA 事件模型,这个模型给出了事件的产生、接收和处理的过程。

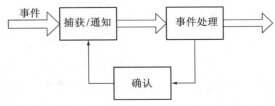

图 4-2   VPP 中定义的 VISA 事件模型示意图

VISA 事件模型主要包括三个部分:捕获/通知、事件处理和确认。其中捕获/通知就是设置一个 VISA 的源,使它进入能接收事件的状态,并把捕获的时间传送到通知处理工具,对事件预先进行处理。事件处理就是对 VISA 已经捕获到的事件进行响应处理,处理方法按照 VPP 规定有两种：排队法和回调函数法。确认是指事件处理完后需要返回一定信息，该信息将被用于确认是否已成功地执行了事件处理任务。

上面提到关于事件处理的两种方法相互独立，用户可以在同一应用程序中同时定义这两种处理方法，两种方法适用于不同事件的处理，在执行时都可以根据需要被挂起，程序执行过程中随时可以调用相应的处理函数来挂起或终止事件的接收。

排队法的关键就是利用 VISA 将发生的事件保存在一个 VISA 队列中，事后再对队列中的事件进行处理。每一类事件都有自己的优先级，优先级高的事件进入队列后会插入到优先级低的事件之前。同等优先级的事件按照 FIFO 顺序进行排列。当用户程序对事件的实时性要求不是很严格时，通常选用这种方法。

回调函数法的关键是事件发生时能够立即触发用户执行事先定义的操作，即用户在程序中首先定义一个回调函数，每次事件发生后，VISA 即自动执行用户定义的回调函数。当用户程序需要对发生的事件立即作出响应时，通常选用这种方法。

4.2.2　SCPI 技术

可编程仪器标准命令集（SCPI）语言的出现是为了实现仪器操作的交互性和通用性。SCPI 语言在 IEEE 488.2 系列协议族完成底层物理通信平台搭建的基础上，提供面向用户和具体的仪器的远程操作的实现方案。SCPI 的总目标是节省自动测试设备程序开发时间，保护设备制造者和使用者双方的硬件和软件投资，为仪器控制和数据利用提供广泛兼容的编码环境。SCPI 通过为仪器控制和数据使用提供广泛兼容的编程环境来达成这一目标。所有 SCPI 仪器都使用标准化的程控消息、仪器响应和数据格式，从而实现兼容的编程环境。

SCPI 命令描述的是人们正在试图测量的信号，而不是正在用以测量信号的仪器。为了确保程控命令与仪器的前面板和硬件无关，即面向信号而不是面向具体仪器的实际要求，SCPI 提出了一个描述仪器功能的通用仪器模型，如图 4-3 所示。

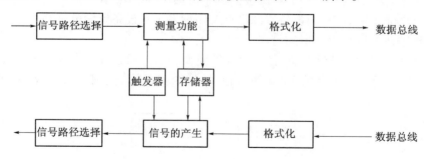

图 4-3　SCPI 通用仪器模型

程控仪器模型表示了 SCPI 仪器的功能逻辑和分类，提供了各种 SCPI 命令的构成机制和相容性。图 4-3 上半部分反映了仪器测量功能，其中信号路径选择用来控制信号输入通道与内部功能间的路径。测量功能是测量仪器模型的核心，它可能需要触发控制和存储管理。格式化部分用来转换数据的表达形式，其目的是为了保证和外部接口的传输通信。图 4-3 下半部分描述的是信号源的一般情况，信号发生功能是信号源模型的核心，它也经常需要触发控制和存储管理。格式化部分送给它所需要形式的数据，生成的信

124

号经过路径选择输出。实际中的具体仪器可能包含图 4 - 3 的部分或全部功能。

整个 SCPI 命令可分为两个部分：一是 IEEE 488.2 公用命令；另一部分是 SCPI 仪器特定控制命令。公用命令是 IEEE 488.2 规定的仪器必须执行的命令，其句法与语义均遵循 IEEE 488.2 规定。它与测量无关，用来控制重设、自我测试和状态操作。SCPI 仪器特定控制命令用来从事量测、读取资料及切换开关等工作，包括所有测量函数及某些特殊的功能函数。SCPI 仪器特定命令可分为必备命令（Required Commands）和选择命令（Optional Commands）。

相同的 SCPI 命令可用于不同类型的仪器，同时 SCPI 本身也是可扩展的，即可随仪器功能的增加而扩大，适用于仪器产品的更新换代。标准的 SCPI 仪器程控消息、响应消息、状态报告结构和数据格式的使用只与仪器测试的功能、性能及精度相关，而与具体仪器的型号和厂家无关。

SCPI 程控命令标准由三部分内容组成：第一部分"语言和样式"描述 SCPI 命令的产生规则以及基本的命令结构；第二部分"命令标记"主要给出 SCPI 要求或可供选择的命令；第三部分"数据交换格式"描述了在仪器和应用之间、应用与应用之间或仪器与仪器之间可以使用的数据集的标准表示法方法。

1. 语法和样式

SCPI 命令由程控头、程控参数和注释三部分构成。SCPI 程控头有两种形式，如图 4 - 4(a) 和(b) 所示。

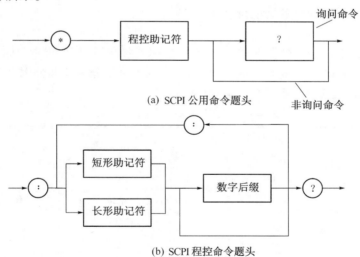

(a) SCPI 公用命令题头

(b) SCPI 程控命令题头

图 4 - 4 SCPI 程控命令头示意图

第一种形式如图 4 - 4(a) 所示，它采用的是 IEEE 488.2 命令，也称为 SCPI 公用命令，其特点是命令前面均以符合" * "开始。具体命令可以是询问命令或非询问命令，前一种情况在命令结尾处有"?"，而非询问命令则没有"?"号。

程控题头的第二种形式是采用冒号"："分割的一个或者数个 SCPI 助记符构成。其助记符可以分为短形助记符和长形助记符两种形式，它们都是由关键词变化而来，关键词提供命令的名称，它可以是一个单词或者一个词组构成。具体实现的过程可参见表 4 - 1。

125

表 4-1　确定关键词和助记符方法示意表

单词或词组	Measure	Period	Free	Alternating Current Volts	Four-wire resistance
关键词	Measure	Period	Free	ACVolts	Fresistance
短形助记符	MEAS	PER	FREE	ACV	FPES
长形助记符	MEAsure	PERiod	FREE	ACVolts	FRESistance
短助记符说明	如果关键词多于4个,则通常保留关键词的前4个字母作为短助记符	如果短助记符舍弃过程中,第四个字母为元音,则把这个元音去掉,用3个字母作为短助记符	如果关键词不多于4个,则关键词就是短形助记符。关键词恰为4个时,第四个字母元音不舍弃	对于词组构成关键词时,取前面每个单词的第一个字母和最后一个完整单词	Foue-wire 已经构成一个合成词,故只取F
长助记符说明	长形助记符与关键词的字母完全相同,只不过长形助记符由两部分构成:第一部分用大写字母表示短形助记符;第二部分用小写字母表示关键词的其余部分				

图 4-4(b)全面描述了使用 SCPI 助记符后,程控命令题头的构成。它说明:短形助记符与长形助记符作用相同,可以任选一种;助记符可以加数字后缀,也可以不加后缀;它可以是询问命令也可以是非询问命令;它可以使用多个助记符,构成分词结构的程控题头。当使用多个助记符时,各助记符之间用":"隔开。

2. 命令标记

SCPI 的第二部分是程控参数,具体参数的使用则要参照 SCPI 的命令标记,SCPI 命令标记主要给出了 SCPI 要求的和可供选择的命令,具体可以分为仪器公用命令(或称 IEEE 488.2 命令,见表 4-2)和 SCPI 主干命令(表 4-3)。

表 4-2　IEEE 488.2 命令简表

命　令	功　能　描　述	命　令	功　能　描　述
* IDN?	仪器标识查询	* RST	复位
* TST?	自测试查询	* OPC	操作完成
* OPC?	操作完成查询	* WAI	等待操作完成
* CLS?	清状态查询	* ESE	事件状态使能
* ESE?	事件状态使能查询	* ESR?	事件状态寄存器查询
* SRE?	服务状态使能	* SRE?	服务状态使能查询
* STB?	状态字节查询	* TRG	触发
* RCL?	恢复所存状态	* SAV	存储当前状态

表 4-3　SCPI 主干命令简表

关　键　词	基　本　功　能
测量指令	
CONFigure	组态,对测量进行静态设置
FETch?	采集,启动数据采集

关 键 词	基 本 功 能
测 量 指 令	
READ?	读,实现数据采集和后期处理
MEASure?	测量、设置、触发采集并后期处理
子 系 统 命 令	
CALCulate	计算,完成采集后数据处理
CALIbration	校准,完成系统校准
DIAGnostic	论断,为仪器维护提供诊断
DIAplay	显示,控制显示图文的选择和表示方法
FORMat	格式,为传输数据和矩阵信息设置数据格式
INPUt	输入,控制检测器件输入特性
INSTrument	仪器,提供识别和选择逻辑仪器的方法
MEMOry	存储器,管理仪器存储器
MMEMory	海量存储器,为仪器提供海量存储能力
OUTPut	输出,控制源输出特性
PROGram	程序,仪器内部程序控制与管理
ROUTe	路径,信号路由选择
SENSe	检测,控制仪器检测功能的特定设置
SOURce	源,控制仪器源功能的特定设置
STATus	状态,控制 SCPI 定义的状态报告结构
SYSTem	系统,实现仪器内部辅助管理和设置通用组态
TEST	测试,提供仪器自检程序
TRACe	跟踪记录,用于定义和管理记录数据
TRIGger	触发,用于同步仪器操作
UNIT	单位,定义测量数据的工作单位
VIX	VIX 总线,控制 VIX 总线操作与管理

SCPI 命令的第三部分是注释部分,通常是可有可无项。

3. 数据交换格式

定义数据交换格式是为了提高数据的可互换性。SCPI 的数据交换格式是以 Tek 公司的模拟数据互换格式(ADIF)为基础修改而产生的,具有一定的灵活性和可扩展性。它采用类似图 4 - 5 所示的 block 结构。

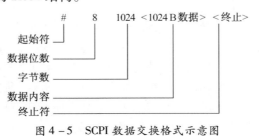

图 4 - 5 SCPI 数据交换格式示意图

4.2.3　VPP 技术

在设计、组建基于总线仪器的虚拟测试系统中,对仪器的编程是系统设计中最费时、费力的部分。用户需要花费不少时间学习系统中每台仪器的特定变成要求,包括所有公布在用户手册上的仪器操作命令集。由于系统中的仪器可能由各个仪器供应厂家提供,完成仪器系统集成的设计人员,需要学习所有集成到系统中的用户手册,并根据自己的需要一个个命令地加以编程调试。所有的仪器编程既需要完成底层的仪器 I/O 操作,又需要完成高层的仪器交互能力,因此,对于系统集成人员,不仅应是一名仪器专家,也应是一名编程专家,这无疑极大地增加了系统集成人员的负担,使系统集成的效率和质量无法得到保证。

随着虚拟仪器的出现,软件在仪器中的地位越来越重要,将仪器的编程留给用户的传统方法也越来越与仪器的标准化、模块化发展趋势不相符。因此,人们一方面对编程语言提出了标准化的要求;另一方面,客观要求定义一层具有模块化、独立性的仪器操作程序,即具有相对独立的仪器驱动程序。该驱动程序是基于 I/O 接口软件的,并与应用程序进行通信的中间纽带,它是一个独立于底层硬件的中间层。VXI 仪器的出现,为仪器驱动的这种发展要求提供了契机。

VXI 总线即插即用(VXI Plug &. Play,VPP)系统联盟的宗旨是通过制定一系列 VXI 的软件(系统级)标准来提供一个开放性的系统结构,以真正实现 VXI 总线产品的"即插即用"。VPP 规范提出的最初目的是为了解决多生产厂家的 VXI 系统的易操作性与互操作性问题,并提供给最终用户进行系统维护、支持与再开发的能力。VPP 的最大受益者是最终用户。需要说明的是,在 VPP 规范中定义的仪器模块,并不专指 VXI 仪器模块,它也可以包含其他类型的符合规范的虚拟仪器模块。符合 VPP 规范的虚拟仪器系统简称 VPP 系统,它具有以下几个特点。

(1)系统性。VPP 规范着眼的不仅仅是 VXI 仪器模块(包括硬件模块与软件模块)的设计,更注重于整个结构化、模块化的虚拟仪器系统设计。

(2)开放性。VPP 规范不仅对仪器生产厂家是开放的,而且对于用户来说也是开放的。它不仅是虚拟仪器系统的设计指导规范,也是虚拟仪器系统的应用指导规范。VPP 规范一方面致力于降低最终用户的应用和维护任务的复杂性,减轻用户负担;另一方面又强调了用户可作为仪器系统开发与维护的一分子参与其中。

(3)兼容性。VPP 系统的兼容性不仅来自于不同生产厂家的同类仪器总线规范的兼容性,也包括多种仪器类型之间的兼容性。为了达到新的测试目的,VPP 系统的组建不需要将以前的测试系统完全抛弃,而可与已有的基础充分相兼容,从而使用户可以确保他的投资在现在甚至在将来也不被浪费。

(4)统一性。VPP 系统中最核心的部分是提供了一个统一的 I/O 接口软件(VISA)规范,从而为不同的软件元件在同一平台中的运行提供了统一的基础。

VPP 仪器驱动规范规定了仪器驱动程序开发者编写驱动程序的规范与要求,它可促使多个厂家仪器驱动程序的共同使用,增强了系统级的开放性、兼容性和互换性。

VPP 规范提出了两个基本的结构模型,即外部接口模型和内部接口模型,所有的 VPP 驱动程序都是围绕着两个模型编写的,因而极大地保证了驱动程序的兼容性和互换性。

图 4 - 6 所示为 VPP 仪器驱动程序的外部接口模型,它表示仪器驱动程序如何与外部软件系统接口。

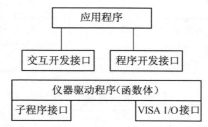

图 4 - 6 VPP 仪器驱动程序的外部接口模型

1. 仪器驱动程序外部模型

外部接口模型可分为五部分,分别是函数体、交互式开发接口、程序开发接口、VISA I/O 接口和子程序接口。

1)函数体

这是仪器驱动程序的主体,为仪器驱动程序的实际源代码。函数体内部的结构将在内部模型中介绍。VPP 规范定义了两种源代码形式:一种是语言代码形式(主要是 C 语言);另一种是图形(G 语言)代码形式。

2)交互式开发接口

这一接口是一个图形化的功能面板,用户可以在这个图形接口上实施各种控制、改变每一个功能调用的参数值。

3)程序开发接口

这是应用程序调用驱动程序的软件接口,通过本接口可以方便地调用仪器驱动程序中定义的所有功能函数。不同的应用程序开发环境,有不同的软件接口。

4)VISA I/O 接口

仪器驱动程序通过本接口调用 VISA 这一标准的 I/O 接口程序库,从而实现了仪器驱动与仪器的通信问题。

5)子程序接口

这一部分是为仪器驱动程序调用其他软件模块(如数据库、FFT 等软件)而提供的软件接口。

2. 仪器驱动程序内部模型

内部驱动模型如图 4 - 7 所示,它定义了仪器驱动程序函数体的内部结构,并做出了详尽描述。

VPP 仪器驱动程序的函数体主要由两个部分组成:第一部分是一组部件函数,它们是一些控制仪器特定功能的软件模块;第二部分是一组应用函数,它们使用一些部件函数共同实现完整的测试和测量操作。

1)部件函数

主要包括初始化函数、配置函数、动作/状态函数、数据函数、实用函数和关闭函数等,这些函数组成了仪器的驱动程序。

初始化是访问仪器驱动程序时调用的第一个函数,也被用于初始化连接、操作,使仪

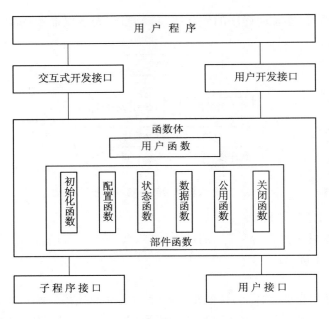

图 4 - 7 VPP 仪器驱动程序的内部接口模型

器处于默认的上电状态或其他特定的状态。配置函数用于对仪器进行配置,以便执行所希望的操作。作用/状态函数使仪器执行一项操作或报告正在执行或已挂起的操作的状态。这些操作包括激活触发系统,激励输出信号或报告测量结果。数据函数用来从仪器取回数据或向仪器发送数据。实用函数包括许多标准的仪器操作,如复位、自检、错误查询、错误处理等,实用函数也可以包括开发者自己定义的仪器驱动程序函数。关闭函数完成关闭仪器与软件的连接。

2)应用函数

应用函数是一组面向测试任务的高级函数,在大部分情况下,这些程序通过配置、触发和从仪器读取数据来完成整个测试操作。

4.2.4 IVI 技术

为进一步方便测试系统最终用户对系统的使用和维护,在 1998 年 8 月成立了可互换虚拟仪器(Interchangeable Virtual Instrument,IVI)基金会,其宗旨是致力于建立和推行一套 IVI 基金会规范,为基于 GPIB 和 IVI 总线测控系统建立一种可互换式仪器驱动程序的框架结构,使得测试工程师可以对不同厂家、不同型号的同一类仪器编写相同的程序代码,即测试系统硬件发生变化时,测试程序代码可以重用。VPP 规范通过 VISA 解决了仪器驱动程序与硬件接口的无关性,而 IVI 则解决了测试应用软件与仪器驱动程序的无关性。IVI 建立在 VPP 基础之上,比 VPP 更高一个层次。

IVI 驱动程序是通过产生仪器类(Instrument Class)驱动程序来实现仪器可互换性的。一个仪器类驱动程序用来控制一个特定类型仪器(如示波器)的一系列功能和属性。目前,IVI 基金会共制定了五类仪器的规范:示波器类(IVI Scope)、数字万用表类(IVI Dmm)、任意波形发生器/函数发生器类(IVI FGen)、开关/多路复用器/矩阵类(IVI Switch)及电源类(IVI Power)。

130

NI 公司作为 IVI 的系统联盟成员之一,积极响应 IVI 的号召,开发了基于虚拟仪器软件平台的 IVI 驱动程序库。由于所有仪器的功能不完全相同,因此不可能建立一个单一的编程接口来满足不同仪器的所有要求。所以,IVI 基金会制定的仪器类规范被分成基本功能和扩展属性两部分。前者定义了同类仪器中绝大多数仪器所共有的能力和属性(IVI 基金会的目标是支持某一确定类仪器中的 95% 的仪器);后者则更多地体现了每类仪器的许多特殊功能和属性 NI 开发的 IVI 驱动程序库包括 IVI 基金会定义的五类仪器的标准的 ClassDriver、仿真驱动程序和软面板。该软件包为仪器的交换做了一个标准接口,通过定义一个可互换性虚拟仪器的驱动模块来实现仪器的互换性。

IVI 规范不但可用于 VXI 系统,同样可用于 GPIB、PXI、串行仪器和 Compact PCI 等各类插入式仪器以及高速串行总线控制仪器,如 USB 和 IEEE 1394 总线仪器。从 SCPI 到 VISA,再到 IVI,虚拟仪器软件标准一步步更加成熟,更加开放,适应了当前测试系统的发展要求。特别是 IVI 技术必将推动整个自动测试技术的进步。随着信息技术的飞速发展,测试技术的发展日新月异。

未来测试系统技术发展的主要目标是:建立在最新商品化硬件与软件平台基础上的开放性通用测试系统,进一步降低测试系统的研制和维护费用。

4.3　虚拟仪器开发环境

软件在自动测试系统中占有很重要的位置。提高软件编程效率是非常重要的。实现高效编程的关键一步是选择面向工程技术人员且移植性好的软件开发平台。

可视化技术和 CASE 技术研究的深入发展,带来了支持可视化编程特性的第三代开发工具。现在,市场上可选择的软件开发工具比较多。例如 Agilent 公司的 VEE,NI 公司的 Lab VIEW,Lab Windows/CVI,Test Stand,微软公司的 Visual C ++(简称 VC ++),Visual Basic(简称 VB),TYX 公司的 PAWS,北京航天测控技术开发公司的 VITE < Virtual Instruments Test Environment,虚拟仪器测试环境)和 DAS(Data Acquisition Studio,数据采集工作站)等。这些工具中,按照面向测试开发进行分类,有 Agilent VEE、Lab VIEW、Lab Windows/CVI、Test Stand、VC ++、VB 等,它们需要运用丰富的编程经验来开发;按照面向图形的 G 语言(Graphics Language,图形化编程语言)进行分类,有 Agilent VEE、Lab VIEW 等;按照面向测试语言进行分类,有 PAWS、VITE 等;按照面向测试应用进行分类,有 VITE 等。

本节介绍目前国际、国内应用比较成熟的几个平台软件,即 Lab VIEW、Measurement Studio、Lab Windows/CVI、Visual C ++、Visual Basic 和 Agilent VEE。这几个软件在搭建自动测试系统时各有所长,其侧重点不同,用途也不尽相同。

4.3.1　Lab VIEW

Lab VIEW 是美国 NI 公司推出的一种基于 G 语言的虚拟仪器软件开发工具。

Lab VIEW 是一种集数据采集、仪器控制、测量分析和数据显示功能于一身的图形化开发环境,使用者无需使用复杂的传统开发环境即可享用强大的编程语言带来的灵活性,在同一环境下就可以使用广泛的采集、分析和显示功能。在这个平台下,开发者可以根据自己的选择开发一个完整的解决方案。

自 1986 年引入 Lab VIEW 以来,NI 公司一直积极倡导虚拟仪器的概念。虚拟仪器旨在使用户可以根据计算机集成软件和广泛的测量硬件来定义自己的解决方案。通过 Lab VIEW,可将标准计算技术和高性价比硬件定义成完整的测量和自动系统。通过基于 Lab VIEW 的解决方案,可以连接不同数量的硬件采集数据,定义应用、通过采集的数据进行分析或判断,继而将数据输出给图形用户接口、网页、数据库或其他形式的应用软件。

Lab VIEW 是专为测量和自动化应用设计的图形化开发环境。许多成功的工程师、科学家、技术人员和研究人员在 Lab VIEW 下开发了不计其数的应用程序。图形化的开发环境使得用户可将精力关注在测试方案的解决上,而忽略软件技术的细节实现。这样,即使是没有经过计算机专业学习的用户,也可以方便、快捷地搭建自己的测试系统了。

1. 特点

1)为测量、控制和自动化设计的开发环境

不像其他通用编程语言,NI 公司的 Lab VIEW 提供的功能是专为测量、控制和自动化应用量身订制的,可以加速开发过程。从内置的分析功能到连接广泛的 I/U,Lab VIEW 提供的是快速创建测试和测量、数据采集、嵌入控制、科学分析与过程监控系统。

2)直观的图形化开发环境

Lab VIEW 这一图形化开发环境提供了强大的工具,使用户可以在不写任何文字代码的情况下即可创建应用程序。用户可以拖放已构造好的对象来快速而简单地为自己的应用创建用户接口。通过组合方块图来定制系统功能,对于科学家和工程师来说是一种很自然的设计符号。

3)与众多仪器和测量设备紧密结合

Lab VIEW 可与测量硬件无缝连接,用户可以快速设置和实际使用任何测量设备,包括从单机仪器到数据采集设备插件、运动控制器、图像采集系统、PLC 的所有功能。而且,Lab VIEW 还可以使用成百个厂家提供的 1000 多个仪器库。

4)与其他应用的开放式连接

在 Lab VIEW 下,用户可以连接到其他应用,而且可以通过 ActiveX、网络、动态连接库、共享库、SQL、TCP/IP、XML、OPC、无线通信以及其他途径来共享数据。Lab VIEW 的开放式连接使得用户可以创建开放的、灵活的应用,并可与用户所在单位内的其他应用通信。

5)编译优化系统性能

在许多应用中,对执行速度的要求很苛刻。通过内置的编译器产生优化的代码,Lab VIEW 的应用提供的执行速度可与经编译的 C 程序相比。在 Lab VIEW 下,用户可以开发出可跨越 Windows、Macintosh、Unix 或实时系统等多种平台的系统。

2. 用途

Lab VIEW 是一种工业标准的图形化开发环境,可以在不写任何代码的情况下采集、分析、显示数据,在不牺牲性能的情况下提高开发效率。Lab VIEW 为用户的应用开发提供了数据采集、仪器控制、分析能力、可视化与报表产生、实时与嵌入控制、监视等功能。

用户在操作界面下,通过拖拉代表仪器以及相关控件的图标进行必要的通路连接,即可创建图形化程序。每一个测试(执行)功能都可作为一个单独的文件存在而插入,可避免文件过于庞大。在各文件中可方便地调用其他文件中已定义好的功能。

3. 兼容性

Lab VIEW 开发环境允许将用 Lab Windows/CVI 编写的功能函数文件导入,避免了把 Lab Windows/CVI 程序向 Lab VIEW 移植时的重复编程。

4.3.2 Measurement Studio

Measurement Studio 是一种集成开发工具,它可作为一个测量使用的插件工具,可以很方便地插入到 VC ++ 、Lab Windows/CVI 等编程工具中。通过它可进行多功能硬件集成,使用其强大的数据分析算法和易用的网络架构能快速实现用户自己的系统。

Measurement Studio 填补了标准软件开发工具、实际仪器需要、测试、测量和自动化之间的缝隙,允许用户在自己熟悉的编程语言,如 VB、VC ++ 、Visual Studio. NET 下进行开发。

对于希望在原使用软件基础上直接使用现成的测量插件的用户来说,Measurement Studio 不失为一个很好的选择。当用户使用熟悉的 Lab Windows/CVI 或 VC ++ 、VB 时,通过项目向导或直接在工具箱中拾取可用的控件,都能达到节约开发时间和简化开发的目的。

1. 特点

1)灵活

Measurement Studio 提供的工具可以很方便地插入到各种语言开发环境中,用户可以选择最适合的语言,使用 Measurement Studio 提供的工具开发测试程序。

2)精确

Measurement Studio 包含了测试所必需的基础测量控件。在 Measurement Studio 下,用户可以直接使用控件来简化编程工作。Measurement Studio 提供的测量控件利用了当今强大的技术,能帮助用户发布低成本、高性能的解决方案。

3)省时

在紧张的测试生产计划中,测试工程师可利用 Measurement Studio 的成熟的代码模块来快速建造测试系统。这样,精力就能集中在代码可重用性上,以便从生产层次上进行快速、可靠的软件开发。

4)简化代码

用户可以利用 Measurement Studio 提供的工具,开发先进的用户接口程序,用于 Web 扩展应用和创建连接到企业信息系统的应用。在 Measurement Studio 强大的功能导引下,用户可以开发多文档接口的应用,来同时进行几个测量,并将自己的测量数据发布到互联网上或为共用数据库添加可浏览、分析的测试数据。

2. 用途

为简化在 VC ++ 的测量应用开发,Measurement Studio 在软件基础类库(MFC)向导下集成了自己的应用程序向导。用户根据需要选择要加入到项目中的测量功能和应用程序类别,向导就会自动生成具备所需控件的工程项目。

1)专业的测量用户接口数据显示

由于测量应用需要实时的二维图形、三维图形、旋钮、仪表表头或更多的显示形式,

Measurement Studio 提供了灵活的测量显示控件,以简化开发、节约时间。在程序执行过程中,可通过程序灵活地修改每个控件的属性。

2)易于优化现场数据的网络传输

使用 Data Socket 类,可以容易地进行测量数据与众多的接口协议(如 OPC、HTTP、FTP 等)的通信。Data Socket 可跨越包括互联网在内的任何网络。应用客户/服务架构,可优化网络数据传输,使用户通过互联网与现场数据交互成为现实。用户可以在世界上任何地方查看测试信息或控制自己的系统。

3)数据采集和仪器控制

通过 Measurement Studio 的硬件接口类,用户可以将自己的应用连接到外部世界。使用 C++ 类与可互换的虚拟仪器(Interchangeable Virtual Instrument,IVI)通信,可减少代码对硬件的依赖。此外,还可以通过 NI-488. 2(GPIB)库在仪器之间发送接收命令,或通过 NI-VISA、工业标准 I/O 库与仪器通信。通过 VISA 可以使用同一类库控制 GPIB、VXI、PXI、串口或以太网设备。

4)分析

Measurement Studio 包括强大的、广泛的、可在 Visual C++ 中使用的数据分析功能包。使用滤波窗口、数据滤波器、频域变换或测量功能可给信号设置条件和进行转换。在这些强大的分析程序下,用户可以将原始数据转换成有意义的信息,来建造强大的虚拟仪器。

3. 兼容性

1)对 VB 的支持

Measurement Studio 为 VB 用户提供了专门设计的控件,这些控件扩展了 VB 在仪器和数据采集板硬件接口、科学分析、可视化、网络连接等方面的功能。用户可以在 VB 或其他 ActiveX 控件容器中创建自己的虚拟仪器系统。在 Measurement Studio 下,用户可以在属性页中设置数据采集插件、GPIB 仪器、串口设备而无需编写代码。使用用户接口控件,用户可以设置实时的二维图形、三维图形、旋钮、仪表、刻度指针、容器、温度计、二进制开关和 LED,甚至通过互联网在各种应用中共享现场数据。

2)对 VC++ 的支持

Measurement Studio 可将测量与自动化能力带入到强大的微软 VC++ 中。Measurement Studio 发布的一种交互式设计,满足了在 VC++ 中进行测量与自动化系统开发的需求。所有支持 VC++ 的工具都集成在开发环境中,如同使用微软的工具一样。这些工具包括 VC++ 向导和 C++ 测量应用类库。

类库是向 C++ 用户提供功能的较为直观的形式。Measurement Studio 定义的数据类型简化了测量应用的 C++ 编程,而且在不同的类库之间均可使用。Measurement Studio 定义的类库可与微软基础类库(MFC)一同使用。

根据类库,用户使用 Measurement Studio 向导,可快速地开始和完成自己的测量应用开发。向导根据用户的要求创建项目,项目中包含了用于设计应用的代码模板和测量工具。连接测量类与接口控件的是数据对象类,数据对象类封装、传递从采集到分析直至显示的数据。

3)与 Lab Windows/CVI 的兼容性

Lab Windows/CVI 是纯 ANSI C(由美国国家标准协会制定的 C 语言标准)开发环境,

包括内置的采集、分析和可视化库,可用来创建虚拟仪器应用。Lab Windows/CVI 包含在 Measurement Studio 企业版中,为 Measurement Studio 增添了更多的灵活性,完善了软件解决方案。

4.3.3 Lab Windows/CVI

Lab Windows/CVI 是 NI 公司提供的一个基于 ANSI C 的用于测试、测量和控制的开发环境。它具有先进的 ActiveX 和多线程能力,内置的测量库支持多种形式的 I/O,具有分析、显示能力,提供交互式用户接口、仪器驱动和代码生成等功能。

1. 特点

Lab Windows/CVI 集成开发环境突出的特点是代码生成工具和快速、易于 C 语言代码开发的原型工具。它既提供了独特的、交互式 ANSI C 环境,充分发挥了 C 语言的强大功能,又具有 VB 的易用性。因为 Lab Windows/CVI 是一种用于开发测量应用的编程环境,所以提供一个大量的仪器控制、数据采集、分析和用户接口实时库。Lab Windows/CVI 也提供了许多特性,使之在测量应用开发工作上易于在传统 C 语言环境进行开发。

Lab Windows/CVI 提供了如下特性来满足创建高性能系统的设计要求。

(1) ANSI C 执行速度快;小型;可执行文件的创建和发行。

(2) 多线程应用开发与调试。

(3) 快速、易用的 C 语言开发环境。

(4) 可拖放的用户接口开发。

(5) 自动代码生成工具。

(6) 快速应用开发过程。

(7) 测试工程师易于使用。

(8) 内置仪器库(GPIB、DAQ、分析和更多其他库)。

(9) 基于仪器的用户接门控件(图形、旋钮和更多其他控件)。

(10) 交互执行。

(11) 仪器驱动;代码可重用性。

(12) 与 ANSI C 兼容的开发环境。

(13) DLL、OBJ 和 LIB 集成生成工具。

2. 用途

通过 Lab Windows/CVI ActiveX 控制器向导,可以从任何已注册服务器下获得功能面板。在自定义用户接口中也可包含 ActiveX 控件,以创建先进的、结合其他公司经验的应用。向导还包括创建自定义 ActiveX 服务器的能力,可用来打包用户应用程序或一个完整测试模块中的测试模块,以便其他开发人员在许多不同的开发环境中容易找到并使用它。

在 Lab Windows/CVI 下,用户可以用内置的包含大量简化多线程编程的应用库来创建、调试多线程应用。Lab Windows/CVI 开发环境还提供了全套多线程调试能力,如可在任意线程中设置断点和在程序挂起时查看每个线程的状态。Lab Windows/CVI 包含的每个库都是多线程安全的。当用户结束应用开发时,可以通过单击鼠标创建可执行文件或动态连接库(DLL),然后将自己的仪器代码加入到外部开发工具或应用中,如 Lab VIEW、

VB 或其他 C/ C++ 开发环境；也可使用创建发行包这一工具将代码打包，然后将代码发行到目标机器上。

另外，NI 公司还提供了如下一些可添加（Add – On）软件，来扩展 Lab Windows/CVI 的功能。

1）视觉与图像处理软件

NI 公司提供的视觉与图像（Vision and Image）处理软件包括 IMAQ Vision（视觉功能库），IMAQ 视觉创建工具和用于视觉应用开发的交互式环境。视觉与图像处理软件是为创建机构视觉和科学成像应用的科学家、自动化工程师和技术人员开发的。IMAQ 视觉创建包（IMAQ Vision Builder）是为需要不编程而能快速创建视觉应用原型的开发人员使用的。视觉与图像处理软件与 Lab Windows/CVI 兼容。

2）IVI 驱动工具包

仪器驱动是测试系统中的重要组成部分，它在系统中执行实际的仪器的通信与控制。仪器驱动提供高层的、易于使用的编程模型。IVI 驱动工具包通过直观的 API 来完成获得仪器复杂测量的能力，并可以发行模块化的或者市场上买得到的控件，以应用在自己的测试系统中。IVI 驱动工具包与 Lab Windows/CVI 兼容。

3）PID 控制工具包

PID 控制工具包为 Lab Windows/CVI 增加了科学的控制算法库。使用此工具包可快速地为自己的控制应用创建数据采集和控制系统。此工具包与 Lab Windows/CVI 是兼容的。

3. 兼容性

用 Lab Windows/CVI 编写的应用可与 Lab VIEW 的应用进行通信，通常途径是把模块编译成动态连接库（DLL.）的形式，然后在 Lab VIEW 应用中调用。

Lab Windows/CVI 还支持与 VC++、Borland C 之间彼此调用动态连接库。

4.3.4　Visual C++

随着计算机技术的发展，可视化编程技术得到了广泛的重视，从而出现了一些可视化的开发环境。直接面向对象的可视化编程技术受到广大计算机专业人员的喜爱，越来越多的程序员开始研究和应用可视化编程技术。

Visual C++（简称 VC++）是一个可视化的、支持 C++ 的集成开发环境（IDE）。Visual C++ 开发环境由 Visual Studio 的一些集成工具所组成，包括文本编辑器（Text Editor）、资源编辑器（Resource Editor）、项目建立工具（Project Build Faculties）、优化编译器（Optimizing Compiler）、增量链接器（Incremental linker）、源代码浏览器（Source Code Browser）、集成调试器（Integrated Debugger）和图形浏览器条（the Visual Word – branch）等。

Visual C++ 的特点如下：

（1）面向对象的可视化开发大大简化了程序员的编程工作，提高了模块的可重用性和开发效率。用户可以简单而容易地使用 C/C++ 进行编程。

（2）众多的开发商支持 MFC 类库。另外，由于众多的开发商都采用 Visual C++ 进行软件开发，这样用 Visual C++ 开发的程序就与别的应用软件有许多相似之处，易于学习和使用。

（3）Visual C++封装了 Windows 的 API（应用程序接口）函数，隐去了创建、维护窗口的许多复杂的例行工作，从而简化了编程过程。

（4）C/C++语言是一种中级语言，在实现大规模、高强度的算法时更有优势。利用现有系统进行测量处理时需要实现一些复杂度较高的算法，使用 C/C++语言就能够保证算法的效率，而 Visual C++就有一个效率比较高的 C/C++编译器。Visual C++并不是一个专门的面向对象的开发平台，在 Visual C++上可以进行普通 C 语言的开发，也可以进行面向对象的 C++程序开发。

（5）Visual C++不仅具有一个较好的 C/C++编译器，还包含了源程序编辑器、各种资源（对话框、菜单、串、图像、图标、快捷键）编辑器、强大的调试工具和完善的帮助系统。其完善的集成开发环境比其他开发平台具有优越性。

（6）为了解决 Win32 平台应用程序的界面开发问题，Visual C++提供了 MFC 类库。使用类库将大大减少界面开发问题，能使程序员从原来使用 Windows SDK 进行界面设计的繁琐工作中解脱出来，从而集中精力进行程序功能和程序算法的工作。

（7）事实上，即使去除了界面设计部分，MFC 类库仍然十分有用。它对原来的 Windows SDK 函数进行全面的类封装，让开发者能够更方便、更简单地对 Win32 应用程序进行各方面的控制。MFC 类库几乎包含了 Win32 系统机制的各个方面。

（8）Visual C++采用了消息映射机制来代替原来的消息循环机制，大大简化了程序结构，使处理消息、控制程序流程、实现用户界面互操作变得更加容易。

4.3.5 Visual Basic

Visual Basic（简称 VB）是在 Windows 操作平台下设计应用程序的最迅速、最简捷的工具之一。VB 提供了一整套工具，不论初学者还是专业开发人员，都可以轻松方便地开发应用程序。因此，VB 一直被作为大多数计算机初学者的首选入门编程语言。"Visual"指的是开发图形用户界面（CUI）的方法，即可视化，一般不需编写大量代码来描述界面元素的外观和位置，只把需要的控件拖放到屏幕上的相应位置即可完成图形用户界面的设计；"Basic"指的是 BASIC 语言，因为 VB 是在原有的 BASIC 语言的基础上发展起来的。VB 是微软公司提供的一种通用程序设计语言，其通用性表现在：包含 Microsoft Office 系列的 Microsoft Excel、Microsoft Access 等众多 Windows 应用软件中的 VBA 使用 VB 语言，以供用户进行二次开发；目前制作网页使用较多的 VB Script 脚本语言也是 VB 的子集，利用 VB 的数据访问特性，用户可创建各种数据库及其前端应用程序。利用 ActiveX 技术，VB 可使用如 Microsoft Word、Microsoft Excel 及其他 Windows 应用程序提供的功能，甚至可以直接使用由 VB 专业版或企业版创建的应用程序和对象。用户最终创建的程序是一个真正的.exe 文件，它可以自由发布。

VB 有学习版、专业版和企业版，每个版本都是为特定的开发需求而设计的，开发者可以根据实际需要购买相应版本的软件。学习版可以使编程人员很容易地开发出 Windows 的应用程序；专业版为专业编程人员提供了功能完备的开发工具，包含了学习版的所有功能；企业版允许专业人员以小组的形式，创建强大的分布式应用程序。

Visual Basic 是一种可视化的、面向对象和采用事件驱动方式的结构化高级程序设计语言，它使用 Windows 内部的应用程序接口（API）函数以及动态链接库（DLL）、动态数据交换(DDE)、对象的链接与嵌入(OLE)、开放式数据库连接(ODBC)等技术,可以高效、快速地开发出 Windows 环境下的功能强大、图形界面丰富的应用软件系统。

Visual Basic 具有以下特点。

(1)可视化编程。传统程序设计语言通过编程代码来设计用户界面,开发者在设计过程中看不到界面的实际显示效果,只有等到编译后运行程序时才能查看;若要修改界面效果,还要回到程序中,从而影响了软件开发效率。而 Visual Basic 提供了可视化设计工具,开发者只需要按设计要求进行屏幕布局,用系统提供的工具,在屏幕上画出各种"部件"——图形对象,并设置这些图形对象的属性即可。这种"所见即所得"的方式极大地方便了界面设计。

(2)面向对象的程序设计。Visual Basic 具有面向对象的程序设计(OOP)语言的一些特点,但它与 Java、C++等程序设计语言不完全相同。后者的对象由程序代码和数据组成,是抽象的概念;而 Visual Basic 则把程序和数据封装起来作为一个对象,并为每个对象赋予应有的属性,使对象成为更具体、更直观的实在的东西。另外,Visual Basic 还可以用类的方式来设计对象。

(3)结构化程序设计语言。Visual Basic 用子程序、函数来实现这种结构化的设计,在每一个子程序、函数中用顺序结构、分支结构、循环结构来表达程序流程。

(4)事件驱动编程机制。Visual Basic 通过事件来执行对象的操作。一个对象可能会产生多个事件,每个事件都可以通过一段程序来响应。在用 Visual Basic 设计程序时,只需针对这些事件进行编码,不必建立具有明显开始和结束的程序。它一反传统编程使用面向过程、按顺序进行的机制,使开发者不必时时关心什么时候发生什么事情。在事件驱动的编程中,程序员只需要编写响应用户动作的程序,如选择命令、移动鼠标等,而不必考虑按精确次序执行的每个步骤。

(5)具有强大的功能和开放的特点。Visual Basic 的语法虽然简单,但却可以完成复杂的功能,这主要是由于它具有开放的特点。它可以利用 ActiveX 控件、DLL 等来增强其功能。尤其是 Visual Basic 提供了访问数据库的功能,利用数据控件和数据库管理窗口,可以直接建立或处理 Microsoft Access 格式的数据库,并提供数据存储和检索功能;同时,Visual Basic 还能直接编辑和访问其他外部数据库,如 dBase、FoxPro、Paradox 等。

4.3.6 Agilent VEE

VEE(Visual Engineering Environment)早先是世界著名的 HP 公司推出的一种主要用于仪器控制和测量处理的可视化编程语言,现在已经改名为 Agilent VEE。与传统的文本编程语言相比,Agilent VEE 编程无需构思繁冗的程序代码,简化了测试程序开发过程。

与 Lab VIEW 图形化编程语言相比,虽然两者在程序设计上都采用了基于流程图设计的思想,但是 Agilent VEE 编程是在一个窗口环境下完成的,而 Lab VIEW 编程却是在前面板和框图两个窗口下完成的。一般而言,Lab VIEW 提供了比 Agilent VEE 更强的程序控制能力和更灵活的编程手段;而 Agilent VEE 编程更直截了当,更易于学习和掌握。尤其在仪器 I/O 控制方面,Agilent VEE 提供的仪器自动管理与配置、丰富的仪器驱动程序和仪器面板(Instrument Panel)与直接 I/O(Direct I/O)两种仪器控制方式,大大简化了仪器控制编程任务。

Agilent VEE 除了在编程方面具有轻松、快速的特点之外,还有许多优点。

（1）保持了符合标准的灵活 I/O 策略。

（2）为 400 多种仪器配置了仪器驱动器,同时还提供了驱动程序的编写工具。

（3）允许通过 HP - 113、GPIB、VXI、RS - 232 等标准接口传送仪器命令,进行直接 I/O 操作。

（4）提供了多种适合仪器使用的数据类型,通常情况下用户不必考虑数据类型,因为针对任何 Agilent VEE 数据类型,绝大多数目标模块都会自动实现数据类型转换。

（5）具有比较强的数学分析能力,提供了多种数学运算工具,从最基本的加、减运算到复杂的统计运算、贝塞尔函数直至数字信号处理,使用户可以方便地分析测试结果。

（6）Agilent VEE 本身就是一个开放的编程环境,其程序可以调用任何 C/C ++ 程序,也可被任何 C/C ++ 程序调用。

（7）通过先进的 ActiveX Automation,用户可以将 Agilent VEE 程序扩展到电子表格、数据库、字处理器、E - mail 和 Web 浏览器等其他应用中,为用户日常任务的完成扩展多种多样的能力。

Agilent VEE 的强大功能和灵活使用,使其逐渐成为组建自动测试系统的流行软件之一。

4.4 虚拟仪器设计示例

4.4.1 产生不同的测试信号

Lab View 可以为网络分析或仿真产生多种常用信号。它可以和 NI 公司的 DAQ 卡一起使用,以产生模拟输出信号。

在模拟电路范围,信号频率以 Hz 或周期来测量,但在数字系统中使用数字频率,它是模拟频率与采样频率之比,即数字频率 = 模拟频率/采样频率,在许多信号产生子程序模块中,通常使用数字频率,因为难以确定采样频率。为了得到模拟频率输出,必须确定采样频率。具体示例如下所述。

1. 产生一个指定频率的波形信号

产生一个指定频率的波形信号(正弦波、三角波、锯齿波等可选择),其幅度、相位和频率可以由用户调节,采样频率和采样点数也可以由用户指定,其余参数的设置也可以通过软面板上相应的设置控制栏进行相应的设置。

2. 前面板设计

前面板只需要六种类型器件,依次是垂直摇杆开关,在控件面板中的"布尔"栏中选取;数值显示控件(对应图中的相位输出),在控件面板中的"数值"栏中选取;数值输入控件(对应图中的各种参数的输入控制栏),在控件面板中的"数值"栏中选取;簇控件(图中把采样频率和采样点数圈起来的控件),在控件面板中的"数组、矩阵与簇"栏中选取;波形/幅值图标控件,在控件面板中的"图形"栏中选取,"STOP"按钮控件,在控件面板中的"布尔"栏中选取。

控件都选取到前面后,用户完全可以按照自己的喜好设计版面显示样式或者再添加一些装饰或说明文字(或参照图4-8所示进行设计)。

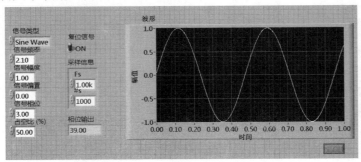

图4-8　波形信号前面板设计

当前面板设计完成后,可转入框图程序设计部分。

3. 框图程序设计

在 Lab VIEW 中提供了波形函数,为制作函数发生器提供了方便。该程序主要用到了其提供的 Basic Function Generator. vi(在函数面板中的"信号处理"子栏目中的"波形生成"中可以找到),其图标如图4-9所示。

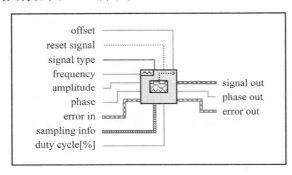

图4-9　Basic Function Generator. vi 示意图

其功能是建立一个输出波形,该波形类型有正弦波、三角波、锯齿波和方波。这个 VI 会记住产生的前一波形的时间标志并且由此点开始使时间标志连续增长。它的输入参数有波形类型、样本数、起始相位、波形频率(单位:Hz)。

参数说明如下。

(1) offset:波形的直流偏移量,默认值为 0.0。数据类型 DBL。

(2) reset signal:将波形相位重置为相位控制值,且将时间标志置为 0。默认值为FALSE。

(3) signal type:产生的波形的类型,默认值为正弦波。

(4) frequency:波形频率(单位:Hz),默认值为 10。

(5) amplitude:波形幅值,也称为峰值电压,默认值为 1.0。

(6) phase:波形的初始相位(单位:°)默认值为 0.0。

(7) error in:在该 VI 运行之前描述错误环境。默认值为 no error。如果一个错误已经发生,该 VI 在 error out 端返回错误代码。该 VI 仅在无错误时正常运行。错误簇包含如

140

下参数。

①status：默认值为 FALSE，发生错误时变为 TRUE。

②code：错误代码，默认值为 0。

③source：在大多数情况下是产生错误的 VI 或函数的名称，默认值为一个空串。

（8）sampling info：一个包括采样信息的簇。共有 Fs 和#s 两个参数。

①Fs：采样率，单位是样本数/s，默认值为 1000。

②#s：波形的样本数，默认值为 1000。

（9）duty cycle（%）：占空比，对方波信号是反映一个周期内高低电平所占的比例，默认值为 50%。

（10）signal out：信号输出端。

（11）phase out：波形的相位，单位：°。

（12）error out：错误信息。如果 error in 指示一个错误，error out 包含同样的错误信息；否则，它描述该 VI 引起的错误状态。

为了便于连续观察信号，程序控制部分放在一个 while 循环中，用户可以通过 STOP 按钮关闭程序运行。

具体的设计过程不再赘述，其最终结构如图 4－10 所示。

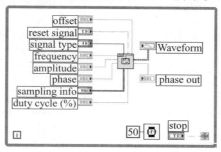

图 4－10　波形信号程序框图

运行此程序，在前面板默认的情况下，将出现按照用户设置的波形信号。

4.4.2　信号频谱分析示例

在许多应用场合，需要计算信号的频谱，Advanced Analysis 程序库有许多这方面的功能模块程序。基于 FFT 的频谱计算假定数字信号的有限域代表了周期性信号的一个周期。该有效周期扩展信号计算得到的频谱显示了进入频率的能量，原始信号并没有出现这些频率。要减少频谱泄漏，可使用平滑窗减少有效信号中的急剧瞬变。如能采集到每个测量信号成分的整数个周期，或分析的是噪声谱，通常不使用窗。

下面的例子讲述使用频谱测量的相应 VI 子程序来进行信号的频谱测量。

（1）对信号进行频谱计算。该示例主要介绍在 Lab View 中如何计算一个信号的频谱分量。

（2）前面板设计。前面板只需要三种类型器件，依次是数值输入控件（对应图中的各种参数的输入控制栏），在控件面板中的"数值"栏中选取；波形图标控件，在控件面板中的"图形"栏中选取，"STOP"按钮控件，在控件面板中的"布尔"栏中选取。

具体设计后的示意图如图 4-11 所示。

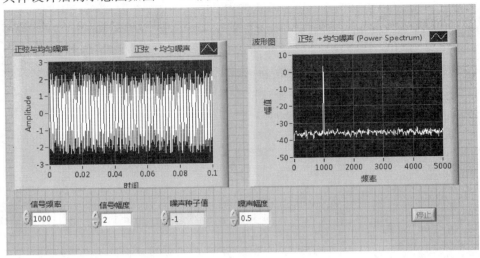

图 4-11　频谱分析 VI 前面板图

示例中为了更形象地说明问题,特意选用了 NI 公司提供的仿真信号源,并特意添加了噪声信号。

打开该 VI 程序。输入信号混合了一个正弦信号(频率和幅度可以由用户设定)和一个噪声信号(其噪声产生的种子以及噪声幅度也可以由用户设定)。左波形图显示了叠加了噪声的正弦信号,右波形图显示的是其频谱分析图。

(3)程序框图。程序框图如图 4-12 所示。

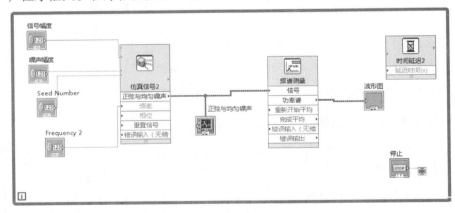

图 4-12　频谱分析 VI 程序框图

程序的主要模块是使用了下面的频谱测量模块,其图标如图 4-13 所示,其位置的函数面板"信号处理"子栏目中的"波形测量"栏中。在 Lab View 的程序框图界面下单击鼠标右键,即可打开函数面板。

当将频谱测量模块放置入程序框图中时,会马上弹出如图 4-14 所示的一个具体的配置频谱测量的设置对话框,用户可以在这里完成对该模块的最基本的初始化设置。

下面对频谱测量 VI 进行详细描述。

142

图 4 - 13　频谱测量模块图标

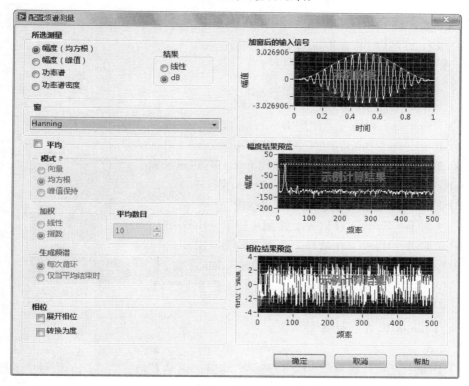

图 4 - 14　配置频谱测量的对话框

1. 频谱测量参数说明

1）频谱测量

（1）幅度（峰值）：测量频谱,并以峰值的形式显衡量。该测量通常与需要幅度和相位信息的高级测量配合使用。用峰值衡量频谱的幅度。例如,幅值为 A 的正弦波可在正弦的相应频率上产生幅值 A。通过将相位设置为展开相位或转换为度,可展开相位频谱或将其从弧度转换为角度。如勾选平均复选框,则平均运算后相位输出为 0。

（2）幅度（均方根）：测量频谱,并以均方根（RMS）的形式显示结果。该测量通常与需要幅度和相位信息的高级测量配合使用。用均方根测量衡量频谱的幅度。例如,幅值为 A 的正弦波可在正弦的相应频率上产生幅值 $0.707 \times A$。通过将相位设置为展开相位或转换为度,可展开相位频谱或将其从弧度转换为角度。如勾选平均复选框,则平均运算后相位输出为 0。

（3）功率谱：测量频谱，并以功率的形式显示结果。所有相位信息都将在计算中丢失。该测量通常用于检测信号中的不同频率分量。虽然平均计算功率频谱不会降低系统中的非期望噪声，但是平均计算可提供测试随机信号电平的可靠统计估计。

（4）功率谱密度：测量频谱，并以功率谱密度（PSD）的形式显示结果。通过归一化频率谱可得到频率谱密度，其中各频率谱区间中的频率将按照区间宽度进行归一化。通常使用这种测量检测信号的本底噪声，或特定频率范围内的功率。根据区间宽度归一化频率谱，可使测量独立于信号持续时间和样本数量。

2）结果

（1）线性：返回用原有单位表示的结果。

（2）dB：返回以 dB 为单位的结果。

3）窗

（1）无：不在信号上使用窗。

（2）Hanning：在信号上使用 Hanning 窗。

（3）Hamming：在信号上使用 Hamming 窗。

（4）Blackman – Harris：在信号上使用 Blackman – Harris 窗。

（5）Exact Blackman：在信号上使用 Exact Blackman 窗。

（6）Blackman：在信号上使用 Blackman 窗。

（7）Flat Top：在信号上使用 Flat Top 窗。

（8）4 阶 B – Harris：在信号上使用 4 阶 B – Harris 窗。

（9）7 阶 B – Harris：在信号上使用 7 阶 B – Harris 窗。

（10）Low Sidelobe：在信号上使用 Low Sidelobe 窗。

关于各种窗的系数和参数的信息，参见时域缩放窗 VI。

4）平均

指定 Express VI 是否计算平均值。

5）模式

（1）向量：直接计算复数 FFT 频谱的平均值。向量平均将消除同步信号中的噪声。

（2）均方根：平均信号 FFT 频谱的能量或功率。

（3）峰值保持：在每条频率线上单独进行平均运算，将 FFT 记录中的峰值电平保留至下一个记录。

6）加权

（1）线性：指定线性平均，即数据包的非加权平均值，数据包的个数由用户在平均数目中指定。

（2）指数：指定指数平均，即数据包的加权平均值，数据包的个数由用户在平均数目中指定。求指数平均时，数据包的时间越近，权重值越大。

7）平均数目

指定要进行平均处理的数据包的数量。默认值为 10。

8）生成频谱

（1）每次循环：在 Express VI 的每次循环后返回频谱。

（2）仅当平均结束时：Express VI 收集到平均数目中指定数目的数据包时，返回频谱。

9）相位

（1）展开相位：在输出相位上启用相位展开。

（2）转换为度：返回以度数为单位的相位。

10）加窗后输入信号

显示通道 1 的信号。图形将显示加窗后的输入信号。如将数据连线至 Express VI 后运行，加窗后输入信号将显示实际数据。如关闭后再打开 Express VI,加窗后输入信号将显示示例数据，直到再次运行 VI。

11）幅度结果预览

显示信号幅度测量的预览。如将数据连线至 Express VI 后运行，幅度结果预览将显示实际数据。如关闭后再打开 Express VI,幅度结果预览将显示示例数据，直到再次运行 VI。

12）平均

用于计算平均值的数据包数大于等于平均数目时，返回 TRUE。

2. 程序框图输入

1）信号

包含一个或多个输入信号。

2）重新开始平均

指定是否重新开始选定的平均过程。默认值为 FALSE。第一次调用 Express VI 时，平均过程会自动开始。勾选平均复选框后将出现该输入端。

3）错误输入（无错误）

说明 VI 或函数运行前发生的错误。

3. 程序框图输出

1）FFT –（均方根）

返回 FFT 幅度频谱并以均方根值表示结果。

2）功率谱

返回 FFT 功率谱,以均方根值的平方为单位。

3）PSD

返回 FFT 功率谱密度,以每赫兹均方根值的平方为单位。

4）FFT –（峰值）

返回 FFT 幅度频谱,以峰值为单位。

5）相位

返回 FFT 相位频谱,以度或者弧度为单位。

6）错误输出

包含错误信息。如错误输入表明在该 VI 或函数运行前已出现错误,错误输出将包含相同错误信息;否则,表明 VI 或函数中出现的错误状态。

4.4.3　数字滤波器

数字滤波器用于改变或消除不需要的波形。它是应用最广泛的信号处理工具之一。

两种数字滤波器分别是：FIR（有限脉冲响应）和IIR（无限脉冲响应）滤波器。FIR滤波器可以看成一般移动平均值，它也可以被设计成线性相位滤波器。IIR滤波器有很好的幅值响应，但是无线性相位响应。

（1）带通、带阻与过渡带宽。带通指的是滤波器的某一设定的频率范围，在这个频率范围的波形可以以最小的失真通过滤波器。通常，这个带通范围内的波形幅度既不增大也不缩小，称它为单位增益。带阻指的是滤波器使某一频率范围的波形不能通过。

理想情况下，数字滤波器有单位增益的带通，完全不能通过的带阻，并且从带通到带阻的过滤带宽为零。在实际情况下，则不能满足上述条件。特别是从带通到带阻总有一个过渡过程，在一些情况下，使用者应精确说明过渡带宽。

（2）带通纹波和带阻衰减。在有些应用场合，在带通范围内放大系数不等于单位增益是允许的。这种带通范围内的增益变化叫作带通纹波。另一方面，带阻衰减也不可能是无穷大，必须定义一个满意值。带通纹波和带阻衰减都是以dB为单位，定义如下：

$$dB = 20\lg(A_o(f)/A_i(f))$$

其中：$A_o(f)$和$A_i(f)$是某个频率等于f的信号进出滤波器的幅度值。

例如，假设带通纹波为-0.02dB，则有

$$-0.02 = 20\lg(A_o(f)/A_i(f))$$

$$A_o(f)/A_i(f) = 10^{(-0.001)} = 0.9999$$

可以看到，输入/输出波形幅度是几乎相同的。

（3）前面板设计。前面板只需要三种类型器件，依次是数值输入控件（对应图中的各种参数的输入控制栏），在控件面板中的"数值"栏中选取；波形图标控件，在控件面板中的"图形"栏中选取，"STOP"按钮控件；在控件面板中的"布尔"栏中选取。

具体设计后的示意图如图4-15所示。

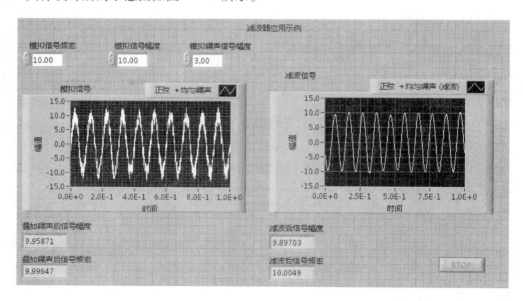

图4-15　前面板设计示意图

146

（4）框图程序设计。程序的主要模块是使用了下面的滤波器模块,其图标如图4-16所示,其位置的函数面板"信号处理"子栏目中的"波形测量"栏中。在 Lab View 的程序框图界面下单击鼠标右键,即可打开函数面板。

图 4-16　程序框图设计示意图

当将频谱测量模块放置入程序框图中时,会马上弹出如图4-17所示的一个具体的配置滤波器的设置对话框,用户可以在这里完成对该模块的最基本的初始化设置。

下面对该滤波器 VI 进行详细描述,其主要参数如下:

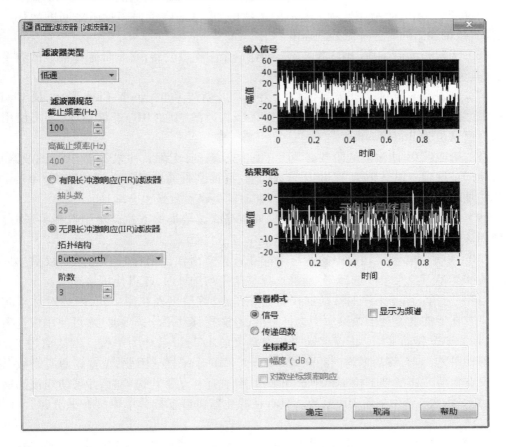

图 4-17　配置滤波器设置对话框

147

1. 滤波器参数

1）滤波器类型

指定滤波器的的类型：低通、高通、带通、带阻和平滑。默认值为低通。

2）滤波器规范

（1）截止频率：指定滤波器的截止频率。只有在滤波器类型下拉菜单中选择低通或高通时，才可使用该选项。默认值为100。

（2）低截止频率：指定滤波器的低截止频率。低截止频率必须小于高截止频率，且符合奈奎斯特准则。默认值为100。只有在滤波器类型下拉菜单中选择带通或带阻时，才可使用该选项。

（3）高截止频率：指定滤波器的高截止频率。高截止频率必须大于低截止频率高，且符合奈奎斯特准则。默认值为400。只有在滤波器类型下拉菜单中选择带通或带阻时，才可使用该选项。

（4）有限长冲激响应（FIR）滤波器：创建一个FIR滤波器，它仅依赖当前和过去的输入。因为滤波器不依赖于过往输出，在有限时间内脉冲响应可衰减至0。FIR滤波器能返回一个线性相位响应，因此FIR滤波器可用于需要线性相位响应的应用程序。

（5）抽头数：指定FIR系数的总数，系数必须大于零。默认值为29。只有选择FIR滤波器选项时，才可使用该选项。增加抽头数的值，可加剧带通和带阻之间的转化。但是，抽头数增加的同时会降低处理速度。

（6）无限长冲激响应（IIR）滤波器：创建一个IIR滤波器，它是带脉冲响应的数字滤波器，其长度和持续时间在理论上是无穷的。

（7）拓扑结构：确定滤波器的设计类型。可创建Butterworth、Chebyshev、反Chebyshev、椭圆或Bessel滤波器设计。只有选择无限长冲激响应（IIR）滤波器时，才可使用该选项。默认值为Butterworth。

（8）阶数：IIR滤波器的阶数必须大于0。只有选择无限长冲激响应（IIR）滤波器时，才可使用该选项。默认值为3。增加阶数的值，可加剧带通和带阻之间的转换。但是，阶数值增加的同时，处理速度会降低，信号开始时的失真点数量也会增加。

（9）移动平均：产生前向FIR系数。只有在滤波器类型下拉菜单中选择平滑时，才可使用该选项。

（10）矩形：移动平均窗中的所有采样在计算平滑输出采样时有相同的权重。只有在滤波器类型下拉菜单中选择平滑，且选择移动平均选项时，才可使用该选项。

（11）三角：用于采样的移动加权窗为三角形，峰值出现在窗中间，两边对称斜向下降。只有在滤波器类型下拉菜单中选择平滑，且选择移动平均选项时，才可使用该选项。

（12）半宽移动平均：指定移动平均窗宽度的1/2，以采样为单位。默认值为1。如半宽移动平均为M，移动平均窗的全宽为$N=1+2M$个采样。因此，全宽N总是奇数个采样。只有在滤波器类型下拉菜单中选择平滑，且选择移动平均选项时，才可使用该选项。

（13）指数：产生一阶IIR系数。只有在滤波器类型下拉菜单中选择平滑时，才可使用该选项。

（14）指数平均的时间常量：指数加权滤波器的时间常量（s）。默认值为0.001。只有在滤波器类型下拉菜单中选择平滑，且选择指数选项时，才可使用该选项。

3）输入信号

显示输入信号。如将数据连至 Express VI 后运行,输入信号将显示实际数据。如关闭后再打开 Express VI,输入信号将显示示例数据,直到再次运行 VI。

4）结果预览

显示测量预览。结果预览图用虚线表明已选的测量值。如将数据连线至 Express VI 后运行 VI,结果预览将显示实际数据。如关闭后再打开 Express VI,结果预览将显示示例数据,直到再次运行 VI。如截止频率值为非法,结果预览将不会显示合法数据。

5）查看模式

（1）信号:以实际信号形式显示滤波器响应。

（2）显示为频谱:指定将滤波器的实际信号显示为频谱,或保留基于时间的显示方式。频率显示可用于查看滤波器如何影响信号的不同频率成分。默认状态下,将按照基于时间的方式显示滤波器响应。只有选择信号时,才可使用该选项。

（3）传递函数:以传递函数形式显示滤波器响应。

注:修改查看模式中任何选项都不会影响滤波器 Express VI 的行为。查看模式选项可选择用不同方式查看滤波器对信号产生的作用。LabVIEW 不会在关闭"配置"对话框后保存这些选项。

6）坐标模式

（1）幅度(dB):显示滤波器的幅度响应,以 dB 为单位。

（2）对数坐标频率响应:在对数标尺中显示滤波器的频率响应。

7）幅度响应

显示滤波器的幅度响应。只有将查看模式设置为传递函数时,才可用该显示框。

8）相位响应

显示滤波器的相位响应。只有将查看模式设置为传递函数时,才可用该显示框。

2. 程序框图输入

1）信号

指定输入信号。信号可以是波形、实数数组或复数数组。

2）低截止频率

指定滤波器的低截止频率。低截止频率必须小于高截止频率,并且符合奈奎斯特准则。默认值为 100。

3）高截止频率

指定滤波器的高截止频率。高截止频率必须大于低截止频率,并且符合奈奎斯特准则。默认值为 400。

4）错误输入(无错误)

说明 VI 或函数运行前发生的错误。

3. 程序框图输出

1）滤波后信号

返回滤波后的信号。

2）错误输出

包含错误信息。如错误输入表明在该 VI 或函数运行前已出现错误,错误输出将包含相同错误信息;否则,表明 VI 或函数中出现的错误状态。

设计完成后的主框图程序如图 4-18 所示,它使用 NI 公司提供的仿真信号,在实际应用中用户完全可以把仿真信号部分用自己的实际信号替换,那么就可以完成对信号的滤波作用。

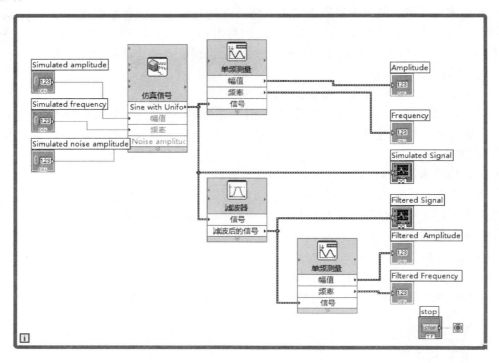

图 4-18 程序框图设计示意图

运行该程序,改变相应参数,即可以观察不同的滤波效果。

虽然在 Lab VIEW 中使用数字滤波器很简便,但还是需要对数字信号处理的理论有一个基本了解。为此,VI 公司提供了一个附加的工具软件,叫做数字滤波器设计工具箱(Digital Filter Design Toolkit)。该软件用 Lab VIEW 开发,有很好的交互式图形用户界面。可以把所设计的滤波器集成到 Lab VIEW、Lab Windows/CVI 或者其他的编程环境中。

4.4.4 曲线拟合

曲线拟合的目的是找出一系列的参数 $a_0,a_1,\cdots$,通过这些参数最好地模拟实验结果。下列是 Lab VIEW 的各种曲线拟合类型:

(1)线性拟合。把实验数据拟合为一条直线:

$$y_{(i)} = a_0 + a_1 \cdot X_{(i)}$$

(2)指数拟合。把数据拟合为指数曲线:

$$y_{(i)} = a_0 \cdot \exp(a_1 \cdot X_{(i)})$$

(3)多项式拟合。把数据拟合为多项式函数:

$$y_{(i)} = a_0 + a_1 \cdot X_{(i)} + a_2 \cdot X_{(i)}^2 + \cdots$$

（4）通用多项式拟合。与多项式拟合相同,但可以选择不同的算法,以获得更好的精度和准确性。

（5）通用线性拟合。公式为 $y_{(i)} = a_0 + a_1 \cdot f_1(X_{(i)}) + a_2 \cdot f_2(X_{(i)}) + \cdots$,这里 $y_{(i)}$ 是参数 a_0,a_1,a_2,$\cdots$的线性组合。通用线性拟合也可以选择不同的算法来提高精度和准确度。例如：$y = a_0 + a_1 \cdot \sin(X)$ 是一个线性拟合。因为 y 与参数 a_0,a_1 有着线性关系。同样道理,多项式拟合也总是属于线性拟合,但是它可以采用一些特殊算法以提高拟合处理的速度和精度。

（6）General Levenberg – Marquardt 拟合。把数据拟合为公式 $y_{(i)} = f(X_{(i)},a_0,a_1,a_2,\cdots)$。其中 a_0,a_1,a_2,$\cdots$是参数。这种方法是最通用的方法,它不需要 y 与 a_0,a_1,a_2,$\cdots$有线性关系。它可用于线性或非线性拟合,但一般用于非线性拟合,因为对于线性曲线的处理采用通用线性拟合方法更加快捷。这种方法不能保证结果一定正确,所以,有必要验证拟合结果。

① 前面板设计。前面板只需要四种类型器件,依次是数值输入控件(对应图中的各种参数的输入控制栏),在控件面板中的"数值"栏中选取;波形图标控件,在控件面板中的"图形"栏中选取,"STOP"按钮控件,在控件面板中的"布尔"栏中选取;选项卡控件,在控件面板中的"容器"栏中选取。

具体设计后的示意图如图 4 – 19 所示。

② 程序框图。程序的主要模块是使用了下面的滤波器模块,其图标如图 4 – 20 所示。在 Lab View 的程序框图界面下单击鼠标右键,即可打开函数面板。

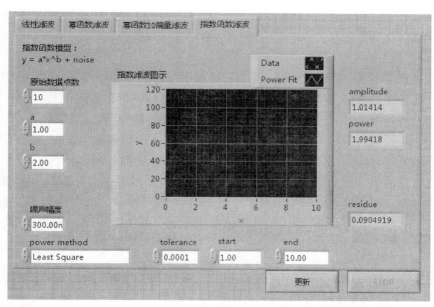

图 4 – 19　曲线拟合前面板设计示意图

图 4 – 20　曲线拟合模块

当将频谱测量模块放置入程序框图中时,会马上弹出如图 4 – 21 所示的一个具体的配置滤波器的设置对话框,用户可以在这里完成对该模块的最基本的初始化设置。

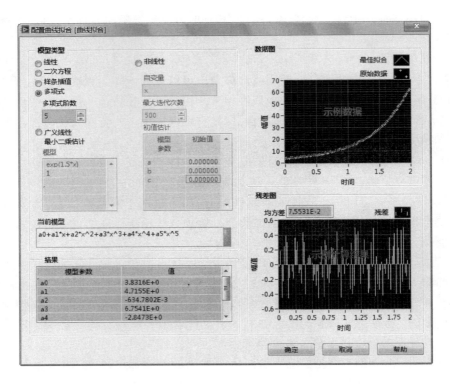

图 4-21 配置滤波器的设置对话框

下面对曲线拟合模块进行详细的说明。

1. 对话框选项

1) 模型类型

根据用户指定的数学模型,显示数据和结果。可选择以下任何一种模型类型。

（1）线性：查找最小二乘法意义上代表输入数据集的最佳直线斜率和截距。

（2）二次方程：查找最小二乘法意义上代表输入数据集的最佳二阶多项式。

（3）样条插值：返回区间个数为 n 的样条插值。n 包含样条插值函数 $g(x)$ 在内接点 ζ 处的二阶导数,其中 $i = 0, 1, \cdots, n-1$。

（4）多项式：查找最小二乘法意义上代表输入数据集的最佳多项式拟合系数。多项式阶数必须大于等于 0。如多项式阶数小于 0,则 Express VI 返回错误。默认值为 5。只有选择多项式时,才可使用该选项。多项式阶数的值必须符合下列关系：$0 \leqslant m < n-1$,其中,n 为采样点数量,m 为多项式阶数。

（5）广义线性最小二乘估计：使用最小二乘法,查找能最佳拟合输入数据的 k 维线性曲线值和 k 维线性拟合系数集。模型——自变量的函数,只有选择广义最小二乘线性时,才可使用该选项。如下列方程中,模型是 x 的函数,即

$$f_0(x), f_1(x), \cdots, f_{n-1}(x)$$

$$y = f(a, x) = \sum_{i=0}^{m-1} a_i f_i(x) = a_0 f_0(x) + a_1 f_1(x) + \cdots + a_{n-1} f_{n-1}(x)$$

其中

152

$$a = \{a_0, a_1, a_2, \cdots, a_{n-1}\}$$

（6）非线性：使用 Levenberg – Marquardt 算法，查找最小二乘法意义上，代表输入数据集的非线性模型的最佳系数集。非线性模型由非线性函数 $y = f(x, a)$ 表示，其中 a 是系数集。

（7）自变量：指定非线性模型的自变量。只有选择非线性时，才可使用该选项。

（8）最大迭代次数：最多可执行的迭代次数。如 Express VI 的执行次数达到最大迭代次数时，仍未找到结果，VI 将返回错误。用户必须增加最大迭代次数或调整初值估计，继续查找。默认值为 500。只有选择非线性选项时，才可使用该选项。

（9）初值估计：结果系数的初始猜测。只有选择非线性时，才可使用该选项。

（10）当前模型：显示当前选择的模型类型的公式。只有将模型类型设置为线性、二次方程、样条插值、多项式或广义线性最小二乘时，才会显示该对话框。

（11）非线性模型：说明模型方程的字符串。只有选择非线性时，才可使用该选项。

2）结果

显示根据用户选择的选项和输入值生成的参数值。

3）数据图

显示原始数据和最佳拟合。VI 使用 $zi = f(xi)A$ 计算最佳拟合。其中，A 是最佳拟合系数。

4）残差图

显示原始数据和最佳拟合之间的差异。

2. 程序框图输入

1）信号

指定因变量的观测值。

2）位置

指定自变量的值。

3）错误输入（无错误）

说明 VI 或函数运行前发生的错误。

3. 程序框图输出

1）截距

返回最佳线性拟合的截距。

2）a_1

返回一阶项系数。

3）最佳拟合

返回拟合数据。VI 使用 $zi = f(xi)A$ 计算最佳拟合，其中，A 是最佳拟合系数。

4）残差

返回原始数据和最佳拟合之间的差异。

均方误差：返回最佳拟合的均方误差。

5）错误输出

包含错误信息。如错误输入表明在该 VI 或函数运行前已出现错误，错误输出将包含相同错误信息；否则，表明 VI 或函数中出现的错误状态。

6）多项式系数

返回最佳拟合多项式的系数。多项式系数的元素数为 $m+1$，其中 m 是多项式阶数。

7）斜率

返回最佳线性拟合的斜率。

8）a_0

返回最佳二次拟合的常量。

9）样条插值

返回插值函数 $g(x)$ 的二阶导数。样条插值是插值函数 $g(x)$ 在 $i=0,1,\cdots,n-1$ 处的二阶导数。

10）非线性系数

返回最小二乘法意义上代表输入数据的最佳非线性模型系数集合。

11）广义最小二乘估计系数

返回最小二乘法意义上代表输入数据的最佳系数集合。

12）a_2

返回二阶项系数。

设计完成后得主程序框图如图 4-22 所示，它使用 NI 公司提供的仿真信号，在实际应用中用户完全可以把仿真信号部分用自己的实际信号替换，那么就可以完成对信号的滤波作用。

运行该程序，改变相应参数，即可以观察不同的滤波效果。

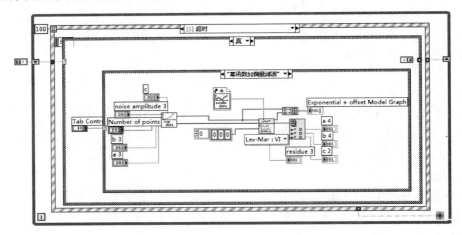

图 4-22　程序框图设计示意图

思考与练习题

1. 什么是虚拟仪器？它有哪些特点？
2. 虚拟仪器的基本组成都包括哪些内容？
3. 虚拟仪器具有哪些技术优势？

4. 什么是 VISA？它有哪些特点？

5. SCPI 要描述的是什么内容？其设计的总目标是什么？

6. SCPI 命令有哪几种形式？各有什么特点？其各自的构成形式又如何？

7. 什么是 VPP 技术？它有哪些特点？

8. VPP 仪器驱动程序的函数体的构成及各自作用是什么？

9. 仪器驱动程序外部模型分为哪些部分？各有什么特点？

10. 什么是 IVI？它有哪些特点？

11. 虚拟仪器的常用编程环境有哪些？结合自己的理解，举一种进行详细描述。

12. 在 Lab View 中设计程序包含哪两部分设计？各自完成什么功能？

第5章　自动测试系统设计

5.1　自动测试系统

5.1.1　概述

自动测试系统（Automatic Test System，ATS）是指以计算机为核心，在程控指令的指挥下，能完成某种测试任务而组合起来的测量仪器和其他设备的有机整体。它将测试从信号检出、信号处理、数据分析与判断、结果显示、数据存储等各个环节有机集成，从而自动完成测试全过程，以构成自动测试系统。

1. 组成及分类

自动测试系统一般由三大部分组成：自动测试设备（Automatic Test Equipment，ATE）、测试程序集（Test Program Set，TPS）和 TPS 开发工具。ATE 是指与测试任务相关的硬件设备以及相应的操作系统；TPS 是指与测试需求相关的接口适配器、测试程序软件和文档；TPS 开发工具是指 TPS 开发的软件环境，包括 ATE 和被测件（Unit Under Test，UUT）仿真器、ATE 和 UUT 描述语言、编程工具（如各种编译器）等。

对于自动测试系统，从用途方面来看，大体可以分为通用自动测试系统和专用自动测试系统。自动网络分析仪、大规模集成电路测试仪等都可归结为通用自动测试系统，专用自动测试系统则是为了专门测试某种设备或者被测对象而设计的测试系统。按照自动测试系统的构成和原理，可以分为数据采集型、系统集成型、网络型及闭环反馈型等。

1）数据采集型

数据采集型是测试系统应用最广泛的形式，其基本组成包括传感器、信号处理、数据采集卡和计算机，数据采集型测试系统示意图如图 5－1 所示。

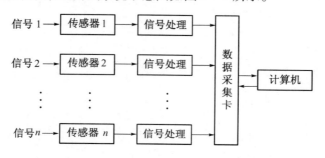

图 5－1　数据采集型测试系统示意图

2）系统集成型

系统集成型测试系统如图 5－2 所示。

大多数通用测试平台采用系统集成型这种形式，其特点是测试功能相对稳定，但对测

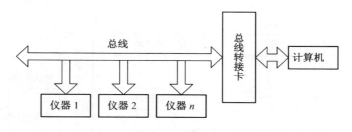

图 5-2　系统集成型测试系统示意图

试系统的性能要求较高,只有专用的仪器才能完成。

3）网络型

网络型测试系统利用局域网、互联网或两者的结合,将分布在不同地域的测试装置及测试子系统连接起来,通过某种通信协议(如 TCP/IP)传输数据及测试控制指令,实现各测试子系统为共同测试任务而协同工作的目的,其组成结构如图 5-3 所示。

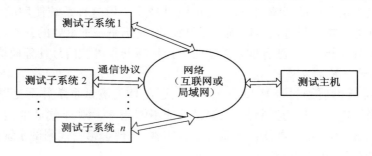

图 5-3　网络型测试系统示意图

网络型测试系统主要由两大部分组成:一部分是组成系统的基本功能单元,它本身可以构成测试子系统,包括了网络化传感器、网络化测试仪器、网络化测试模块等;另一部分是连接各个基本功能单元的通信模块。通常网络型测试系统担负着测试、控制和信息交换的任务。如果以信息共享为主要目的,则一般采用互联网。

2005 年由众多测试和测量仪器供应商和用户组成的联盟发布了测试系统的 LXI(LAN eXtension for Instrument）标准,它为局域网型测试系统的组建提供了强有力的技术支持。LXI 同时具备 GPIB 的易用性和 VXI 的技术性能。

4）闭环反馈型

闭环反馈型是在数据采集的基础上增加了反馈控制环节,一方面使测试系统能够根据数据分析结果实时调整,控制其自身的测试装置,使其以最佳的测量状态测试当前的信号,以便应对信号的较大变化;另一方面使测试系统能够将测试数据分析结果及时反馈被测信号,通过某种控制装置改变被测对象的信息,以符合用户需求。闭环反馈型测试系统如图 5-4 所示。

只有测试系统中某些环节能够接收可控信号,系统才能形成闭环反馈。当然,对于那些没有控制信号接口但又需要控制的器件(如传感器),仍然可以用其他可控装置对其位置、距离、方向等进行调节和控制,使之符合测试需要,如图 5-4 中虚线部分所示。

闭环反馈型测试系统是按偏差进行控制的,能够调整测试系统自身的状态,能够自动

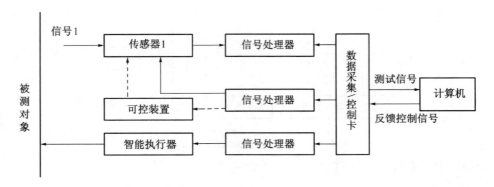

图 5 - 4 闭环反馈型测试系统示意图

适应信号的较大变化,其特点是不论什么原因,当输出量与期望值之间出现偏差时,都会产生一个相应的控制动作来减小或消除这个偏差,使测试值与真值趋于一致,抑制任何内、外扰动对输出量产生的影响,它有较高的测试精度。但这种系统使用的元件较多,线路复杂,系统性能分析和设计比较麻烦。尽管如此,它仍是一种重要的并被广泛使用的测试系统,应用前景广阔,目前已有越来越多的可控传感器和可控信号处理模块。

2. 自动测试系统的发展

自动测试系统的研制起始于 20 世纪 50 年代,早期的测试系统并不是以计算机作为控制器,而是采用定时器作为控制装置,测试功能不够完善。60 年代后期,在自动测试系统中采用了计算机作为控制器使得测试功能较完善,出现了第一代测试系统,从那时起自动测试系统的发展大体上分为三代。

第一代自动测试系统多为专用系统,通常是针对某项具体任务而设计的。其结构特点是采用比较简单的计算机或定时器、扫描器作为控制器,接口也是专用的,在组建自动测试系统时必须自己设计接口,技术比较复杂,成本较高,限制了它的应用,因此,第一代测试系统通用性较差。

采用标准化通用接口总线是第二代自动测试系统的主要特征。具有代表性的是 CAMAC 和 IEEE - 488(GPIB)标准接口系统。目前世界上主要电子仪器厂家的产品大都带有 IEEE488 标准接口总线。我国制造的一些微型计算机和电子仪器也配备了 IEEE488 标准接口总线。随着智能仪器和微型计算机的普及,以这些标准接口系统组建的测试系统越来越广泛。

第三代自动测试系统以"虚拟仪器"的出现为标志。虚拟仪器一出现就以其高性价比、良好的人机界面、方便灵活的互联特性、高可靠性、开放式的标准体系结构、方便维修等优点受到广泛欢迎。虚拟仪器由计算机、仪器板卡和应用软件构成。在计算机上共享传统仪器的公共部分(如电源、操作面板、显示屏幕、通信总线和 CPU 等),利用各种为业界公认的如 VXI、PXI、GPIB 等总线规范,结合插卡式仪器模块,通过如 LabVIEW、LabWindows/CVI、HPVEE 等应用软件开发平台,确定测试系统的功能。以虚拟仪器为理念的新一代自动测试系统,代表了自动测试系统的发展方向。

随着技术发展,自动测试系统正朝着标准化,提高系统通用性、互操作性、可移植性、互换性、故障诊断性和实现网络型的方向发展。

从 20 世纪 80 年代以来,人们就开始致力于自动测试系统的通用化,并逐步形成了军用测试系统以军种为单位的通用化标准。测试系统的通用性、互操作性、可移植性、互换性以及标准化要求是相辅相成的。通过通用化设计,一套自动测试系统可以实现对多个装备的自动化测试,减小了测试平台的种类。为了降低成本,缩短开发周期,自动测试系统中大量采用商业货架式产品,而商用产品更新换代快,为了延长测试系统的使用寿命,仪器更换不可避免。另外,随着通用测试系统应用范围的逐步扩大,为适应被测对象测试需求的变化,也要求测试仪器能够方便地升级换代。为了实现测试系统内仪器设备的通用性,就要最大限度减小不同厂家生产的仪器设备的差异,实现系统信号接口的标准化,实现测试程序与具体测试硬件资源无关。

现有的被测对象往往在设计时,对系统的测试性欠考虑或者考虑不周,另外,在自动测试程序中,故障诊断软件大多以故障字典或者故障树为依据,被测对象的内置测试数据、维修人员的经验、维修历史记录、被测对象的设计知识等无法得到充分利用,因此,测试诊断的效率较低,故障的检测率、隔离率等有待进一步提高。

目前绝大多数自动测试系统采用封闭式的结构,无法与外界环境实现信息交互,阻碍了诊断信息的共享和重用,使得诊断效率和准确性低下。未来的自动测试系统首先是信息共享和交互的结构,它具有与外界环境信息的无缝交互和共享。

3. 对系统的基本要求

无论对何种自动测试系统,一般都要求它们具有以下四个特点。

1)测试速度快

能够进行快速测试是自动测试系统的一个基本指标。电子技术的发展,电子产品日渐复杂,性能也相应提高,导致了要求测试项目的增多,而且其中有些项目的测试难以用人工来完成(人的动作太慢)。采用计算机控制的自动测试系统,则能很快地完成测试任务,其测试效率一般比人工测试要提高几十倍甚至几百倍。如大规模集成电路,若用人工进行一次全面的测量,其测试费用则可能远远超过制造费用。

2)多功能

现代测试系统相对于以往单一的对一种参数进行检测的专用系统而言,它还有一个突出的优点就是一般都具有多项测试功能,这也是目前组建一个自动测试系统时要认真考虑的因素。对于一个具体的自动测试系统,其功能越多,测试项目就越多,应用也就越广,也就越具有通用性。例如,一个复杂的自动测试系统,如果它能测试的量很多:既能测直流,又能测交流;既能测低频,又能测高频;既能测电压、电流、功率、角度、波形、灵敏度、输入/输出阻抗,又能测电平、失真度、频率响应、频率等。那么只要有这样一个测试系统,就可以对各种类型的复杂系统都进行测试,从而省却了不少专用的仪器,并能节省大量测试费用。

3)高性能

自动测试系统或自动测试仪器,通常都能够进行自动校准、自选量程、自动调整测试点、自动检测系统误差,并能将系统误差自动存储在存储器里,在自动进行数据处理时将它扣除,使自动显示和打印输出的结果准确度提高。这些特点决定了它具有以往简单测试仪器所无法具有的极高的性能。

4)设计制造容易、维修简便、使用方便、价格低廉、可靠性高

一个实用的测试系统,往往结构复杂,设计和组建不容易。但是随着技术的进步,人

们开始采用计算机组建现代自动测试系统。这样做的好处是,可以用软件代替许多惯用的硬件,使自动测试系统的结构显著简化,从而缩短了设计和研制时间,制造也不再困难。当然,软件的研制方面,在开头是要付出代价的,但一旦研制出来,生产就很容易了。特别是目前,由于微处理器、小型计算机和大规模集成电路的发展,其可靠性日益提高,售价逐渐降低,使自动测试系统的硬件不断改进和减少。这使得自动测试系统的可靠性大大提高,成本大大降低。更有些自动测试系统,为了维修简便,还设有故障自动诊断功能和自动检测设备(BITE),因而能够自动判断故障的部位,其维修将更加方便。

由于自动测试系统具有以上四个方面的特点,从而在各个领域得到越来越广泛的应用。过去一般认为四种场合(多次重复测量和操作的场合;要求技术性强的复杂操作场合;工作人员难以接近的场合和对工作人员身体健康有害的场合)下采用自动测试系统是有利的。而现在它不仅在电子、电工的各个领域得到广泛应用,而且在许多非电的领域也得到广泛应用。其应用范围大大超出以上的几种场合,正在越来越多地代替一般测试仪器,走向更加广泛发展的未来。

5.1.2 自动测试系统总体设计

1. 设计原则

1)快速自检功能

为缩短测试时间,要求具有快速自检功能,确保测试系统本身处于良好状态。

2)较高的可靠性

测试系统要执行一系列功能测试、完成信号转接、直至按程序控制测试无误,要求其有非常高的可靠性,在软件和硬件上应采用适当的容错和冗余设计。

3)抗干扰性能好

测试系统对抗干扰能力要求较高。因此,抗干扰设计应贯穿于系统设计的全过程,要在系统总体设计时统一考虑。

4)操作性能好

操作性能好,包含两个方面:操作方便和便于维护。操作员应易于操作,并应能通过显示控制台上的信号变换和显示,判明程序执行是否正常。显示控制台应能按总体设计和布局的要求显示各种信号、指令和参数。

5)可扩展性好

设计测试系统时,不但要考虑目前的状况及近期能达到的目标,同时必须估计到发展趋势,要长远考虑到设备将来的更新换代。关键硬件设备的配置应尽可能标准化,各项指标应留有余量,同时应留有扩展接口,为系统更新扩充创造条件。

6)通用性好

系统有较高灵活性、适应性、可维修性好。设计通用测试接口,配备不同的转接电缆,产品接口电路,板卡及元器件等选用较为通用的,利于更换和更新。

2. 总体设计思路

为更好地优化系统,按照如图5-5所示的流程设计。总体设计首先要确定测试系统的性能指标,确定系统要完成的功能,对系统的需求进行分析。

在功能分析和需求分析的基础上,要根据测试系统的设计原则和要求,提出系统的总

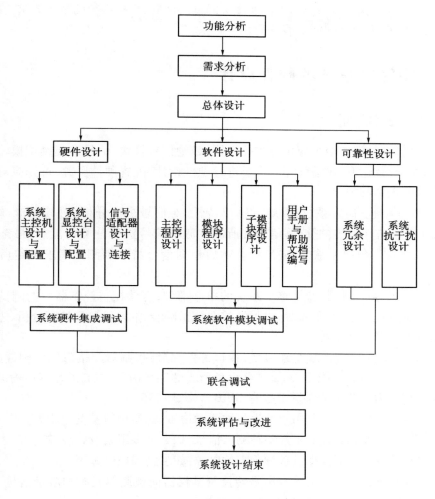

图 5-5 测试系统设计流程示意图

体设计方案,重点选择系统的最优总线结构,同时要考虑与整个被测系统相协调。

在进一步设计系统的硬件和软件结构时,要将系统的测试功能融进设计中,以实现系统故障的自动诊断。同时要将系统的可靠性设计与硬件、软件设计同步进行,在系统设计的每一个环节都要考虑容错、冗余和抗干扰设计,确保系统的可靠性和稳定性。

硬件和软件的设计都应遵循模块化的要求。一般的测试系统硬件可设计为主控机箱、信号适配器、显控台和测试电缆等部分。软件相对应于硬件,可分为启动程序(用户登录)、系统自检程序、单项测试程序、整机测试程序、数据处理、显示程序和报表生成及打印程序等。各模块设计完成时,进行模块的调试。全部完成后,再进行系统的联合调试,直至系统设计完成。

3. 硬件与软件功能配置

自动测试系统是由硬件和软件共同组成的。部分功能既可以用硬件实现,又可以用软件实现。使用硬件可以简化软件设计工作,并使系统的速度性能得到改善,但成本会增加,同时,也因接点数增加而增加不可靠因素。若用软件功能代替硬件功能,可以增加系统的灵活性,降低成本,但系统的工作速度会降低。因此,根据系统的技术要求,在确定系统总体方案时,应进行合理的功能分配。

5.2 自动测试系统的硬件设计

5.2.1 硬件资源配置

一般来讲,硬件资源至少应包括主控制器、激励信号模块、信号采集测试模块、电源、开关网络、系统总线和测试适配器等。要进行硬件设计,配置硬件资源,首先应对被测对象进行信号整理和归类。

(1)信号整理:研究系统的输入/输出特性,对信号进行分析,对其波形、幅度、频率范围、阻抗等进行描述,把待测信号和所需的激励信号进行分类与汇总,最终可分为模拟量输入/输出、数字量输入/输出等。然后根据信号特点和测试需求确定所需的硬件资源。

(2)主控制器:主控制器是整个系统的核心部件,存储在主控制器中的测试程序实施对整个测试过程的控制,如施加激励源、接受测试响应、故障检测和诊断分析、进行数据处理和提供人机对话接口等。

(3)系统总线:系统总线是连接线、接口部件、总线控制器及接口软件构成的整体,要求能够提供足够的驱动能力、测试仪器设备所需的工作信号、较高的数据传输速率和较强的时序处理能力。常见的系统总线有 GPIB、VXI、PXI 等。

(4)激励信号模块:主要用于产生各种激励信号,如通用信号发生器等。

(5)信号采集测试模块:采集各种测试信号,如数字多用表、示波器等。

(6)电源:为待测部件提供各种所需的电源,如多路程控电源等。

(7)开关矩阵模块:其主要作用是转接测试仪器向被测单元施加激励信号,并将被测设备的输出转接到信号采集模块。

(8)测试适配器:将激励信号转接到被测设备,将被测设备的输出转接到信号采集系统,以便对其进行采集、测试。

5.2.2 输入通道的设计

被测信号通常可分为数字信号(或开关量信号)和模拟量信号。对于数字信号,其输入通道结构比较简单。模拟信号的输入通道相对较为复杂。在自动测试系统中大多数输入的是模拟信号,因此着重对模拟信号的输入通道结构原理进行分析讨论。

1. 单通道输入结构

一个简单的单通道输入电路应包括传感器、信号变换电路、采样/保持(S/H)电路和A/D转换电路几部分,如图 5-6 所示。

图 5-6 单通道信号输入电路结构

单通道输入结构是自动测试系统输入结构的基本形式,是其他结构的基础。实际的自动测试系统往往都需要同时测量多个物理量,因此多通道数据采集系统更为普遍。

2. 多路分时采集单端输入结构

如图5-7所示,多个信号分别由各自的传感器和信号变换电路组成多路通道,经多路转换开关切换,进入公用的采样/保持电路(S/H)和A/D转换电路,然后输入到主机部分。它的特点是多路信号共同使用一个S/H和A/D电路,简化了电路结构,降低了成本。但是它对信号的采集是由多路转换开关分时切换、轮流选通,因而相邻两路信号在时间上是依次被采集的,不能获得同一时刻的数据,这样就产生了时间偏斜误差。尽管这种时间偏斜是很短的,对于要求多路信号严格同步采集测试的系统来讲,一般不适用。但是对于多数中速和低速测试系统,则是一种应用广泛的结构。

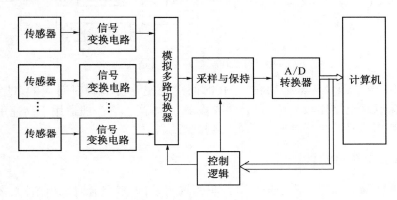

图5-7 多路分时采集单端输入结构

3. 多路同步采集分时输入结构

多路同步采集分时输入结构如图5-8所示。这是在图5-7基础上改进的输入通道电路。

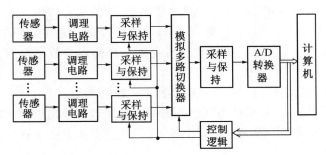

图5-8 多路同步采集分时输入结构

多路同步采集分时输入结构的特点是在多路转换开关之前,给每个信号通路增加一个S/H电路,使多个信号的采样在同一时刻进行,即同步采样。然后由各自的保持器来保持采集的数据,等待多路转换开关分时切换进入公用的S/H和A/D电路,并输入主机。这样就可以消除上述结构的时间偏斜误差。这种结构既能满足同步采集的要求,又比较简单。它的缺点是在被测信号路数较多的情况下,同步采集的信号在保持器中保持的时间会加长,而实际使用中保持器总会有一些泄漏,使信号有所衰减。同时由于各路信号保持时间不同,致使各个保持信号的衰减量不同。因此严格地说,这种结构还是不能获得真正的同步输入。

4. 多路同步采集多通道输入结构

这是由多个单通道并列构成的输入通道结构,如图 5 - 9 所示。

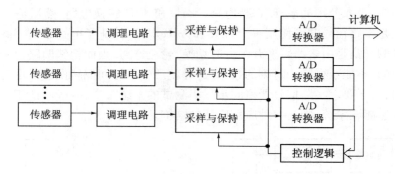

图 5 - 9　多路同步采集多通道输入结构

显然,它的每个信号从采集到转换,在时间上是完全可以瞬时对应的,即完全同步。这种结构的缺点是电路比较复杂,元器件数量多,成本高。它一般适用于高速采集多通道测试系统和被测信号严格要求同步采集的测试系统。

5.2.3　输出通道的设计

输出通道同输入通道一样一般可分为单路输出结构、多路分时输出结构、多路同步转换输出结构和多路共用 D/A 分时输出结构等几种基本形式,其中后三种属于多路输出结构。单路输出结构是输出通道的基本形式,多路输出结构都是在单路输出结构的基础上变换而成的。

1. 单路输出结构

应用于自动测试系统常见的普通的单路输出形式有三种。

(1) 在 CRT 显示器屏幕上显示测试结果,通过串行通信接口实现数据传输。

(2) 在数码管上显示数字。经过数据寄存器和译码器等数字电路实现数据输出和变换。

(3) 由打印机或绘图仪打印数据或绘制数据曲线和图形。

除上述这些普通形式外,在自动测试系统中通常模拟信号输出通道将主计算机处理结果馈送到控制部件或指示仪表及记录仪器,这一类输出通道比上述普通形式的输出结构稍微复杂些。

一般单通道的输出结构应包括数据缓冲寄存器(DR)、D/A 转换器、信号变换(放大)器等几部分,如图 5 - 10 所示。

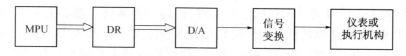

图 5 - 10　单通道输出结构

164

2. 多路分时输出结构

图 5-11 为多路分时输出结构电路图,它的特点是每个输出通道配置数据寄存器、D/A 转换器和信号变换电路,犹如多个单通道输出电路并列,主计算机控制数据总线分时地选通各输出通道,将输出数据传送到各自通道的寄存器中。这个过程是分时进行的,因此各路信号在其输出通道的传输过程中不是同步的。这对于要求多参量同步控制执行机构的系统就会产生时间偏斜误差。

3. 多路同步转换输出结构

这种结构与图 5-11 电路的差异仅在于多路输出通道中 D/A 转换器的操作是同步进行的,因此各信号可以同时到达记录仪器或执行部件。为了实现这个功能,在各路数据寄存器与 D/A 转换器之间增设了一个缓冲寄存器 R_2,如图 5-12 所示。这样,前一个数据寄存器 R_1,与数据总线分时选通接收主机的输出数据,然后在同一命令控制下将数据由 R_1 传送到 R_2,并同时进行 D/A 转换输出模拟量。显然,各通道输出的模拟信号不存在时间偏斜。主机分时送出的各信号之间的时间差,由第二个数据寄存器的缓冲作用来消除。

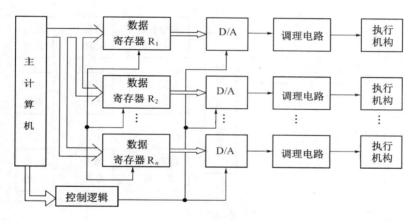

图 5-11 多路分时输出结构

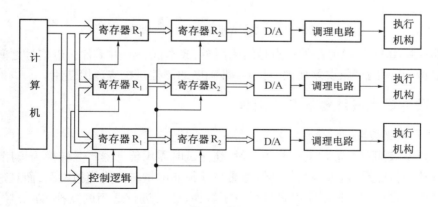

图 5-12 多路同步转换输出结构

4. 多路共用 D/A 分时输出结构

如图 5-13 所示,它的特点是各路信号共用一套数据寄存器和 D/A 转换电路。显

165

然,各信号是分时通过的,它们转换成模拟量后可采用两种传输方案,图 5 – 13(a)是将各模拟信号由各自的采样/保持器接收,经变换(放大)电路驱动记录显示装置或执行部件。图 5 – 13(b)则采用多路转换开关控制共用 D/A 转换器与各路跟随保持放大器的衔接。

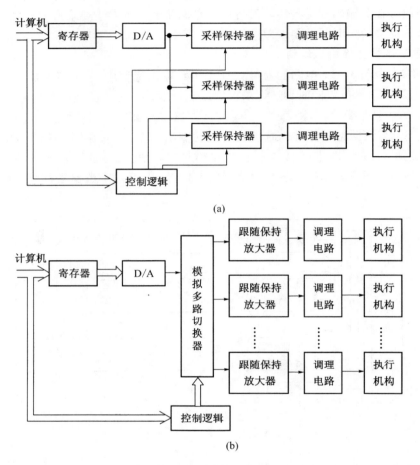

图 5 – 13　多路共用 D/A 分时输出结构

多路共用 D/A 转换电路的优点是结构简单、成本低。但由于各通道信号之间的分时间隔明显增加,时间偏斜误差加大,对于高准确度的测控系统应谨慎使用。

5.2.4　硬件设计应注意的几个问题

1. 信号调理模块

由于很多被测对象常常是一些非电量,在测试时需用传感器将其转换为可用电信号,除了部分数字传感器外,大多数传感器都是将模拟非电量转换为模拟电量,而且这些模拟电量通常不宜直接用数据采集电路进行数字转换,还需进行适当的变换,即信号调理,以便完成被测信号的输入、隔离和滤波、模拟信号的幅值调整、数字信号的整形和电平调整、频率信号的阻抗匹配及频率变换等,将非标准信号转换为满足数据采集卡输入范围要求的标准信号,并保证信号的准确性。

166

信号调理适配器的设计需要遵循以下四个原则：

（1）不能影响原系统的工作，即不能对原系统有太大的分流，因为原系统中一些电气元件的正常工作需要一定的电流驱动。如果分流太大，会导致原系统不能正常工作。

（2）信号的幅值或电平要符合模块化仪器硬件的输入电压范围要求，并尽可能地接近满量程，从而更好地复原信号。这是因为对同样的电压输入范围，大信号的量化误差小，而小信号的量化误差大。当输入信号为满量程的 1/10 时，量化误差相应扩大到原来的 10 倍。

（3）采取隔离措施。在完成被测系统和测试系统之间信号传递的同时，使用变压器、光或电容耦合等方法避免两者之间直接的电连接。一方面是从安全的角度考虑，另一方面也可使从数据采集卡读出的数据不受地电位和输出模式的影响。如果数据采集卡的地与信号地之间有电位差，而又不进行隔离，则有可能形成接地回路，引起误差。

（4）采取滤波措施。滤波的目的是从所测量的信号中滤除不需要的频率成分。通常的被测信号有直流信号、交流信号、数字信号、脉冲信号、频率信号等多种类型，且幅值、电平、频率各不相同，所以在设计信号调理模块时要对这些信号区分处理。

各类信号的调理过程原理框图如图 5 - 14 所示。

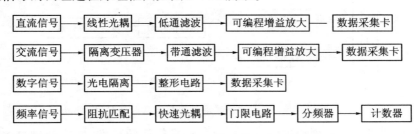

图 5 - 14　各类信号的调理过程原理框图

信号经过光耦或隔离变压器输入，由光耦或隔离变压器完成信号的隔离，从而避免了信号的不正当输入对硬件造成的意外损害。

由于模拟信号输入时不可避免地会串入环境噪声等干扰，因此对直流和交流信号均需进行相应方式的滤波，消除干扰对测试结果的影响。而开关量或脉冲形式的数字信号在输入时边沿可能会变得不够陡直，为了获得比较理想的被测信号，采用整形电路对数字输入量进行整形。对于频率信号，首先让其通过快速光耦和门限电路，变成数字信号，再经过分频器降低其输入频率，以满足硬件输入要求。

2. 各通道的同步触发

当测试系统需要对多个通道的参数进行采集、处理时，为避免影响数据处理部分的结果，各通道采集的数据之间的相对时间要保持一致，这要求各个采集通道在触发信号到来时，能够同时开始数据采集，这样各通道采集的数据时间基点一致，保证了采集数据的时间精度。

为实现这一目的，可以采用外触发方式进行数据采集。也就是将同一个触发信号连接到各模块的外触发口上。对各数据采集模块来说，由于使用同一个触发信号，所以当触发信号到来时，它们将同时接收到这一个信号并开始采集，这样就保证了整个系统各模块是同时开始进行数据采集的。

例如,在 PXI 标准中规定了标准的配置方法及协议,如同步开始/停止等协议。这些协议分别对触发源和触发接收者规定了定时要求,保证系统中各模块间的同步精度。将系统中的任一个采集模块设置为主模块,在它接收到触发信号的同时,向触发总线中的某一条触发信号线发出触发信号,其他模块则仅从这条信号线上接收触发信号。无论系统采用何种触发方式,只需要将触发源接到该主模块上,就可以在触发主模块的同时触发系统的其他 PXI 模块,保证了采集数据的相对时间精度。

3. 测试系统的模块校准

校准即根据系统误差的变化规律,采用一定的测量方法或计算方法,将它从仪器的测量结果中扣除。

由于准确度等级高的仪器其系统误差小,因此可用准确度高的标准仪器去修正准确度低的被测仪器。有以下两种方案可供使用:

(1)采用同类型的准确度高的标准仪器校准时,标准仪器和被校仪器同时测量信号源输出的一个信号,标准仪器的显示值作为被测信号的真值,它与测量仪器显示值的差值即为该仪器的测量误差,如图 5 − 15 所示。

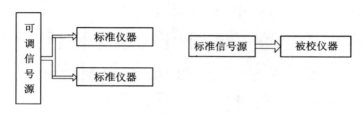

图 5 − 15　同类信号校准和用校准信号源校准

(2)采用准确度高的可步进调节输出值的标准信号源校准时,信号源的示值作为真值,它与被校仪器示值的差值就是该仪器的测量误差。在校准无内置微机的传统仪器时,信号源输出的改变和被校仪器功能、量限的设定都是靠手动调节的。测量的数据也是靠人工进行观测、记录和处理的。当被校仪器超差时,需用手动调节仪器内部的许多可调元器件的参数(可调电阻、可调电容、可调电感),以使其示值向标准源的示值靠拢。

与传统仪器的手动校准不同,虚拟仪器是可程控的,在控制器的程控命令指挥下,校准可以自动进行,不同的是虚拟仪器的各操作要由控制器先发出指令再由模块执行。因此不同于传统仪器的手工校准,虚拟仪器的校准是通过软件来操作的。它有如下特点:

① 分为外部校准和内部校准两种方式。

② 外部校准采用上述第二种校准方法,但不需要像传统仪器那样,手动调节被校仪器的输入信号,也不需要打开机箱手动调节仪器内部的可调元器件,而是由仪器的自动校准系统来实现的。

③ 内部自动校准是依靠仪器内部微机和内附标准源自动完成的。它采用上述的第一种校准方法,即根据系统误差的变化规律,使用一定的测量方法或计算方法来扣除系统误差。

虚拟仪器模块的校准不是通过调节仪器内部的可调元器件实现的,而是输出一个偏差电压到被校对象上,通过叠加被校对象的输出和这个偏差电压来减小仪器模块的误差。

模块设有专用于存储校准常量（Calibration Constants）的 E^2PROM,校准即是校准软件通过微调 E^2PROM 中的校准常量来实现的。模块初始化完成后,校准常量被载入到模块上的校准数模转换器（Calibration Digital – to – Analog Converter, CALDAC）中,由 CALDAC 根据载入的校准常量输出一个模拟电压值,叠加到其他电路输入或输出的电压上,从而使误差源产生的误差最小化,实现校准功能。模块校准结构示意图如图 5 – 16 所示。

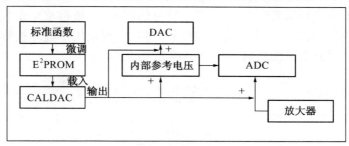

图 5 – 16   模块校准结构示意图

5.3   自动测试系统的软件设计

测试软件是自动测试系统的神经中枢,整个系统是在测试系统的软件指挥下进行协调工作的,能完成管理、监控、操作、控制、计算和自诊断等功能。

1. 软件设计需求分析

1）实时性

在许多情况下,要求系统能实时进行数据采集和处理,特别是对于具有监测功能的系统,实时性更应引起高度注意。为此,除在硬件上采取必要的措施外,还应在软件设计上加以考虑。在满足要求的前提下,应尽量采用高级语言编写程序,以提高软件的性能（特别是可维护性）并缩短软件开发周期;同时,在满足系统需求条件下,尽量降低采样频率,以减轻整个系统的负担。

2）针对性

应用程序的一个最大特点是具有较强的针对性,即每个应用程序都应根据具体的系统特性和检测要求来设计。

3）可靠性

在计算机检测虚拟仪器系统中,软件的可靠性与硬件的可靠性同等重要。为此,一方面在软件设计时要采用模块化的结构,以利于排错;另一方面也应设计诊断程序,使其能对系统的硬件和软件进行检查,一旦发现错误就及时处理。

4）有效性

有效性指对系统主要资源的使用效率。这些资源不仅包括中央处理机、存储器、辅助存储器,也包括输入/输出时间、远程通信时间、完成检测所需时间等。

5）可维护性

可维护性是指软件能够被理解、校正、适应和改进的难易程度。在进行软件设计时要采用模块化、结构化设计方法,并充分考虑系统容量的可扩展性和功能的可扩充性。

对于简单的应用软件,用直接设计的方法即可解决问题,即先根据需求设计出程序框图,然后选用某种程序语言及开发工具编制程序。遵循软件工程方法,即采用工程的概念、原理、技术及方法来开发和维护应用软件,以提高应用软件开发的成功率,减少软件开发和维护中的问题。

2. 软件设计流程

根据系统要求进行功能分析,确定系统软件的需求,并搭构整个系统设计思路,按功能要求进行模块分析,完成对主程序的设计后,对各个模块用子程序进行设计,并根据测试流程编写用户手册与帮助文档,如图 5 – 17 所示。

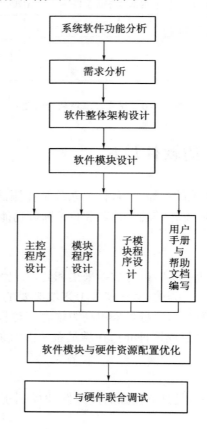

图 5 – 17 测试软件设计流程

3. 软件结构设计

软件设计可采用三层递进式结构,如图 5 – 18 所示。第一层为主程序层,由用户界面和测试执行部分构成;第二层是测试层,负责逻辑关系的验证以及相关决策的制定;最底层叫做驱动层,负责与仪器、被测试设备以及其他应用程序之间的通信。

采用三层递进式结构有以下优势:

(1)划分各个层次及其功能以实现程序重用性的最大化。在测试软件中对功能子模块或每一个子程序都有明确的应用范围,功能模块或者程序可以经过极短时间的判断后立即被重用。应用程序和仪器进行通信时,可以重用驱动程序,测试时,可以重用数据显示、报表生成与打印模块等子模块。

170

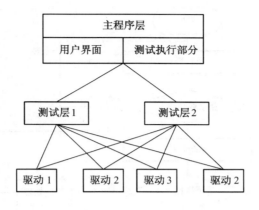

图 5 – 18 软件结构

（2）采用三层递进式结构可以实现程序维护时间的最小化。需要修改的模块或子程序的识别和定位较为准确快捷,使测试软件维护和修改更容易完成。

（3）严格分层和三层递进式方法实现了测试系统软件的抽象化。其中的每一层都能够为其下的层次提供抽象信息。驱动层可以抽象出用于仪器通信的模糊指令,并将其交付测试层。主程序层能够通过简单易懂的用户界面向子程序以及测量部分提供必要的抽象信息。

4. 测试软件设计

测试软件采用模块化设计,可以分为主控模块、自检模块、数据采集模块、数据处理模块、测试模块、报表生成打印模块和数据存储等八个主要模块。

为实现测试系统软件的可扩展性和易维护性,在设计软件结构时,使系统软件能够适应硬件模块和算法。采用通用框架的处理方法,把数据和测试流程分开,从而实现测试软件的通用性和灵活性。

（1）数据采集控制管理:完成测试仪器工作参数配置及流程控制设置。结构设计采用通用化的设计思想,选择相应的测试项目,即可完成该测试任务。

（2）测试配置:各测试通道是对等的,这样可以任意连接测试通道,只要将连接情况输入系统,系统即可根据要求自动配置。

（3）测试执行:完成测试的全过程,显示、记录过程中测试数据,并可人工控制测试执行过程。

（4）数据处理:实现采集数据的存取盘操作,进行采集中和采集后的数据分析处理,包括专用数据处理和通用数据处理功能。

（5）报表:自动生成、打印相关报表,并可根据测试任务名称、操作者名称、测试日期、序列号等关键词检索。

1）主控模块

该模块在整个测试软件系统中负责系统登录、仪器初始化、模块调度和流程控制。该模块主要起调度和信息传递的作用,并为整个系统提供唯一的用户入口,同时调度软件中各子模块的工作。测试软件主控模块流程图如图 5 – 19 所示。

2）自检模块

该模块对系统各硬件模块的功能、通道配置情况、可用性进行测试,并完成对使用模

171

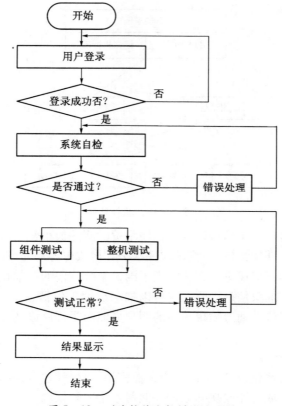

图 5 – 19　测试软件主控模块流程图

块的软件校准,以确保系统在正常测试过程中所产生的数据的真实性、有效性和可信性。测试软件自检模块流程图如图 5 – 20 所示。系统自检模块主要有两部分功能:① 测试系

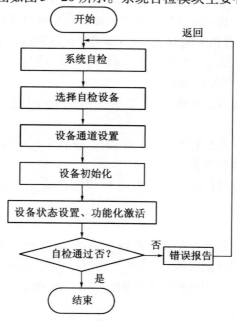

图 5 – 20　测试软件自检模块流程图

172

统各硬件板卡的自身功能可用性的检查;② 测试系统校准。第一项功能设置为全系统检查,即对所有板卡均进行扫描检查,并报告各板卡的状态;第二项功能可分为单通道检查、部分通道检查、全通道检查可选。在测试时为提高内存使用效率一般采用通道选择自检。

3)测试模块

根据需要测试系统可设置对组件的测试和对整机的测试。

(1)组件测试模块。组件测试模块的主要功能是选择被测试的组件,并对其进行测试。采集测试信息,并调用数据处理模块对处理信息进行存储和显示,并询问是否打印报表,如图 5-21 所示。

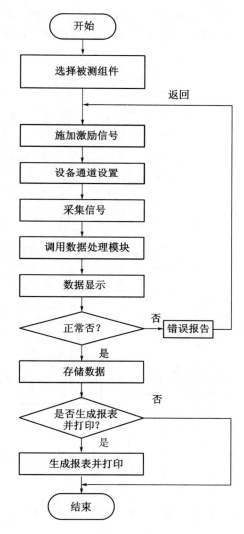

图 5-21　组件测试模块流程图

(2)整机测试模块。整机测试模块的主要功能是按照预先设置好的顺序对整机进行测试。其流程与组件测试的流程基本一致。

4)数据处理与存储模块

数据处理与存储模块的主要功能有两方面:处理功能将数据采集控制模块所采集的

数据与建立的标定系数变换为所测物理量的量值;处理量值根据测试功能和测试项目进行数学处理和计算,最终得到测试结果。该模块包括有专用数据处理模块和通用数据处理模块两大部分,专用数据处理模块用于数据的一般处理以及译码器信息的计算等处理;通用数据处理模块包括通用的谱分析、相关分析等。

实现对配置数据、存储系统运行过程中各软件模块产生或输入的数据,将数据提供给其他模块,降低各模块之间的耦合度。各模块间存在相当多的相互关联、相互制约的信息,数据采集模块以及其他模块的硬件设置部分需要通道配置模块中通过数据存储模块来记录、传递一些数据,如标定系数、通道信息,计算所用的参数等也用数据存储模块来记录。每次测试所采集的各个通道数据,不适于使用数据库存储,而且这些数据与其他数据的关系简单,所以采用数据文件的形式存储。该模块流程图如图5-22所示。

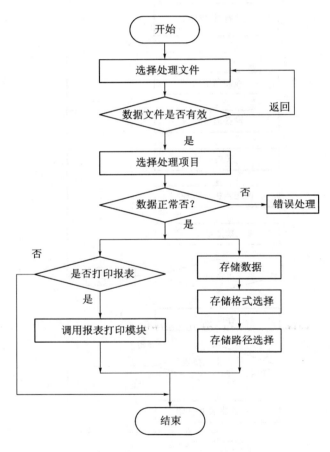

图5-22 数据处理与存储模块流程图

5) 报表生成打印模块

报表生成打印模块的主要功能是对测试数据处理结果按照规定的格式生成标准的报表文件,提供报表打印预览及打印功能,并提供于外部文字处理。报告文档的最终格式可以为标准的 WORD 文档、EXCEL 表格文档,也可以是图片格式。该模块是整个测试系统测试结果的最终输出通道,如图5-23所示。

174

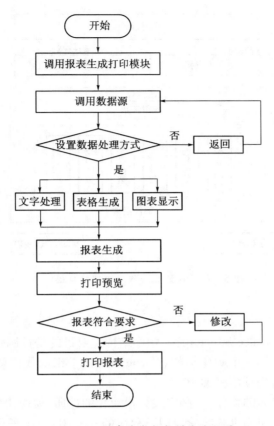

图 5-23 报表生成打印模块流程图

5. I/O 接口软件驱动程序设计

仪器驱动器(Instrument Driver)也即仪器驱动程序,是完成某一特定仪器控制与通信的软件程序集,用以实现应用程序控制仪器。使用 LabVIEW 源代码,通过接口调用仪器中的函数库,建立仪器的驱动程序,从前面板输入简单数据即可控制仪器的创建和使用驱动程序。使驱动层和主程序层和测试层分开,程序的可读性得到了显著改善,有利于程序重用性的实现。最后把仪器驱动程序作为子程序调用,与其他子程序一道组成一个大控制程序,从而控制整个系统。仪器驱动程序内部接口模型如图 5-24 所示。

6. 程序优化设计

在构建测试程序时,无论是程序整体结构框架,还是程序内部具体的编程流程,都应进行优化设计,以尽可能获取最佳的程序性能。

1) 异常处理

在设计程序中充分考虑系统硬件或是软件错误出现的可能性及其解决方案,即在程序中加入异常处理(Exception - Handling)。异常处理可及时通知操作者系统出错,且有利于程序调试、故障诊断以及查明出错的位置和原因。

错误产生时,依据其严重程度,主程序的错误指令将决定程序如何运行。如果错误很小,那么受到错误影响的程序要进行调试,而剩余部分则继续执行。如果错误较严重,程序将行使中断权利并限制程序按正常方式运行,与此同时将错误通告用户,以便进行查

175

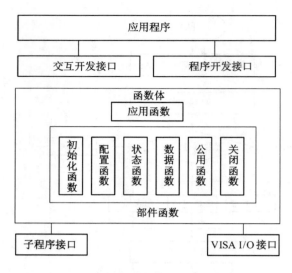

图 5 – 24 仪器驱动程序内部接口模型

错、修改和调试。

2）结构优化

（1）顺序结构（Sequence Structure）。顺序结构主要目的是控制代码的执行次序。需要首先执行的程序放在第一个顺序框架（Frame）中，接下来的代码就按照程序执行顺序分别放置在排列好的适当顺序框架中。

同一程序执行了过多的操作，它必定失去模块化的性质，模块化程度的降低进而削弱了程序的重用性。将三层递进式结构应用于程序的开发中，使用子程序在提高程序重用性的同时，也降低对顺序框架的需求，以增加程序的可读性和可维护性。

（2）轮询循环（Polling Loops）。轮询循环在程序中用于监视错误事件的发生，这些事件的执行结果会直接影响其他部分程序的运行。

轮询循环可能占用所有可以获取的 CPU 资源，进而明显地降低系统的性能。因此，轮询循环的使用必将降低应用程序的执行效率。

在必须使用轮询循环时，可以试着在不需要严格的轮询循环的位置加入适当的延迟，以实现程序不同部分之间的同步操作。

5.4 系统设计举例

5.4.1 工业锅炉测试系统

1. 设计任务

设计一个工业锅炉的温度、压力、水位等参数的检测监视系统，具体性能指标如下：

（1）温度变换范围为 0 ~ 450℃；用热电偶作传感器，它的灵敏度为 $55\mu V/℃$；共有 8 个监测点，允许误差为 ±1℃。

（2）压力传感器输出电压范围为 0 ~ 10V，共有 4 个监测点，允许误差为 ±2%。

（3）水位传感器输出电压范围为 0.1V ~ 5V，共有 3 个监测点，允许误差为 ±5%。

（4）各参数的监测点每秒测量一次数据。

（5）各参数具有超限报警监示功能。

（6）要求每隔 1h 输出一份测量数据报表。

（7）本系统工作环境温度为 0℃~30℃（室温）。

2. 系统总体结构设计

可以按照自动测试系统的三个基本部分来分析总体配置和结构。

对主计算机的结构设计是比较复杂的，从原则上看是可以自行设计，但是由于主计算机设计的工作量较大，对可靠性要求高，因此对于以测试为主要目的的工程设计，通常采用选择现有合适的机型来构成系统。目前可供选择的种类有单片机、单板机、微型机系统、小型机等。规格型号更是多种多样。一般可按字长、运算速度和内存容量三个重要性能来初选。

本实例中，字长可根据被测参数变换范围来估计是否满足测量准确度要求。在温度、压力、水位三参数中，温度变化范围为 0℃~450℃，允许误差 ±1℃。如果用 8 位字长，以定点数表示温度值，当 $T_m = 450℃$ 时，其最低位 LSB = 1.76℃，显然它不能满足要求。当然也可用双字节定点数或浮点运算，它们的数值表示范围都可满足要求。但是这两种数值表示法，其运算过程都需要更多的 CPU 时间开销，需要通过运算速度的综合核算才可确定。

如果采用 16 位字长的主机，以定点数来表示温度参数可满足准确度要求，但 16 位机的价格比 8 位机贵。

运算速度多数场合使用计算机的主振频率来衡量。本实例中采样频率要求较低：$f_s = 1Hz$，共有 15 个数据需要采集，若按 16 个通道估计巡回采集一遍，每个数据采集间隔时间为 62.5ms，这样慢的采集速度，对一般的 8 位机均能满足要求。

存储器容量通常可按程序长度和数据量大小来衡量，本实例中对于数据处理的要求并不复杂，因此程序长度不会成为内存的重要负担，数据量是占据内存的主要部分。按给定要求，每秒采集 16 个数据，1h 积累的数据量是 16×3600 = 57600，若一个数据占一个字节单元，则需要 58KB。一个数据占一个字，则需 116KB。若再考虑程序存放区、中间数据单元等至少应有 128KB。

当然，如果内存容量受到限制也可采用缩短数据刷新时间间隔的办法，例如，某主机只有 32KB 内存可作数据区，那么，它最多只能积累数据 16000，每路允许存放 1000 个数据，相当于运行积累 16.6min，即每隔 16min 将数据打印输出，并刷新一次内存。

输入通道的一般结构类型已讨论过。本实例采样频率较低，通道数较多，为减少元器件成本，提高可靠性，宜采用如图 5-25 所示结构。

输出通道应包含两部分：即打印机和声光报警硬件电路，如能有显示器实时显示动态数据则更为方便。

3. 输入通道电路设计

1）传感器

传感器在测试系统中是影响系统性能的重要因素之一。本实例中已给定温度传感器的灵敏度。由此可知，它的电压输出范围为 0~25mV（55μV/℃ × 450℃ = 24.75mV ≈ 25mV）。

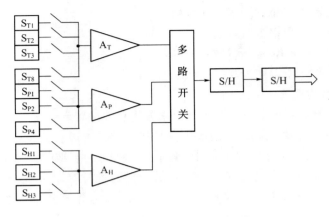

图 5 – 25　输入通道结构原理图

压力传感器输出电压为 0 ～ + 10V。

水位传感器输出电压为 0 ～ + 5V。

三种电压信号变化范围相差较大,必须经过信号变换电路才能进入公共 A/D 转换器的有效范围。

2)信号变换电路

如果采用 0 ～ 10V 工作范围的单极性 A/D 转换器,三种信号需要增益不同的放大器进行调理。

温度传感器输出电压信号为 0 ～ 25mV,必须配置增益为 400 的测量放大器,8 个监测点可以共用一个固定增益的测量放大器,为防止共模信号的干扰引入测量误差,可采用"浮动电容"多路转换差动输入结构,如图 5 – 26 所示,这种电路的优点在于使信号源与放大器能够实现完全的隔离。

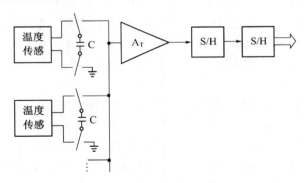

图 5 – 26　"浮动电容"差动结构

放大器的动态性能是设计中应该予以重视的重要参数。本实例中给定信号测量允许误差为 1℃,其相对误差为 0.22%。如果要求放大器的准确度达到 0.1%,它的输出电压所需的建立时间是否被采样周期所允许。假如采样周期不允许放大器占用所需的建立时间,那么放大器的输出电压就不能保证 0.1% 的准确度,因此必须进行核算。

单级放大器输出值达到稳态值允许误差范围需要一个过程,这一过程所需要的建立时间与准确度有关。允许误差为 0.1%,建立时间约是 9 倍时间常数 τ,其中 τ 可按下式计算：

$$\tau = \frac{t_r}{2.2} = \frac{0.35}{2.2f_w}$$

式中：t_r 为放大器上升时间(s)；f_w 为放大器频带宽度(Hz)。

如设放大器带宽 $f_w = 5kHz$，代入上式得

$$\tau = \frac{0.35}{2.2 \times 5 \times 10^3} = 32(\mu s)$$

放大器建立时间按 9 倍时间常数 τ 计，$t \approx 9\tau = 0.288ms$，这对于每个通道采样间隔为 62.5ms 来说是个一根小的时间量。但是从抑制噪声影响的角度来看，最好限制放大器的频带宽度，假如将放大器的带宽压缩到 $f_w = 200Hz$，则 τ 为

$$\tau = \frac{0.35}{2.2 \times 200} = 0.795(ms)$$

故放大器建立时间增大到 $t = 7.16ms$。这就是一个不容忽视的时间量了。

本实例中放大器增益比较高，可能会使温度漂移引起的误差增大，但同时也起到了阻抗变换作用。

压力传感器输出电压可以直接与 A/D 转换器衔接。但考虑到阻抗变换，往往要加跟随器。A/D 转换器的输入阻抗约为 $10k\Omega$(满量程为 10V)。如果传感器输出阻抗为 kΩ 级，即可引起相当大的信号衰减，造成测量误差。集成运算放大器的输入阻抗为 $10^9\Omega$ ～ $10^{10}\Omega$，相对于传感器输出阻抗就大得多。运放跟随器的输出阻抗约为 0.1Ω 左右，相对 A/D 转换器的输入阻抗可忽略不计，这样信号传输中的衰减就可以忽略。

3）A/D 转换器选用

温度、压力、水位三参数的测量准确度，以温度测量的准确度要求最高，所以根据它来确定 A/D 转换器的位数，假如分配到 A/D 转换器的允许相对误差为 0.1%，把它作为转换量化误差，则 A/D 的转换位数 n 应满足下述关系：

$$\frac{1}{2^n} \leqslant 0.1\%$$

由此得 $n \geqslant 10$。若取 $n = 10$，则 $LSB = \frac{1}{2^n} = 0.098\%$。

满量程工作电压定为 10V，可用单极性工作方式。

若转换速率要求并不高，则可采用逐次逼近式或双斜积分式。一个 10 位逐次逼近式 A/D 芯片的转换时间在 $100\mu s$ 以内，一个 10 位双斜积分式 A/D 芯片的转换时间在 10ms 左右。双斜积分式 A/D 转换器还可以获得很好的线性度和对噪声干扰有较高的抑制能力。

4）采样/保持器的设计

从原理上讲，采样/保持器(S/H)电路是必要的。但在实际工程中，有时用一个电容器代替 S/H 电路的功能，但只有在被测信号变化缓慢的场合才允许这样配置。怎样确定是否设置 S/H 电路，工程上通常按下式来判别：

$$\mu T_{\mathrm{AD}} < \frac{U_{\mathrm{m}}}{2^n}$$

式中:μ 为被测模拟信号最大变化速率;T_{AD} 为 A/D 转换器的转换时间;U_{m} 为 A/D 转换器的最大工作电压;n 为 A/D 转化器的数字量位数。

若此关系式成立,则可不设专门的 S/H 电路,只在 A/D 转换器的输入端并联一个电容器即可。若此关系式不成立,则必须设置 S/H 电路(或单个芯片,或含在 A/D 芯片内)。

由 A/D 转换器的选定参数代入上式判断是否设置 S/H。由 $T_{\mathrm{AD}} = 10\mathrm{ms}$,$U_{\mathrm{m}} = 10\mathrm{V}$,$n = 10\mathrm{V}$,$n = 10$,以及用给定的采样频率依据采样定理来估算出 μ 值,进行判断。

设 f_{c} 为被测信号频中的最高频率,由采样定理 $f_{\mathrm{s}} \geqslant 2f_{\mathrm{c}}$,得 $f_{\mathrm{c}} \leqslant \frac{1}{2}f_{\mathrm{s}} = 0.5\mathrm{Hz}$,并按最大电压值估计,得

$$\mu = 2\pi f_{\mathrm{c}} U_{\mathrm{m}} = 2\pi \times 0.5 \times 10 = 31.4(\mathrm{V/s})$$

$$\mu T_{\mathrm{AD}} = 31.4 \times 10^{-2}, \quad \frac{U_{\mathrm{m}}}{2^n} = \frac{10}{2^{10}} = 10^{-2}$$

可见,$\mu T_{\mathrm{AD}} > \frac{U_{\mathrm{m}}}{2^n}$,因此应设置 S/H。

4. 输出通道设计

按照设计任务的要求,输出通道必须具有打印机和报警电路。一般可选用微型打印机,减小体积和降低成本。报警电路由计算机发出开关信号驱动,可采用编程并行接口 PIO 作为接口电路。报警方式常用声光信号同时发作,提醒操作人员,图 5－27 为系统原理结构图。

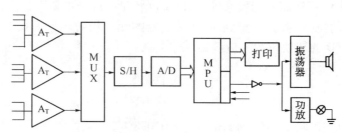

图 5－27 工业锅炉测试系统原理结构图

5. 软件设计

1) 用户界面的设计

用户界面的设计是自动测试系统软件设计的起点。它的功能主要是为用户实现操作仪器与仪器设备通信、输入参数设置、输出结果显示的接口。一般提供图形化的用户接口,提供主要的测试功能。用户可在面板上通过鼠标和键盘来交互控制仪器。设计中一般采用面向对象的设计方法和设计语言。

2) 数据采集、处理、控制管理

自动测试系统的软件具有的两项最基本功能是对输入/输出通道的控制管理功能和

测试数据的处理功能。由于这两项功能的软件与系统硬件密切相关,通常必须由测试系统的设计者全面综合规划,其内容包括以下几方面。

(1)数据采集控制方式。如前所述,输入通道采集数据由程序控制方式和 DMA 方式。显然本系统采用程序控制方式较为合理。程序控制方式中又有定时传送方式、程序询问方式和程序中断方式,在测试系统中最常用的是询问方式和中断方式。

(2)系统工作方式。由于采用不同的数据采集控制方式,系统内部程序就按照不同的工作制式运行。它们的差异表现在时间的分配上。例如,本实例中要求每隔 1s 采集一次各参数的数据,即以 1s 为一个工作周期,在工作周期内可有两种制式来实现。图 5-28 中画出了 1s 的工作周期内先按 16 个通道的次序快速采集,每个通道数据传送需 15ms,总共占据 0.24s,其余的 0.76s 时间用来作数据处理或其他工作。

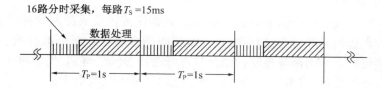

图 5-28 先采集后处理工作制式

除此以外,还有另一种工作制式,如图 5-29 所示,在一个工作周期内,将 1s 分成 16 份,每个通道约占 62.5ms。输入通道数据传送只需 15ms,其余 47.5ms 时间用来处理通道的数据,这种制式的特点是边采集边处理。所有参数巡回一遍正好是一个工作周期。

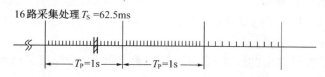

图 5-29 边采集边处理工作制式

对于数据的采集和处理还常用长周期和短周期的混合制式。例如,在某个测试系统中,既有要求采样周期快的参数,又有要求采样周期较慢的参数,此时若都按照短周期采集数据,必然会因通道数目多而限制采样频率的提高;若按照短周期采集部分参数,另一部分参数按照短周期的若干倍时间为工作周期,这样就容易满足不同采样频率的需要。图 5-30 为两种工作周期的混合制式。

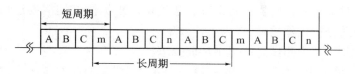

图 5-30 两种采样周期的混合制式

(3)定时方式。采样周期的时间长短是根据信号变化快慢和测量准确度的要求而定的,在程序设计中实现计时的方法一般有两种。

程序执行时间计时法。每一种微处理器的所有指令执行时间是确定的,在编程时可以将全部指令的执行时间加起来作为计时工具。一般说,一段程序的执行时间不可能都恰好等于设计的采样时间,如果相差很少,可以加若干条"空操作"(NOP)指令,使执行时间等于采样周期时间。这种计时法一般用在采样周期比较短的场合。本实例中工作周期为 1s 就不宜采用。

CTC 中断计时法。由微处理器时钟芯片的初始化程序确定其定时时间,每当定时时间到,就向 CPU 发出中断信号,CPU 响应中断后就进入工作周期,开始数据采集和处理,执行完成后就返回主程序等待下一个 CTC 的时间到中断信号。显然,数据采集处理程序全部放在中断服务程序中。这种方法采用中断程序控制方式,程序设计灵活,工作周期改变方便。

5.2.4 导弹译码器测试系统

1. 被测对象分析

该导弹采用无线电指令制导方式。它由地面制导雷达形成控制导弹的各种指令,经过编码调制后发送给导弹,弹上指令接收天线接收指令后送给指令接收机。导弹译码器就是对指令接收机送来的制导控制指令信号进行选择、译码、解调,然后将 K1、K2 指令电压输到弹上自动驾驶仪,将 K3、K4、K5 指令电压输到弹上无线电引信。

导弹译码器由下列五部分组成:

(1)编码位与行时序波门产生器及询问脉冲选择器;

(2)编码帧与列时序波门产生器及分程脉冲同步识别码译码器;

(3)K1、K2 指令译码器;

(4)K1、K2 指令解调器;

(5)K3、K4、K5 指令译码器及解调器。

导弹译码器的主要功用是:

(1)从指令接收机输出的脉冲信号中,选出询问脉冲,并形成延迟可调的应答器触发脉冲,送到应答器。

(2)对 K1、K2 指令的编码脉冲进行选择、译码、解调,输出 K1、K2 指令电压,送给导弹自动驾驶仪。

(3)对 K3、K4、K5 指令的编码脉冲进行选择、译码、解调,输出 K3、K4、K5 指令电压,送给导弹无线电引信。

导弹译码器测试系统是为某型导弹译码器的测试、校验系统研制的专用自动测试系统。该系统可以对译码器的五个单板电路分别进行测试、调试,并可分析、判断、显示、记录测试结果;同时又可对译码器进行系统整机测试。根据测试的需要还可以对单级电路进行检测,以帮助分析排除故障,提高工作效率。

根据测试需求,整个测试系统提出功能要求。

(1)测试环境要求:系统在温度 $-5℃ \sim +40℃$、常温时相对湿度不大于 98% 的条件下可以正常工作。

(2)电源电压:交流电压为 220V/50Hz;直流电压为 $5V \pm 0.15V$、$10V \pm 0.15V$、$17V \pm 0.05V$ 和 $27^{+2.5}_{-2.0}V$。

(3)主控计算机在主控程序的控制下,根据测试选择(板件测试、整机测试)来控制信号产生器产生不同的视频脉冲。

（4）视频脉冲幅度大于4V。

（5）依据测试要求,计算机自动控制测试程序完成自动测试或提示进行人工手动测试。测试项目、内容、方法均在显示器显示。

（6）系统测试结束后打印结果。

（7）系统可连续工作。

（8）测量误差:指令电压为±1%,延迟时间为±3%。

为对译码器进行测试,必须产生和制导雷达发射的信号相同(或相似)的各种指令信号和脉冲,这一任务是由任意波形发生器(Arbitrary Waveform Generator,AWG)产生,它用以模拟制导雷达产生询问脉冲、分程脉冲同步识别码及K1、K2、K3、K4、K5等各种控制指令信号,作为测试译码器的信号源。

2. 测试系统总体设计

1）系统总体设计思路

测试系统按照如图5-5所示的流程设计。总体设计首先要确定测试系统的性能指标、和测试系统要完成的功能,这两方面是对测试系统的需求分析基础上完成的。在此基础上,要根据测试系统的设计原则和要求,提出系统的总体设计方案,重点选择系统的最优总线结构,同时对硬件与软件进行合适配置。在分析了各种总线特性的基础上,该测试系统采用PXI总线系统,采用高级语言Lab VIEW编写程序。

2）测试项目分析

对导弹译码器测试系统的测试内容进行分析:

（1）板件分析。导弹译码器共有五块板件组成,在译码器中起着不同的作用,其测试项目也不同。经过理论计算与分析,可以总结出如下五块板件所需要测试的内容。

① 板件Ⅰ:直流电压的测量,脉冲宽度的测量,应答器触发脉冲的宽度、幅度、前沿测量,询问脉冲选择波门宽度测量,AGC选通波门检查、晶体振荡器频率的测量调整。

② 板件Ⅱ:直流电压测试和分程脉冲同步识别码译码器性能检查。

③ 板件Ⅲ:直流电压测试和逻辑功能检查。逻辑功能检查包括了当输入信号发出分别为1/64、1/8、1/4、1/2和0位码元时,对应电缆分别输出的负脉冲信号。

④ 板件Ⅳ:直流电压测量和三极管工作电压测量。

⑤ 板件Ⅴ:直流电压检查和检查单稳态电路输出波的宽度。

（2）整机测试

在整个导弹译码器接通稳压电源后,选择需要的脉冲信号,测量的AGC波门宽度以及K1、K2、K3、K4和K5电压,根据测试需要对电压、电流信号进行频谱分析。

3）系统硬件与软件功能配置

测试系统由硬件和软件共同组成。根据系统的技术要求,在确定系统总体方案时,为了维持系统较高的性价比,对硬件软件进行了合理的功能优化分配。

采用DAQ数据采集系统,确定A/D通道方案是总体设计中的重要内容,其实质是选择满足系统要求的芯片及相应的电路结构形式,选择性价比最合适的DAQ系统。

由于Lab VIEW软件容易同各种硬件集成,可以与多种主流的工业现场总线和通信总线进行通信,也包含了所有经典信号的处理函数和大量现代的高级信号分析函数,故选用其作为本自动测试系统的软件开发环境。

4）组建模块化体系

对整个导弹译码器自动测试系统从硬件模块和软件模块组建模块化体系。其硬件核心是主控计算机和组建系统用的 PXI 总线，整个测试系统的核心则是软件。

主控模块包括主控计算机、PXI 总线、信号接口和信号适配器部分。其中主控计算机是整个测控平台的控制中心，对整个测试过程进行控制、对数据进行变换处理、对测试结果进行显示或打印，还完成对仪器自检、复位等功能；PXI 总线部分是测控平台的核心，完成主控计算机同 PXI 测试设备及其他仪器的通信；接口适配器与零槽控制器模块一起完成测控平台的管理任务。

硬件部分的数据采集卡（DAQ）模块、数字万用表（DMM）模块、数字示波器（DSO）模块、开关矩阵（MUX）模块和任意波形发生器模块等都是通过 PXI 总线系统与主控计算机进行连接，在总线下工作时独立性较强，和软件部分的数据采集处理模块、测量模块、数据显示模块、开关配置模块、信号发生模块和报表生成与打印模块对应，并自成体系。

在抗干扰方面，采用测试系统一体化设计的思想，建立起一个完整的抗干扰体系。只有在整体的考虑下所确定的屏蔽、隔离方式、地线的管理措施、接地体系标准等，才能为整个系统的精度和抗干扰能力带来较好的效果。

在信号采集方面，采用多通道数据采集技术。在数据采集系统的设计过程中，根据具体被采集模拟信号的通道数量、信号的频率、采样数据总量等要求，确定采样电路、接口方式以及计算机软件的算法。在该系统中的 DAQ 采集系统采用多通道共享的方式。

测试系统的整体组成如图 5 - 31 所示。

自动测试系统按照如下过程进行工作。接通导弹译码器程控电源，在主控程序控制下，由任意信号发生器产生视频脉冲信号加给导弹译码器，由主控程序选择测试项目，即板件测试和整机测试。板件测试和整机测试的视频输入脉冲信号不同，可从信号前面板查看信号基本信息。选择测试项目时，还需要进行通道设置、信号设置，设置完毕调用数据采集模块进行数据采集，由系统软件进行结果处理及显示，如果结果超出正常值范围会给出警告，测试结果可生成报表并能打印。

3. 测试系统硬件设计

测试系统的硬件组建为整个测试系统的开发提供平台，系统硬件的优化组建和指标也影响测试系统效能的发挥。系统硬件将从系统总线结构设计、系统硬件设计、系统的模块校准以及系统配置的硬件平台特点等方面进行考虑。该测试系统的核心主体——PXI 主控机箱选用 PXI 总线通过零槽控制器与各过程 I/O 模块通过机箱底板的 PXI 总线互连。

对整个测试系统硬件分三层设计，由 PXI 总线设备层、信号调理适配层、转接控制接口层三层组成，其分层结构如图 5 - 32 所示。

针对被测对象（UUT）（导弹译码器内部件、插件板、整机），研究它的 I/O 特性，并对信号进行分类与汇总，即把待测信号的电压、频率、波形、波门宽度、脉冲宽度、以及脉冲幅度等待测值分为模拟量 I/O、数字量 I/O，对其信号幅度、频率范围、阻抗等进行描述。经过整理，被测信号主要可分为模拟 I/O、数字 I/O、电源和特殊信号等几类。归纳出该测试系统的硬件资源至少应包括主控制器、信号采集测试模块、程控电源、开关模块和系统总线等。

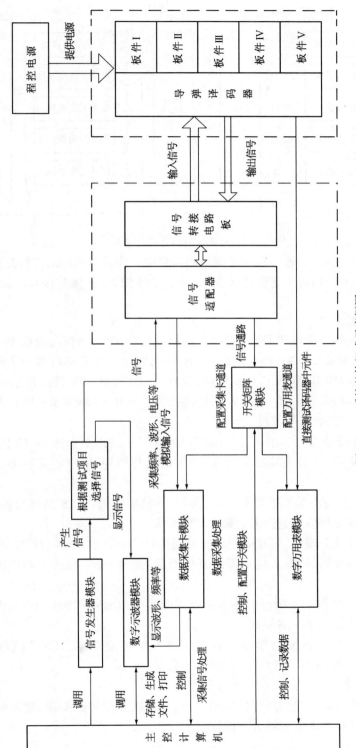

图 5 - 31　系统整体组成示意框图

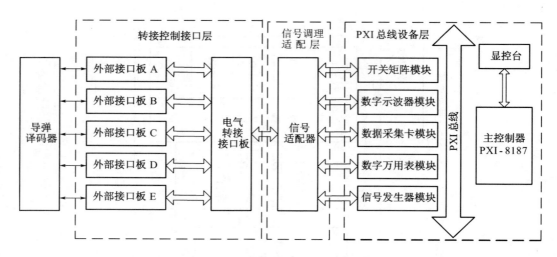

图 5 - 32　系统硬件资源分层示意图

在总体设计的基础上,进一步对导弹译码器接电工作信号流程的进行分析,理清信号时序,并结合导弹译码器接头芯线连接表,设计了总线设备层、信号接口电路和信号调理电路。

1) PXI 总线设备层

基于 PXI 总线的导弹译码器测试系统,选用主控机 PXI - 8187,内嵌 Pentium Ⅳ 处理器,带标准 I/O 和 Windows XP 操作系统,内置的 GPIB 口、以太网口和一个外加的串口,CPU 2.60GHz, 256MB RAM,40G IDE 硬盘,带串口,并口,双 USB 接口并能安装系统控制器,以及 NI TB - 2605、NI TB - 2715 开关转接盒, SCB - 68 SCB - 100 信号转接盒,18095C,192061A 屏蔽电缆等外设。

PXI5412 任意信号发生器模块,具有最高 100MS/s① 波形更新速率、12 位精度/60 dB SFDR、16MHz 正弦波、32 位直接数字合成、波形链接与循环、用户定义波形、频率跳跃与清除。

NI - PXI6251 多功能数据采集卡模块,具有 16 路模拟输入,18 路可编程模拟输入,2 路模拟输出可以满足对信号进行采集和处理的要求。

PXI 2501 矩阵开关模块,可接电路电压可高达 60 VDC/30 Vrms ,DC 最高可达 4 GHz 机械与 FET 继电器矩阵开关(2 线)、多路复用器,24 通道,每秒最多 25000 次操作,最大电流 7 A。

DMM PXI - 4060 数字万用表模块测量电压范围为 20mV ~ 250V (DC/VAC),测量电阻 200Ω ~ 20MΩ 范围、250V 双隔离。

NI PXI - 5112 数字示波器模块具有 100MS/s 实时采样率,1GS/s 随机间隔采样,100MHz 带宽,每通道 16MB 内存可供存储波形数据。

2) 信号接口设计

为了让信号适配器更好地进行信号调理,完成对被测信号的隔离、滤波等功能,需要将接口电路板与信号调理适配器分开设计。

---

　① IMS/s 表示秒种采样一兆个点。

186

导弹译码器被测件中的信号通过标准电缆传输给接口电路板,五块板件的信号输出连接在一块电路板上,通过电路板与信号调理适配器进行信号对接,在不影响原有信号传输通道的基础上,再通过屏蔽电缆将电接头 I/O 信号转接到信号调理适配器输入端。在信号调理适配器的输入端安装有与原电缆插头相对应的标准连接插座。信号接口图如图 5-33 所示。

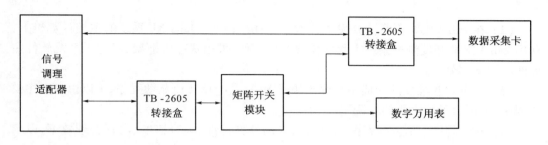

图 5-33　信号接口图

信号转接板输出端与信号调理适配器相连。信号调理适配器输出端有两个 68 芯标准插座。SH68-68 连接线一端连接信号调理适配器输出端的一个 68 芯标准插座,另一端通过一个 68 芯的标准插头与多功能数据采集卡 PXI—6251M DAQ 相连接,从而将经过调理的模拟输入信号送往 PXI 测试系统中的多功能数据采集卡。SH68-68-D1 连接线一端连在信号调理适配器输出端的 68 芯标准插座上,另一端通过一个 68 芯的标准插头与矩阵开关模块 PXI-2501 相连接,PXI-2501 也控制数据采集卡和数字万用表的通道选择。

3）信号调理设计

从导弹译码器接头转接来的信号有些可以直接进入测试系统硬件设备,但大多要经过调理电路才能进入硬件设备。信号调理适配器完成被测信号的输入、隔离和滤波、模拟信号的幅值调整、数字信号的整形和电平调整、频率信号的阻抗匹配及频率变换等,将接口电路板传输过来的非标准信号转换为满足数据采集卡输入范围要求的标准信号,并保证信号的准确性。

信号调理适配器的设计注意以下几点:① 在硬件设计中所有的量程均设置为自动的,信号的幅值和电平符合模块化仪器硬件的输入电压范围要求,并尽可能地接近满量程,可以更好地复原信号。避免因为在同样的电压输入范围,因量化引起的大信号量化误差小、小信号量化误差大的问题。② 采取隔离措施。在完成被测设备导弹译码器和测试系统之间信号传递的同时,使用变压器、光耦合等方法避免二者之间直接的电连接。一方面是从安全的角度考虑,另一方面也可使从数据采集卡读出的数据不受地电位和输出模式的影响。如果数据采集卡的地与信号地之间有电位差,而又不进行隔离,则有可能形成接地回路,引起误差。③ 采取滤波措施。滤波的目的是从所测量的信号中滤除不需要的频率成分,减少高次谐波分量。

由于从导弹译码器接头转接出来的信号有直流信号、交流信号、数字信号、脉冲信号、频率信号等多种类型的信号,且其幅值、电平、频率各不相同,所以在设计信号调理适配器时对这些信号区分处理。各类信号的调理过程原理框图参见图 5-14。

4. 测试系统软件设计

1）软件设计流程与程序结构

软件设计流程参见图 5 - 17。

用 Lab VIEW 开发 PXI 测试系统软件,基本的开发步骤可以分为六步:

(1)分析、确定测试软件的三层递进结构,对系统测试软件进行程序结构层次设计。

(2)在 Lab VIEW 平台上开发主控程序。在运行 Windows XP 系统的主控计算机上,利用 Lab VIEW 开发测试系统主程序模块系统软件,采用状态机框架,确定了系统软件主界面和测试部分。

(3)开发相互独立的功能子程序模块子 VI 以及 I/O 接口驱动程序,可以由主程序模块调用,也可由子程序间相互调用。

(4)对主程序、功能子程序进行优化,提高软件性能、运行速度、内存管理效率,以求获得最好的软件性能。

(5)在 Lab VIEW 开发环境中可以对测试系统程序模块进行调试,如设置断点、单步运行、数据监视等。

(6)生成能独立运行的软件。调试好的最终程序可通过 Lab VIEW Real – Time Module 中的 Build Application 工具生成可独立运行的软件并嵌入到实时控制器中。

2）主程序层

本测试系统主界面采用了 NI 的测试执行状态机(State – Machine)方案,可以简化程序的重用实现过程。主程序层主要由系统登录、系统自检、单板测试、整机测试、显示打印和退出六部分组成,主界面如图 5 – 34 所示。

软件可以提供添加应用程序测试项目的所需结构,增加了程序修改的灵活性,并方便将测试层和驱动层的子 VI 合并到可执行程序的框架中。

用户界面是主程序层的一个组成部分,是程序之间交互和控制的有效手段。测试软件在满足功能需求上,界面尽量简洁充分考虑到用户的需求。

界面的设计在满足功能需求上,充分考虑到用户的需求。用户输入的变量尽量简单、便捷,并且多以鼠标的选择性操作为主。然后这些变量被传送到测试层,最终指导整个程序的流程。

利用菜单编辑器(Menu Editor)可以定制 Lab VIEW 的运行菜单。并通过从编辑菜单中选择运行菜单项(Run – time Menu)来完成对菜单的修改。

软件中的菜单部分考虑到了用户需求,分为文件、管理、编辑和关于四个选项。文件选项包括打开、打印和退出,而管理包括系统管理、用户权限和口令修改,编辑包括定位、查找以及修改等几方面,关于由测试用户说明和版本介绍组成。

3）测试层

测试层由主程序层激活并调用,由数据采集模块、数据处理模块、信号发生器模块、报表生成打印模块和数据存储模块五个模块构成,各模块相互独立可实现重用性。每个模块仅仅负责一项测试或整个测试的一部分,以独立 VI 的形式编写。

测量子程序 VI 负责仪器的初始化以及测量任务所需的任何配置,这其中包括设置频率标准、选择所需仪器的量程,或者将被测设备置于适当状态之下。由于设备的原

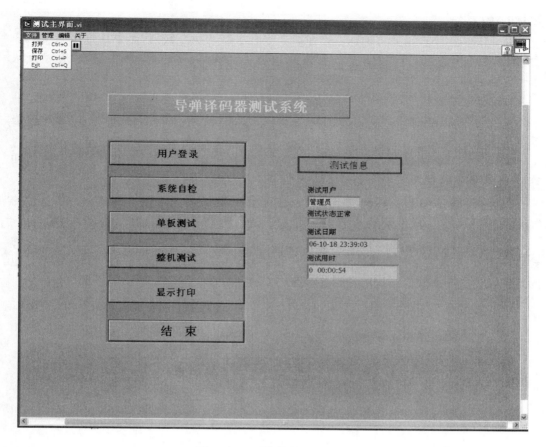

图 5 - 34　系统软件主界面图

状态可能未知,所以初始化必须在 VI 内部完成。因使用了状态机时,程序将从一个状态跳变到另一状态,在子 VI 中实现初始化,程序执行顺序也不预先确定和进行判定状态。

在测试层中模块设计时每一条指令仅仅执行一项测试级 VI,在执行某一测试项目时只需运行相对应的一条指令,增加了状态机的灵活性。

4) 驱动层

驱动层要完成与所使用的仪器和设备之间的必要通信。驱动程序设计可以划分为测量、仪器配置以及状态范围(Status Categories)三种。每一条测量命令写入一个 VI,一组配置命令按照逻辑关系编成不同的 VI,每一条状态命令也要对应一个 VI。

测量驱动程序用于执行测量任务。一个 VI 应当完成一项测量以尽可能地实现 VI 重用性,方便在同一应用程序的不同选择结构中被调用,或者在需要进行同样测量的其他程序中重用。

仪器配置驱动程序能够在应用程序启动时为测试建立仪器状态,或者将仪器置于某种已知状态。一组配置命令可以按逻辑关系编写到 VI 中,因为某项测量的执行过程通常需要多条配置命令来设置仪器的测试状态。

为有效地利用内存空间,依据测量任务种类将配置命令组合起来可以实现驱动层 VI

数量的最小化。

状态驱动程序可以通过读状态寄存器来检查仪器的状态,将状态驱动程序编写成一个 VI。当调用程序时寄存器设置比特值为 1,程序运行完毕后清除寄存器。但在检查状态寄存器读取状态值之前,必须保证程序运行已经结束。

5）主程序设计

主程序分为主控模块、系统自检模块、板件测试模块、整机测试模块和结果显示模块等五个主要模块。

采用通用框架的处理方法,把数据和测试流程分开,使系统软件能够适应硬件模块和算法,实现测试软件的通用性和灵活性。

测试主流程控制着系统的测试过程,在执行具体测试时,根据任务要求进行各参数的配置,然后驱动底层硬件开始动作,测试子程序根据动作完成各测试任务。

如果系统软件从总体上符合上述模块式结构,一方面使某一个模块在被相应功能的模块替换后,不需要其他模块作任何改动;另一方面一个模块也可以很方便地应用于其他的系统软件。测试软件结构示意图如图 5 – 35 所示。

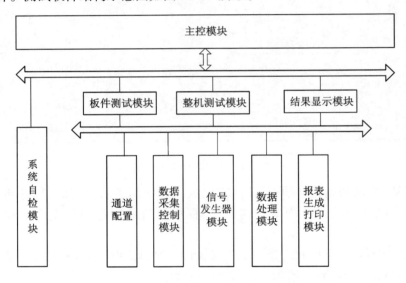

图 5 – 35　测试软件结构示意图

（1）主控模块。主控模块资源文件由主控界面组成,程序代码实现对用户消息的响应机制并能传递各模块的回传参数。主控模块流程图参见图 5 – 19。

（2）系统自检模块。该模块主要对各个硬件功能进行自检和校准。共有五个子模块:信号发生器模块、数据采集卡模块、数字示波器模块、数字万用表模块和开关矩阵模块等。

（3）板件测试模块。板件测试模块的主要功能是选择测试所用的板件(板件Ⅰ、Ⅱ、Ⅲ、Ⅳ、Ⅴ),程序调用模拟信号编辑器(Analog Waveform Editor, AWE)编辑配好的单板测试信号或是用任意波形发生器产生的信号对选择的测试板件进行测试。数据采集卡读取板件信息,并调用数据处理模块对处理信息进行存储和显示,并询问是否打印报表。板件测试流程图参见图 5 – 21。

190

（4）整机测试模块。整机测试模块的主要功能是程序调用模拟信号编辑器编辑配好的视频测试信号或是用任意波形发生器产生的信号对整机进行测试。数据采集卡读取板件信息，并调用数据处理模块对处理信息进行存储和显示，并询问是否打印报表。测试软件整机测试模块流程如图 5−36 所示。

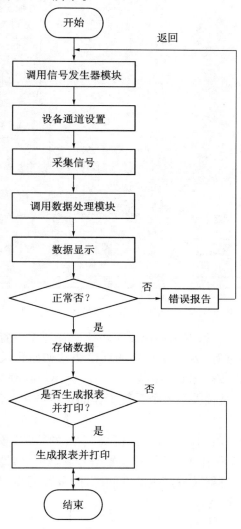

图 5−36　测试软件整机测试模块流程图

（5）结果显示模块。结果显示模块的主要功能是对信号发生器产生信号及测试结果进行显示，并可启用数字示波器模块进行测试分析，调用系统的 DSO 模块初始化通过后，选择通道、极性、触发源模式，以及时基控制类型、扫描率、扫描数，可对信号参数进行简单计算，并能调用报表生成与打印模块进行波形存储和波形打印。其主要模块组成示波器模块前面板设计，如图 5−37 所示。

6）功能子程序设计

在整个测试软件应用程序中，子程序模块较多，其中数据采集控制模块和信号发生器模块较重要，对其进行主要分析。

191

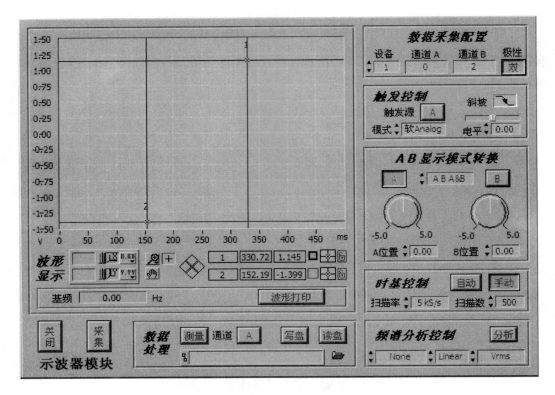

图 5 – 37　测试软件示波器模块前面板图

（1）数据采集控制模块。数据采集控制模块读取各通道设置的采集参数,设定采集方式(触发形式、预触发点数等)及对采集和调理模块的初始化及参数配置,控制数据采集的过程,并负责有效地将数据采集、存盘并显示。该模块在整个测试系统中是核心模块,该系统工作的正常与否直接关系整个系统工作的正常与否。测试软件数据采集模块流程如图 5 – 38 所示。

（2）信号发生器模块。启用信号发生器模块,系统的 AWG 模块初始化通过后,进行选择产生信号或是使用 AWE 编辑的信号并设置信号参数,信号通道,把信号传递给所需设备,模拟制导雷达的指令发射装置产生的询问脉冲,分程同步识别码,K1、K2 连续控制指令,K3、K4、K5 一次指令等视频脉冲。

7）I/O 接口软件驱动程序设计

由于 Lab VIEW 具有面板控制的概念,适合创建仪器的驱动程序。软件的前面板部分可以模拟仪器的前面板操作。软件的框图部分可以传送前面板指定的命令参数到仪器以执行相应的操作。当建立了一个仪器的驱动程序后,可以把仪器驱动程序作为子程序调用,与其他子程序一同组成一个大控制程序,从而控制整个系统。Lab VIEW 中不仅提供了数百种不同接口测试仪器的驱动程序,而且支持 VISA, SCPI、和 IVI 等最新的程控软件标准,为设计开发先进的测试系统软件提供了最新的软件平台。

Lab VIEW 提供了仪器驱动库,它在功能模板 Instrument Drivers 子模板中,在这个程序库中,有许多 VISA 仪器驱动程序模板程序。这些模板程序是适用于大多数仪器的驱动程序,并且是 Lab VIEW 仪器驱动程序开发的基础。这些模板程序符合仪器驱动程序

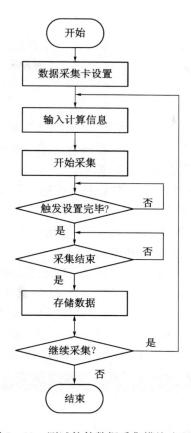

图 5 − 38　测试软件数据采集模块流程图

的标准,并且每个程序都有指导帮助指令,以便修改程序以适应某种仪器。

Lab VIEW 源代码驱动器外,还用 IVI(智能虚拟设备)设备驱动器来控制设备。IVI 设备驱动器是在 Lab 窗口中扩展了基于 DLL 的驱动器,这些驱动器因其高性能的设备状态存储、更利于仿真、更高的安全性,为产品检测提供了更大的方便。在系统软件中使用 Lab VIEW 源代码和 IVI 驱动器结合的方法开发了数据采集卡、任意信号发生器、数字示波器、数字万用表的 I/O 接口驱动程序。

8）程序优化设计

使用 Lab VIEW 开发平台,在构建规模的测试程序时,无论是程序整体结构框架,还是程序内部具体的编程流程,都需要进行优化设计,以尽可能获取最佳的程序性能。

（1）异常处理。软件使用了状态机,一条指令专门用于错误处理,异常处理任务较容易解决。错误产生时,状态机跳变到错误指令以判断程序进程。依据错误的严重程度,主程序的错误指令将决定程序如何运行。如果错误很小,那么受到错误影响的程序要进行调试,而剩余部分则继续执行。如果错误较严重,程序将行使中断权利并限制程序按正常方式运行,与此同时将错误通告用户,可以通过 Lab VIEW 错误代码表查询出错的原因,进行查错、修改和调试。

（2）结构优化。将三层递进式结构应用于程序的开发中,使用测试子 VI 和其他子程序在提高程序重用性的同时,也降低对顺序框架的需求,以增加程序的可读性和可维护性。

在本程序中使用的轮询循环中加入了 250ms 的延迟以实现程序不同部分之间的同步操作。

5. 系统联调与结果分析

1）系统调试

在确认电源系统各组件正常工作的情况下利用开发的测试系统进行各项测试。

（1）接通电源,工作正常后对导弹译码器加电,连接系统硬件,记录通道的连接情况,系统在 MAX 中应有 PXI 硬件设备连接成功提示。

（2）接通译码器设备的电源,待各硬件设备工作稳定后,启动系统软件。系统登录成功后方可进行下面的测试项目。

（3）启动系统的通道配置模块,输入硬件的实际连接情况,在主控模块控制下由通道配置模块将其存入数据存储模块,供其他模块调用。

（4）分别启动系统自检模块、板件测试模块、整机测试模块和显示打印模块,查看其是否正常工作。启动自检模块,选用单通道自检方式,对选用模块检测完毕后,可以进行板件测试或是整机测试。测试软件自检模块界面如图 5 – 39 所示。

运行系统的板件测试程序中最复杂的信号设置界面,如图 5 – 40 所示,可以从面板上设置输入信号,可在前面板显示,也可以调出系统示波器模块查看信号时序图。

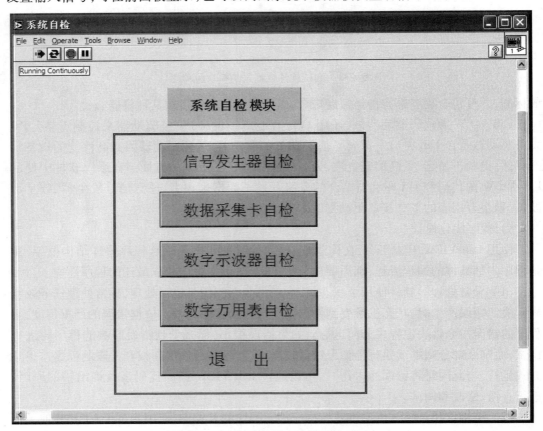

图 5 – 39　测试软件自检模块界面图

194

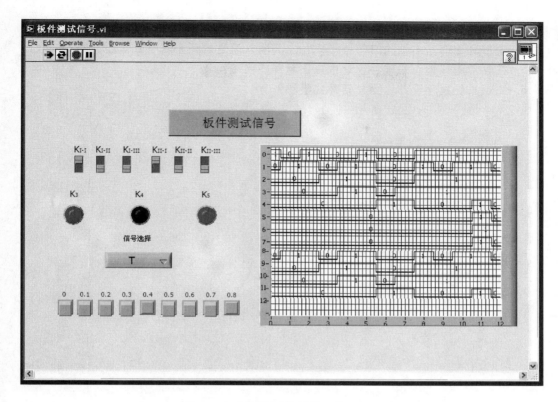

图 5 - 40　板件测试信号设置前面板图

2）调试结果及分析

程序运用了 Lab VIEW 开发平台中的数据比较技术，测试结果同故障数据库内的理论数据进行比较，超出一定的误差范围就显示错误，并可根据状态不同选择出调节的项目。

以整机测试模块作实例分析运行系统运行结果。整机测试模块在测试后立即得到实验数据（默认为 EXCEL 表格格式），运用程序中的故障诊断模块对测试数据即时进行各种处理分析，与理论值对比判断出错元件及调节项。

在系统软件帮助部分调用"测试用户手册"中可以调出表格，显示测试项目及理论值、器件状态和在测试项目状态不正常时应调节的项目。

通过系统软件整体运行，主控模块能够完成系统初始化、模块调度和流程控制功能；各软件模块的顺利运行，能够从数据存储模块读写相应的数据，实现了设计功能，整个系统测试所用时间小于等于 640 s，实现了基于 PXI 总线的导弹译码器测试系统。

思考与练习题

1. 自动测试系统都有哪些种类？
2. 简述自动测试系统的发展方向。

3. 输入通道的基本结构有哪些形式?
4. 输出通道的基本结构有哪些形式? 它和输入通道的侧重点有什么不同?
5. 在自动测试系统的硬件设计中应注意哪些问题?
6. 测试系统软件设计主要包括哪些模块?

第6章　测试性与故障诊断技术

6.1　测试性

6.1.1　测试性的概念

GJB 2547《装备测试性大纲》将测试性(Testability)定义为：装备能及时并准确有效地确定其内部状态(可工作、不工作或性能下降)，并对发生的故障进行隔离的一种重要设计特性。对于测试性定义的内涵，需从如下几个方面进行理解。

首先，测试性描述了测试信息获取的难易程度。测试性包括两方面的含义：一方面，便于对装备的内部状态进行控制，即可控性；另一方面，能够对装备的内部状态进行观测，即可观测性。实际上，可控性和可观测性所描述的就是对装备进行测试时信息获取的难易程度。

其次，测试性是装备本身的一种设计特性。同可靠性一样，测试性也是装备本身所固有的一种设计特性。装备的测试性并不是测试性设计所赋予的，装备一旦设计生产，其本身就具备了一定的测试性。所以，要改善装备的测试性，必须在设计阶段就进行良好的测试性设计。

最后，测试性技术的最终目标是提高装备的质量和可用性。降低装备的全寿命周期费用，追求装备的高质量。传统的质量标准已转变为综合了性能指标、测试性、可靠性、维修性及可用性(Availability)指标要求的"完整质量"概念，仅考虑装备设计和生产费用的传统费用概念则被"全寿命周期费用"的概念所替代。

仅取决于系统和设备的硬件设计，不受测试激励和响应数据影响的测试性称为固有测试性。固有测试性的评价是仅取决于产品设计特性的测试性评价，可以确定产品的设计特性是否有利于测试，并确定存在的问题。这种分析主要用于设计的早期阶段，促使研制方尽早发现设计上的缺陷，及时采取纠正措施，改善测试性。

系统和设备内部提供的检测和隔离故障的自动测试能力称为机内测试(BIT)。完成机内测试功能的装置称为机内测试设备(BITE)，它是设置在设备内部，用于状态监控、故障检测与隔离的软硬件和自检装置。

测试性设计是为了构造系统最佳的测试方案，便于测试与故障诊断，主要包括测试选择和诊断策略两方面内容。

(1)测试选择。测试选择问题的产生是由于系统提供的备选测试集中存在冗余测试，即只需要其中一部分测试就能满足系统测试性要求，再增加测试项就会造成资源浪费，提高系统测试费用，因此，应当合理选择备选测试集中的测试。测试选择的目的就是在满足系统测试性指标要求的前提下，权衡分析系统可靠性和测试费用等要素的影响，选择最优的测试组合，使得测试费效比最佳。

由于选择测试时需要考虑的因素很多,如系统故障和测试之间的关系、测试的难易程度及其消耗的资源等,因此测试选择属于组合优化问题。

(2) 诊断策略优化。诊断设计的另一个任务就是利用测试选择得到的测试集对系统故障进行诊断隔离。由于系统测试资源是有限的,如果被测对象同时对测试资源提出测试要求,势必会引起竞争和冲突。因此,测试时必须保证在某个时刻只能进行一个测试。而每种测试的先后顺序都对应着一种诊断策略,各个诊断策略在诊断速度和故障隔离效果上都有很大的不同。诊断策略优化所要解决的问题就是要确定测试执行的优先顺序,使得按照该顺序执行测试所需要的测试时间最短,测试费用最低。

6.1.2 测试性描述

对测试性的描述包括定性和定量两种要求。定性描述主要包括了测试可控性、测试可观测性和兼容性。

测试可控性是确定或者描述系统、设备的有关信号可能被控制到什么程度的设计特性。为此,应在系统设计时提供专用的测试输入信号、数据通路和电路,使机内测试设备(BITE)和外部测试设备(ETE)能够控制系统内部的部件和元器件的工作,以便进行故障检测和隔离。

测试可观测性是确定或者描述系统、设备的有关信号可能被观测到什么程度的设计特性。为此,应在系统设计时提供专用的数据通道和电路、测试点、检测插座等,为测试提供足够的内部特征数据,用于故障检测和隔离。

兼容性是指被测对象与外部测试设备(ETE)之间在信号传输、电气和机械接口配合的一种设计特性。其目的是为测试设备的测试提供方便,减小或消除大量专用接口装置的设计。测试点的数目与位置,应该满足故障检测、隔离的要求,并方便与外部测试设备相连接。

对系统测试性的定量要求是通过各种测试性参数来完成的。测试性参数是对测试性特性的定量描述,对系统或者设备测试性描述的参数很多,最常用的包括故障检测率、故障隔离率、虚警率、故障隔离时间等。

1. 故障检测率

故障检测率(Fault Detection Rate,FDR)是指在规定足够长的时间内,用规定的方法正确检测到的故障数与发生故障总数之比,用百分数表示。它反映了检测并发现设备故障的能力。它还可以定义为在给定的一系列条件下,被测产品在规定的工作时间 t 内,由操作人员通过观察和规定的方法,正确检测出的故障数与发生的故障数之比,用百分数表示。定量数学模型为

$$\text{FDR} = \frac{N_{\text{D}}}{N_{\text{T}}} \times 100\% \qquad (6-1)$$

式中:N_{T} 为故障总数或者为在工作时间 t 内发生的实际故障数;N_{D} 为正确检测到的故障数或者为在给定的条件下,操作人员通过观察和规定的方法可正确地检测出的实际故障数。

这里的"被测产品"可以是系统、设备、组件等。"规定时间"是指用于统计发生故障

总数和检测出故障数的时间,此时间应足够长。"规定条件"是指被测试项目的状态(任务前、任务中或任务后)、维修级别、人员水平等。"规定方法"是指用机内测试(BIT)、专用或通用的外部测试设备、自动测试设备(ATE)、人工检查或几种方法的综合来完成故障检测。

系统或者设备的故障一般可以分为可检测故障和不可检测的故障,后者主要有两种原因:① 这种故障模式发生故障的概率很低,而且不是关键性的故障,不影响系统的任务和安全性;② 检测这些故障比较困难,可能是技术难度大,若要检测这些故障并进行测试性设计,得不偿失。但在统计故障总数时,应该全部包括。

在装备研制过程中需要规定其测试性定量指标,例如,BIT 的故障检测率 FDR ≥ 95%。在目前实际工作中,装备的故障检测率指标范围变化比较大。例如,导弹设备的故障检测率范围一般在 40% ~95%,对于导弹装在装运发射筒内的情况下,由于检测难度加大,一般往往比裸弹情况下更低一些。

2. 故障隔离率

故障隔离率(Fault Isolation Rate, FIR)是指在规定的时间,用规定的方法正确隔离到不大于规定的可更换单元数的故障数与同一时间内检测到的故障数之比,用百分数表示。故障隔离率反映了快速而准确地隔离每一个已检测到的故障的能力。定量数学模型为

$$\text{FIR} = \frac{N_L}{N_D} \times 100\% \qquad (6-2)$$

式中: N_L 表示在规定条件下用规定的方法正确隔离到小于等于 L 个可更换单元的故障数; N_D 为在规定条件下用规定方法正确检测到的故障数。

可更换单元是通过维修方案确定的。在外场测试时是指现场可更换单元(Line Replaceable Uite, LRU);在维修车间测试时是指车间可更换单元(Shop Replaceable Uite, SRU);在大修厂或者在生产制造厂测试时是指可更换的部件和元器件。

在理想情况下,如果系统、设备或者单元发生故障,应该立即将故障隔离到唯一的可更换单元。但是实际上,由于费用、设备、技术水平、环境因素等约束,这种唯一的要求往往是无法达到的。可先将该故障隔离到一个或者由 L 个可更换单元(其中含有故障单元)组成的单元组,然后再采用其他的方法手段将故障隔离到具体的故障单元。在这种情况下, L 就被称为按照给定测试方法的故障隔离模糊度或者故障分辨率水平。 $L=1$ 时为唯一性隔离; $L>1$ 时为模糊性隔离。一般来讲,FIR 随着模糊度的增大而增大。

同故障检测率一样,目前故障隔离率在导弹装备上的指标范围为 40% ~95%。

3. 虚警率

虚警率(False Alarm Rate, FAR)是指在规定的时间内,发生的虚警数与同一时间内故障指示总数之比,用百分数表示。虚警是指 BIT 或其他监测网电路指示有故障而实际不存在故障的情况。定量数学模型为

$$\text{FAR} = \frac{N_{FA}}{N} = \frac{N_{FA}}{N_F + N_{FA}} \times 100\% \qquad (6-3)$$

式中: N_{FA} 为虚警次数; N_F 为真实故障指示(报警)数; N 为报警总次数。

虚警有两种类型,分别称为 I 类虚警和 II 类虚警。

Ⅰ类虚警：被测系统存在故障，BIT 或者其他监控电路指示的不是真正发生的故障单元，即系统 A 单元发生了故障而指示 B 单元有故障，属于"错报"的类型。

Ⅱ类虚警：被测系统没有发生故障，但 IT 或者其他监控电路指示某个可更换单元有故障，而实际上系统及设备内的任何一个可更换单元无故障；属于"假报"类型。

"应报不报"，即有故障而 BIT 或者其他监控电路没有故障指示，它不属于虚警范畴，它属于故障检测率（FDR）的范畴。

发生Ⅱ类虚警次数比Ⅰ类虚警要多。

产生虚警的原因是多方面的，如 BIT 或者其他监控电路失效、设计缺陷、瞬变状态和间歇故障等。虚警将影响使用和维修，降低基本可靠性。

减小虚警的措施包括延时报警、多次测试判定故障、设计合理的门限值、智能化的综合判断等。

在导弹装备上，虚警率的范围一般为 1% ～10%。

4. 故障隔离时间

故障隔离时间（Fault Isolation Time，FIT）是指从开始隔离故障到完成故障隔离的时间，或者是指从开始隔离故障到指出有故障的可更换单元所经历的时间。故障隔离时间可以用平均时间或最大时间（按规定的百分数）表示，这个时间不仅与诊断测试序列的工作时间长度有关，还应包括人工干预所需的时间。

平均故障隔离时间（MFIT）定义为从开始隔离故障到完成故障隔离所经历时间的平均值，还可以定义为用 BIT/ETE 完成故障隔离过程所需的平均时间，可用公式表示为

$$\text{MFIT} = \frac{\sum t_{1i}}{N_{\text{I}}}$$

式中：t_{1i} 为 BIT/ETE 隔离第 i 个故障所用时间；N_{I} 为隔离的故障数。

6.1.3 测试点选择与测试策略[12]

1. 测试点

测试点（Test Point，TP）是指被测单元（UUT）中用于测量或注入信号的电气连接点。被测单元（Unit Under Test，UUT）是指被测的系统、分系统、组件和部件等。

对于测试点应该能够提供 UUT 的性能监控、功能检测、参数测量、参数调整或校准、故障隔离能力等。

测试点的设计是测试系统设计的一个重要组成部分，它包括了测试点的优先等级、位置、种类和数量。测试点的设计要与测试系统兼容，应该优先选择对任务而言最重要的功能作为故障诊断的依据；优先测试那些最不可靠或最受影响的功能或者组件。

测试点的选择应该遵循下列原则：

（1）根据故障检测和隔离要求来选择测试点；

（2）测试点的种类和数量应适应各级维修的需要和测试技术的发展；

（3）测试点的位置应该便于测量，布局应当尽可能集中或分区集中；

（4）测试点与 ATE 间采取电气隔离措施，不能因为测试设备连接到被测单元上后影响或者降低被测单元的性能；

（5）选择的测试点应把模拟电路和数字电路分开，把高电压和大电流，在结构上与低电平信号测试点隔离；

（6）在保证满足系统可测试性要求的条件下，应尽量减少测试点的数量；

（7）测试点选择应符合安全性要求。

2. 简单 UUT 的测试点和测试策略

简单 UUT 是指组成部件或可更换单元数量不多，没有反馈回路的 UUT。在假设单故障的条件下，一般通过简单分析判断方法，就可以确定简单 UUT 的故障检测与隔离顺序。

1）依据已知数据确定测试策略

（1）按测试时间确定测试顺序。一般来说，UUT 各组成单元的复杂程度和测试时间是不相同的，如已知各组成单元的测试时间 t_i（$i = 1,2,3,\cdots$），故障诊断可以按测试时间递增的顺序进行（$t_1 < t_2 < t_3 < \cdots$），以便尽量减少故障隔离时间。各组成单元的输出端口都需要设置测试点。

（2）按测试概率确定测试顺序。当已知 UUT 各组成单元的故障发生概率为 P_i（$i = 1,2,3,\cdots$）时，故障诊断可以按故障发生概率递减的顺序进行（$P_1 > P_2 > P_3 > \cdots$），即测试从最可能发生故障的单元开始，以便尽可能少的测试步骤就能找出故障单元。

（3）按故障概率和测试时间比值确定测试顺序。当 UUT 各组成单元的故障概率和测试时间都已知时，故障诊断可以按概率和时间比值递减的顺序进行（$P_1/t_1 > P_2/t_2 > P_3/t_3 \cdots$）。

第三种方法优于前两种方法，因为它综合考虑了前两种影响因素。但上述三种方法都没有考虑 UUT 的构型和各组成单元之间的相互关系，所以故障诊断的平均测试步骤和时间不是最少的。

2）依据 UUT 构型确定测试策略

（1）发散型结构。发散型结构 UUT 如图 6-1 所示。在四个组成单元输出端设置测试点 A、B、C 和 D。在 B、C、D 三点测试，如果只有 C 点不正常，则故障发生在 F_3；如果 B、C、D 三点检测结果都不正常，则 F_1 发生了故障；如果 B、C、D 三点检测结果都正常，则 F_1 无故障。所以对于此 UUT 只设 B、C、D 三个测试点即可，不必设置测试点

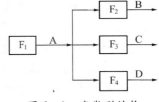

图 6-1　发散型结构

A，诊断顺行为 B→C→D。这是在单故障假设下，为考虑各组成单元测试时间和故障概率情况下得出的。

根据图 6-1 所示的 UUT 结构、信号传输关系和所选用测试点，可以制定出具体故障检测与隔离顺序。

第一步检测 B 点，如结果正常，则表明 F_1 和 F_2 都正常，F_3 和 F_4 尚未检测到。因而第二步检测 C 点，如结果不正常，则表明 F_3 故障；如结果正常，则表明 F_3 也正常，但 F_4 尚未检测到。因而第三步还要检测 D 点，如结果正常，则表明 UUT 无故障；如结果不正常，则表明 F_4 故障。此外，当 B 点检测结果不正常时，表明故障在 F_1、F_2 上。这时再检测 C 点，如结果为正常，则表明 F_2 故障；否则，表明 F_1 故障。

把上述测试过程以图形方式表示出来，即画出诊断树，则更为简单清晰，如图 6-2 所

示。图种"0"表示测试结果正常,"1"表示测试结果不正常。由此诊断树很容易得知:检查 UUT 是否正常时需要测试三步;如有故障进行隔离时,则一般只需测试两步;F_4 故障时需要测试三步;故障可以隔离到单一组成单元。

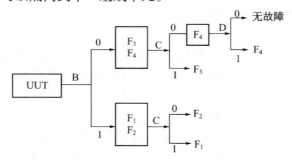

图 6-2　发散型结构的诊断树

(2)收敛型结构。收敛型结构 UUT 有两种形式:一种是包含有"或"功能块,另一种是包含有"与"功能块。图 6-3 所示为带有"与"功能块的。其特点是 F_1、F_2、F_3 中有一个发生故障,则整个 UUT 的功能就不能正常。对于这个 UUT 进行测试时,只要检测第⑤个测试点就可以判断 UUT 是否发生故障。

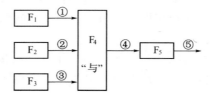

图 6-3　收敛型结构 I

当第⑤个测试结果不正常需要隔离时,则要接着测试其他测试点,直到找出故障单元为止。需要设置五个测试点,测试顺序可以是⑤→④→③→②→①,当然也可以是①→②→③→④→⑤。为清楚地表明诊断顺序,可以画出此 UUT 的诊断树,如图 6-4 所示。

包含有"或"门功能的 UUT 如图 6-5 所示,其特点是 F_1、F_2、F_3 中只要有一个是正常的,UUT 前半部分就表现为功能正常。只要检测第⑤个测试点就可以判断 UUT 功能是否正常;而要判断它是否存在故障,还要检测①、②、③三个点。故障隔离时,如要区分 F_4 和 F_5 故障,则还需检测第④个测试点。同样也可以画出对应的诊断树。

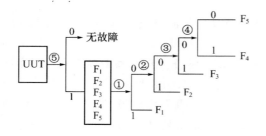

图 6-4　图 6-3 中的 UUT 诊断树

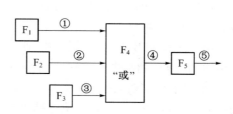

图 6-5　收敛型结构 II

（3）串联型结构。对于这种单一串联型 UUT，故障检测很简单，检查最后输出点（第⑥点）即可判断有无故障。如有故障进行故障隔离时，有两种测试方法，即顺序测试法和对半分割法。串联型结构如图 6－6 所示。

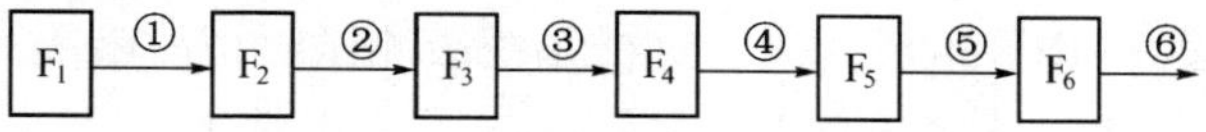

F1
①
F2
②
F3
③
F4
④
F5
⑤
F6
⑥

图 6－6　串联型结构

① 顺序测试法。测试从 UUT 某一端开始，依顺序逐个单元进行测试，直到查出故障单元为止，也就是直接搜索法。对应的诊断树如图 6－7 所示。

② 对半分割法。进行故障隔离时首先取 UUT 中点（第③点）检测。如检测结果正常，则表明故障在后半部；如检测结果不正常，则故障在前半部。然后再对有故障部分的中点进行测试，再次把其分成有故障和没故障的两部分，再次选取有故障部分的中点进行测试，直到查出故障部件为止。相应的诊断树如图 6－8 所示。

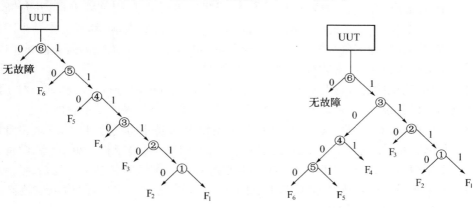

UUT
⑥
无故障
⑤
F6
④
F5
③
F4
②
F3
①
F2
F1

图 6－7　顺序测试法图

UUT
⑥
无故障
③
④
②
⑤
F4
F3
①
F6
F5
F2
F1

图 6－8　对半分割测试法

上述分析是以单故障假设为前提的，而且未考察各组成单元的故障发生概率和测试时间和费用。在此情况下，顺序测试法的平均测试步骤数可用下式计算，即

$$N_1 = \frac{(m-1)(m-2)}{2m} \tag{6-4}$$

式中：m 为串联 UUT 组成单元数；N_1 为顺序测试平均测试步骤数。

而采用对半分割法（两分法）测试时，平均测试步骤数可由下式估计，即

$$N_2 = 3.3219\lg m \tag{6-5}$$

式中：m 为串联 UUT 组成单元数；N_2 为两分法平均测试步骤数。

对半分割法明显优于顺序测试法，所需平均测试步骤数少，可以更快地隔离出故障单元，UUT 组成单元越多，此优点就越明显。

3. 复杂系统的测试策略

上述用于简单 UUT 的诊断分析方法，对于包含有众多组成单元并具有分支和反馈回路的复杂系统是不适用的。但是通过分析可以从中得到一些重要启示，据此给出复杂系统故障诊断的基本原则和方法。

1）分层测试策略

（1）分解测试对象以简化测试。被测对象越简单,越容易选定测试点和确定诊断测试顺序。所以对较复杂的系统(或设备)应按功能和结构进行合理的划分,使其由数量有限的几个可更换单元(LRU)组成构成。这样系统级测试时把故障隔离到 LRU 即可,比隔离到元器件容易得多,更换故障的 LRU 就可恢复系统正常工作。再将 LRU 划分为若干个小的车间可更换单元(SRU),LRU 级产品测试时把故障隔离到 SRU 即可,更换有故障的 SRU 就恢复了 LRU 的正常工作。类似地,把 SRU 划分为若干个部件或元器件,SRU 级产品测试时,把故障隔离到单个部件或元器件,以便于修理。以上就是军用装备的分层测试策略。该策略对应于三层维修体制,可简化故障诊断,方便产品维修,大大提高系统的可用性。

（2）先检测后隔离。无论是系统级还是 LRU 或 SRU 级产品,都可视为被测对象(UUT)。其测试任务有两个:① 故障检测,判断 UUT 是否有故障;② 故障隔离,把故障隔离到 UUT 的可更换元件上。故障检测是检查 UUT 功能特性和相关输出量,并判断其是否符合要求,一般仅需 UUT 的外部测试。如 UUT 功能符合要求,则测试工作结束。只有当 UUT 功能不正常(检测到故障时)时才进行故障隔离程序。故障隔离需要测试 UUT 的组成单元功能是否正常,一般需要 UUT 的内部测试。

因此,诊断测试的过程应是先检测,进行外部测试;后隔离,进行内部测试。对于测试性设计及测试设备设计,只考虑故障检测而不考虑故障定位与隔离是不够的。

（3）分层测试的兼容性。系统测试在系统工作现场或外场进行,LRU 测试在维修车间进行,而 SRU 测试一般在工厂或基地进行。三级测试的环境条件不同,测试设备也有区别。从工厂/基地到中继级的维修车间,再到使用现场,测试对象越来越复杂,各组单元间互相影响和环境条件影响也越来越大。因此,对应的测试容差/门限值也应逐渐放宽些,不能三级测试都取一样的容差值。

在测试设计时,除注意协调三级测试的容差之外,还应注意三级维修测试参数之间的关系。系统级故障隔离时测量的参数,一般就是 LRU 故障检测时应测量的参数;同样,LRU 级隔离时测量参数,一般就是 SRU 级检测时应测量的参数。所以在复杂系统采用分层测试策略时,把系统分成三级进行测试,应特别注意测试性设计的纵向兼容性问题。

2）UUT 测试点和优化测试顺序

（1）选择 UUT 的测量参数和测试点。要想知道 UUT 的工作是否正常,只要检测其功能和输出特性即可。而当 UUT 存在故障时,要检测其各组成单元的输出特性和功能才能隔离定位/故障。所以,初选测量参数和对应测试点时,应将代表 UUT 功能和特性的输出选为故障检测用测试参数和测试点;而将 UUT 内各组成单元的功能和特性输出选为故障隔离用测试参数和测试点。

当复杂系统和设备分为三级(或两级)测试时,中继级测试对象为 LRU,其检测用测试点一般是系统级隔离用测试点的一部分,而其隔离用测试点往往又是所属的 SRU 的检测用测试点。所以三级 UUT 之间的测试点应注意统筹,不要重叠设置过多的测试点。

对于某一级 UUT 而言,按上述思路初选的测试点中可能会包括不必要的测试点,这主要取决于 UUT 的结构和诊断测试过程。因此,初选测试点之后还有个测试点的优选工作。

（2）优化测试顺序。选出 UUT 的测试点之后,需要进一步确定诊断测试顺序。采用的测试顺序不同,所需要的测试步骤也就不同。前面串联型结构 UUT 的例子就充分说明了这一点。所以,制定合理的测试策略是很重要的。确定和优化测试策略时应考虑故障概率、测试时间和费用等影响因素,以便制定出最佳的测试策略。在优化测试策略过程中,同时也就识别出了不必要的测试点,去掉多余的测试点,也就完成了测试点的优选工作。

6.1.4　测试性分析与设计软件

TEAMS 是美国 Qualtech 系统公司(简称 QSI)开发的主要面向国防和航空、航天系统,为用户提供先进的、高质量的诊断、预测及系统健康状况管理产品和解决方案的商业软件。

TEAMS 是英文 Testability Engineering and Maintenance System,测试性工程和维护系统的缩写。软件在测试性分析中主要考虑了测试点对故障的覆盖范围(覆盖率)、测试费用等因素。在系统开发过程中,可以一边进行开发,一边用 TEAMS 进行系统建模,辅助设计,找出在设计阶段可能出现的系统瓶颈和其他问题,从而使系统在分析阶段就消除了部分隐患。在分析设计阶段使用 TEAMS 建模,可以节省大量的建模时间,从而提高设计效率。也可以对老系统进行升级改造使用(正在运行使用的系统)。可直接对老系统进行建模,也可将已有的故障树经过处理后导入到 TEAMS 模型中。

TEAMS 软件套件由五个部分组成,分别是 TEAMS™、TEAMS – KB™、MS – RT™、TEAMATE™,和 TEAMS – RDS™。

TEAMS™是测试性工程和维护系统工具,用来为大型复杂系统和产品进行测试次序的设计和测试性设计分析。产品和系统可以是飞机、空间站、通信网络、电子设备和传输系统等。最终 TEAMS™可给出故障检测/故障隔离预测(FD/FI)、故障隔离模糊群组、未被检测的故障、未被使用的测试等。TEAMS™还可提供失效模式影响及危害度分析(FMECA),可靠性预计,测试策略树和测试程序设置等工程支持。

TEAMS – RT™是软件也是面向在线系统的实时诊断以及系统在线健康监测的工具。它只输入在线测试产品的 TEAMS 模型以及输入在线的系统健康运行状态。还可以嵌入到产品计算机中连续监视系统的健康状况和识别产品运行中的故障。可以在最短的时间内,隔离出故障。

TEAMS – KB™是模型管理和维修数据收集工具。它可用来记录模块管理、计划的和非计划的维护、收集诊断数据、统计数据分析和对正常的和非正常的检测/隔离进行数据开采。

TEAMS 算法和计算结果已经在航空、国防、空间科学和商业等各个领域得到了广泛的验证。TEAMS 将建模方法和故障隔离算法集成在一个简便易用的 GUI 界面里,系统可以直接在 TEAMS 中建立,也可由多种信息源导入;图形化的交互界面简化了大型复杂的、可重构的、带有故障容错的多重系统的创建、集成、验证和修改。

1. TEAMS 功能模块

1）TEAMS – Designer 模块

TEAMS 是一个对大型内联系统进行测试次序设计和测试性分析的工具,测试性量化了被测的某种设计或者某个现场系统的可测试范围。一个可测系统具有较好的故障覆盖和故障隔离,较短的测试时间,很高的产品质量,较少的制造时间和比较低的生命周期费用。

该模块可以完成测试点优选、得出故障检测率、故障隔离率、模糊组、故障模式影响报告、故障树等,还能对取消模糊组提出建议。

TEAMS 作为一款测试性维护性领域的软件,基于用户在其平台下构建的故障依赖关系模型,进行模型的静态分析和动态分析,找出模型中存在的问题,达到相应的指标,如故障检测率、故障隔离率。提高系统的易测性、易维护性,具体能够得到以下报告:

(1) 测试指标报告。测试性指标报告能够给用户提供系统或者模型的故障诊断率、故障隔离率、重测合格率、模糊组规模和测试次数使用率等指标。

(2) 诊断树。诊断树是一种诊断策略的描述。诊断树的根节点为某种故障的症状,以二叉树的形式遍历维修手段,最后找到故障源。

(3) 诊断策略导出。TEAMS 工具支持五种形式导出诊断策略,包括 XML、HTML、PDF、RTF、AI – ESTATE。

(4) 故障相关性报告。此报告能够显示当某个故障源发生故障时,它的故障传播关系,包括某个故障源能够被哪些测试检测,某个测试能够检测哪些故障源的故障信息。

(5) TEAMS 还能生成各种文本报告,包括故障模糊组报告、冗余的测试报告。

(6) 提供全面的帮助,自动生成 FMECA 报告。

2) TEAMS – RT 模块

TEAMS – RT(Real – Time):TEAMS 面向在线、实时诊断和在线系统健康状态监控的配套工具。提供对系统健康状况的实时监控,通过分析传感器采集的信息,迅速判断出系统的健康情况:系统工作正常/系统的功能部件出现问题(给出故障源、故障模糊组、不能检测到的功能部件)。

TEAMS – RT 可解决的问题有:

(1) 监控系统以确定健康状态所需传感器的最小数量是多少?

(2) 如何实时监控、诊断和重构一个多种运行模式的系统?

TEAMS – RT 的独有特性包括:

(1) 高效实时地处理传感器结果,即使可能存在虚警和漏报;

(2) 根据系统运行模式的变化更新故障测试点的相关性;

(3) 更新源于冗余部件故障的相关性。

在实时 FDIR 系统中应用 TEAMS – RT 的好处有:

(1) 故障被快速检测/隔离,从而降低了灾难风险;

(2) 多重故障组合可以被迅速隔离;

(3) 故障发生时,通过检测/隔离故障减少了不能复现(CND)现象;

(4) 高效的视情维修减少了系统停机时间。

3) TEAMATE 模块

TEAMATE 是 TEAMS 的一个配套工具。作为智能采集模块和交互式诊断引擎,它能够从 TEAMS 生成的文件或 TEAMS – KB 存储的模型中提取系统模型,然后在尽可能短的时间里确定故障源。TEAMATE 的独特之处在于它能够根据可利用的测试资源、已实施的设置步骤、TEAMS – RT(或飞行器中的其他健康与运行状态监测系统)生成的初始模糊组以及操作人员的报告等实际约束条件确定系统故障源。

TEAMATE 是一个智能维护助手,通常被集成到便携式设备中:如便携式计算机、笔记本式计算机、PDA 等。它基于系统模型、目前症状,根据当前的可利用资源和已实施的测试步骤等,利用 TEAMS 的优化算法(推理机)给出下一步的最优测试,维修工程师将该步测试结果反馈给 TEAMATE,TEAMATE 再通过推理机给出下一步的最优测试,通过以这种与维修工程师进行交互的方式进行诊断,直至判断出故障源或不能再细化的故障模糊组。之后,TEAMATE 指导维修人员像专家一样将故障排除。

4) TEAMS – KB 模块

TEAMS – KB(Knowledge Base)是一个维修数据库管理工具,它将 TEAMATE 收集的有关在线诊断和维修的信息(维修的组件、修理的时间和费用、测试时间和费用等)进行存档。经由对维护数据的分析,TEAMS – KB 能提供经过更新维修费用、维修时间、组件的故障率以及诊断费用和时间的系统模型(存储在 TEAMS—Model 信息库中)。它是管理模型、配置数据、测试结果的知识库。作为模型管理和维修数据收集工具,它可用于各种维修场地。它可用来进行模型管理、计划和非计划维修、诊断数据采集、统计数据分析以及为预计发展趋势和检测、隔离异常进行数据挖掘。

5) TEAMS – RDS 模块

TEAMS – RDS(Remote Diagnostic Server)为远程诊断提供支持。维修工程师可以通过网络(局域网/广域网/专用网)访问诊断服务器排故。为维修工程师提供各种资源,并对资源进行管理。它可以结合 TEAMATE、TEAMS – RT、TEAMS – KB 的不同组合来使用。它通过分配给用户不同的权限来限制对诊断服务器的操作。

2. TEAMS 环境里的多信号流故障依赖模型的建立

在 TEAMS 环境下建立故障模型,其模型的基本构建元素包括功能模块(Module)、测试点(Test Point)、测试(Test)、故障传播关系(Dependencies)、模式转换开关(Switches)。

1) 建模步骤

(1) 收集并熟悉所有有用的系统文档。需要收集关于系统的操作手册、设计电路图、元器件可靠性数据指标等数据。

(2) 建立一个系统的结构化模型,以层次化的形式表述。可以根据系统信号流的传输方向建立系统的模型,以结构为基础,信号流为导向,分层建模。

(3) 添加故障模式。为每个最顶层的模型添加故障模式。例如,电池这个底层模块,就拥有电压不足或者漏电这两种故障模式。

(4) 在模块之间添加链接关系,以表述依赖(电子,机械,水力,等等)关系流。

(5) 为模型添加测试点和测试。在功能模块或者故障模式相应的位置添加测试点,在测试点内添加相关的测试手段。

2) 为故障源和测试添加功能名称

"功能"通俗的理解概念就是,由故障源发出的故障信息。它由故障源发出,通过故障传播线来传播,由测试接收。

3) 为模型执行多种测试性分析

完成了以上的步骤,那么就已经构建了一个能够完成初步测试性分析和静态分析的模型,可以通过 TEAMS 提供的分析手段进一步修改和完善我们的模型。

4）评估结果策略和测试报告,以确定模型是否需要修改

根据测试生成的结果及所得的各种测试性报告,一般依据所得的故障隔离率和故障检测率是否达到所要求的指标,进行模型是否改进的判断。

5）根据需求升级模型

一般情况下,由于系统越来越复杂,且大多是多结构、多回路和多层次的缘故主要是反馈回路所致,可根据生成的报告进行反馈回路断点的设置。

3. 工具软件的相关算法

1）故障—测试相关性矩阵

故障—测试相关矩阵 $\boldsymbol{D} = (d_{ij})_{mn}$ 为被测对象的组成单元故障与测试相关性的数学表示,是对被测对象进行测试性分析基础。

故障—测试相关矩阵中 d_{ij} 表示第 i 行第 j 列的元素。i 代表单元或者分系统（故障）;j 代表第 j 个测试点。如果,$d_{ij} = 1$ 表示第 j 个测试点与第 i 个单元测试性相关;$d_{ij} = 0$ 表示第 j 个测试点与第 i 个单元测试性无关。

故障与测试之间相关性分析算法如下:

（1）可达性分析。从故障所在组元 c_i 出发,沿输出方向按广度优先搜索遍历模型图,凡是能够到达的测试点节点,即为该故障可达测试点。

（2）相关性分析。在多信号模型中,组元故障据其影响被划分为完全故障（故障导致装备丧失主要功能,工作完全中断,以 G 表示）和功能故障（故障导致装备丧失部分功能,系统工作不完全中断,以 F 表示）。若故障 $c_i(G)$ 或 $c_i(F)$ 可达测试点 t_{pk},t_j 为该点测试,组元关联信号集 $SC(c_i)$,则

$$d_{i_G j} = 1 \tag{6-6}$$

$$d_{i_F j} = 1, \quad \text{if} \quad SC(c_i) \cap ST(t_j) \tag{6-7}$$

2）故障诊断策略设计

最优诊断策略设计属于 N – P 完全问题,目前解决该问题的方法主要有动态规划（DP）算法、AO* 算法、遗传算法等,其中最为简便的方法为贪心算法。

故障检测（FD）仅是判断被测对象是否存在故障,因此应选择覆盖故障范围大且成本低的测试优先进行。设当前可能故障集为 F,备选测试集为 T（开始采用尽可能多的测试点）,相关矩阵 $\boldsymbol{D} = (d_{ij})_{mn}$,则故障信息综合量为

$$q = \text{argmax}\left\{ \sum_{i=1}^{m} (\alpha_i \cdot d_{ij}) \Big/ c_k \right\}, \quad \alpha_i = p(x_i) \Big/ \sum_{i=1}^{m} p(x_i); \quad f_i \in F, t_k \in T$$
$$\tag{6-8}$$

式中:c_k 为综合成本;$p(x_i)$ 为可能故障发生的概率;α_i 为频率比。

$$q = \text{argmax}\{ -(p(F_p(t_K))\log_2 P(F_p(t_k)) + p(F_F(t_K))\log_2 P(F_F(t_K)))/c_k \}$$
$$\tag{6-9}$$

$$p(F_p(t_k)) = \sum_{i=1}^{m} (\alpha_i(1 - d_{ij})), \quad P(F_{f(t_k)}) = \sum_{i=1}^{m} (d_i \cdot d_{ij}) \tag{6-10}$$

208

式中：$F_p(t_k)$为测试t_k通过后的可疑故障；$F_F(t_k)$为测试t_k不通过时的可疑故障集。

故障信息综合量q反映了单元故障发生的可能性大小，q越大表示发生的故障概率越大，应考虑优先测试。q也综合考虑了单元故障发生的概率大小。

3）测试性参数计算

（1）设λ_i为相关矩阵中第i个故障的故障概率，λ_{Di}第i个被检测出故障的故障概率，λ_{Li}为相关矩阵中可隔离到小于等于L个可更换单元的故障中第i个故障的故障概率，则

$$\mathrm{FDR} = \sum \lambda_{Dj} \bigg/ \sum \lambda_i, \quad \mathrm{FIR} = \sum \lambda_{Li} \bigg/ \sum \lambda_{Di} \qquad (6-11)$$

（2）设K为诊断树分支数，P_i为第i个分支所对应的叶节点发生概率，N_i为第i个分支的测试节点数，t_{ij}为第i个分支上第j个测试的测试时间，C_{ij}为第i个分支上第j个测试的测试费用，则平均故障诊断时间（$\mathrm{FDT_{avg}}$）和费用（$\mathrm{FDC_{avg}}$）分别为

$$\mathrm{FDT_{avg}} = \sum_{i=1}^{k} P_i \bigg(\sum_{j=1}^{N_i} t_{ij} \bigg) \bigg/ \sum_{i=1}^{k} P_i, \quad \mathrm{FDC_{avg}} = \sum_{i=1}^{k} P_i \bigg(\sum_{j=1}^{N_i} c_{ij} \bigg) \bigg/ \sum_{i=1}^{k} P_i \qquad (6-12)$$

（3）模糊度的计算。相关矩阵中相等的行所对应的故障构成一个模糊组 AG，模糊度（AGS）的计算公式为

$$\mathrm{AGS_{avg}} = \sum_{i=1}^{k} AGS_i \bigg/ K, \quad \mathrm{AGS_{max}} = \mathrm{MAX}(AGS_i) \qquad (6-13)$$

（4）重测合格率的计算。由于重测合格是指在某维修级别测试中识别出有故障的被测单元，更高维修级别测试时却是合格的现象，排除虚警及人为差错等影响，则重测合格率应仅为故障模糊组中故障单元在更高维修级别被确定合格的概率，基于单故障假设，重测合格率计算公式如下：

$$\mathrm{RTOK} = \bigg(\sum_{i=1}^{k} \lambda_{AG_i} * AGS_i - 1/AGS_i \bigg) \bigg/ \bigg(\sum_{i=1}^{k} \lambda_{AG_i} \bigg) \qquad (6-14)$$

4. TEAMS 主菜单工具栏

主菜单工具栏如图 6-9 所示。

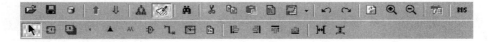

图 6-9　TEAMS 主菜单工具栏

→ OPEN：打开文件。

→ SAVE：保存现有文件。

→ UP A LEVEL：返回上一层目录。

→DOWN A LEVEL：进入文件下属文件。

→ VIEW HIERARCHY：进入所选的组件内部，并进行查看。

→ ENABLE EDITING：进入文件编辑界面，对文件进行复制、粘贴、剪贴等各种编辑工作。

🔍 → FIND:查找系统中所选的文件或者器件。

✂ → CUT:剪贴。

📋 → COPY:复制。

📋 → PASTE:粘贴。

📄 → PROPERTIES:组件基本信息模块。

📝 ▾ → BATCH EDITING:选择同类的组件,并进行修改。

▶ → SELECTION:选择需要进行修改的器件。

↶ → UNDO:撤销操作。

↷ → REDO:取消撤销操作,返回原来界面。

📄 → RELOAD MODEL:进入上一次的模型界面。

🔍 → ZOOM IN:调整组件或者模型的大小,使其放大。

🔍 → ZOOM OUT:调整组件或者组件的大小,使其缩小。

📋 → PDF DIAGNOSTIC TREE:生成 PDF 诊断树。

RDS → EXPORT TO RDS:将模型数据输入到 RDS 中。

▣ → MODULE:系统组件。

◇ → TEST:测试组件。

▷ → AND:"与"组件。

⌐ → LINK:连线操作。

⊞ → SWITCH LINK:开关组件。

▐ → LEFT ALIGN:所选元件左边对齐。

▌ → RIGHT ALIGN:所选元件右边对齐。

▀ → TOP ALIGN:所选元件上边对齐。

▄ → BOTTOM ALIGN:所选元件下端对齐。

◄► → HORIZONTALLY SPACE EVENLY:将所选元件左右居中。

▲▼ → VERTICALLY SPACE EVENLY:将所选元件上下居中。

5. 实例

1)基本功能模块

图 6-10 为两级 ID 积分微分网络校正电路图。

双击 TEAMS-designer 界面,进入 Guide 界面,在 File 下属框中,选择 New,新建一个文件夹,出现如图 6-11 所示的界面。

在其中输入创建者的姓名及该文件的说明信息;单击 OK 按钮,即可进入到编辑界面,如图 6-12 所示。

首先进入 Basic 对话框,从上面可以看出该模型假定有一个输入和一个输出(可根据实际情况设置),维修时间和维修费用均采用默认值"0"(现场专家可以根据搜集到得数据,根据实际情况来确定)。

R2
C1
R3
R5
C2
R6
输入
R1
Q1
R4
Q2
输出
RR
RRR

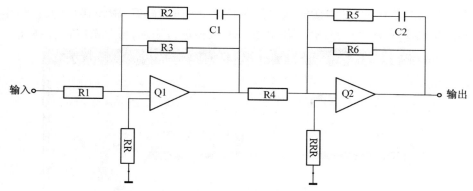

图 6－10　两级 ID 积分微分网络校正电路图

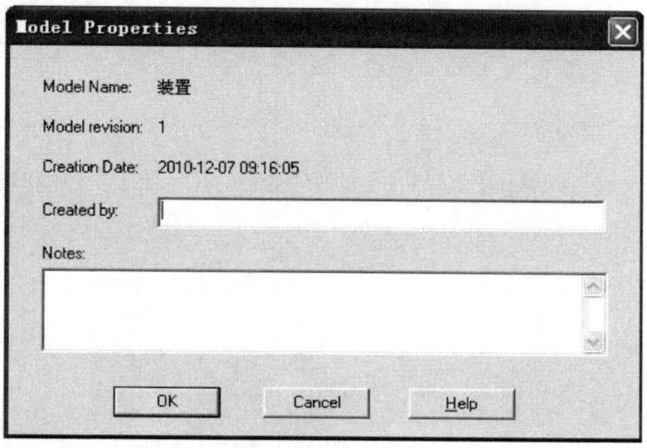

Model Properties
Model Name: 装置
Model revision: 1
Creation Date: 2010-12-07 09:16:05
Created by:
Notes:
OK
Cancel
Help

图 6－11　模型文件创立信息图

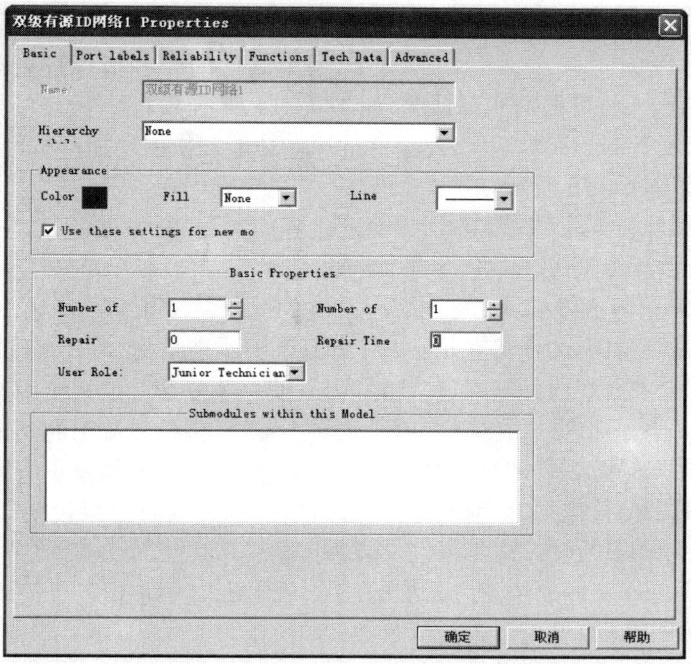

双级有源ID网络1 Properties
Basic
Port labels
Reliability
Functions
Tech Data
Advanced
Name:
双级有源ID网络1
Hierarchy
None
Appearance
Color
Fill
None
Line
Use these settings for new mo
Basic Properties
Number of
1
Number of
1
Repair
0
Repair Time
0
User Role:
Junior Technician
Submodules within this Model
确定
取消
帮助

图 6－12　模块编辑功能图

接着进入到 Port labels 对话框,如图 6 – 13 所示,进行输入/输出接口的设置,主要是对模块输入、输出名称等信息的设置,单击 Add 按钮进行添加,再单击"确定"按钮。

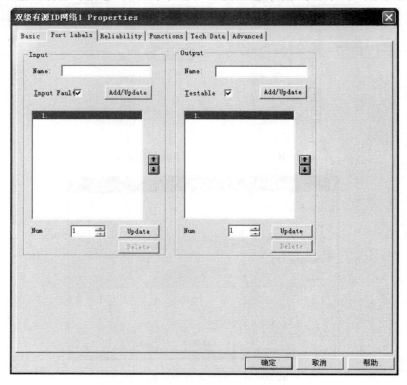

图 6 – 13　模块输入/输出设置图

接着进入到 Reliability 对话框,主要对模型测试性的一些指标进行设置,主要包括 MTTF 等信息,操作人员可根据实际情况,如图 6 – 14 所示。

紧接着进入到 Function 对话框,对组件的原始功能和扩展功能进行设置,其中包括模块权重设置等,如图 6 – 15 所示。

Tech Data 界面主要是对模块的一些图形化界面的设置,以及测试条件,操作者需要强调的信息以及注意事项等,如图 6 – 16 所示。

2) TEAMS 多信号流建模

多信号流图模型具有的优势在于:更接近系统的物理结构;表现系统的故障空间,克服了需要精确定量关系建模的缺点,使建模容易;使一些复杂大型系统的测试性建模变得可行,模型失真度小。国内外,在航空、航天领域中,基于多信号流图的测试性建模已有成功案例。通过对 TEAMS 软件的功能介绍及双极 ID 积分微分网络校正电路结构和功能的分析,建立相应的多信号模型,并对其进行了测试性分析,通过结果说明了多信号流建模方法对测试性设计的可行性。

在 Teams – Designer 界面里建立系统的信号流程图,其中包括各个模块的连接及测试点的添加,如图 6 – 17 所示。

主菜单中选定 Analysis 菜单下属的 Stastic Analysis,选择所选的项目,其中主要包含以下七个指标:① 检测到的故障;② 故障模糊组大小;③ 冗余测试;④ 难以复现的故障;

212

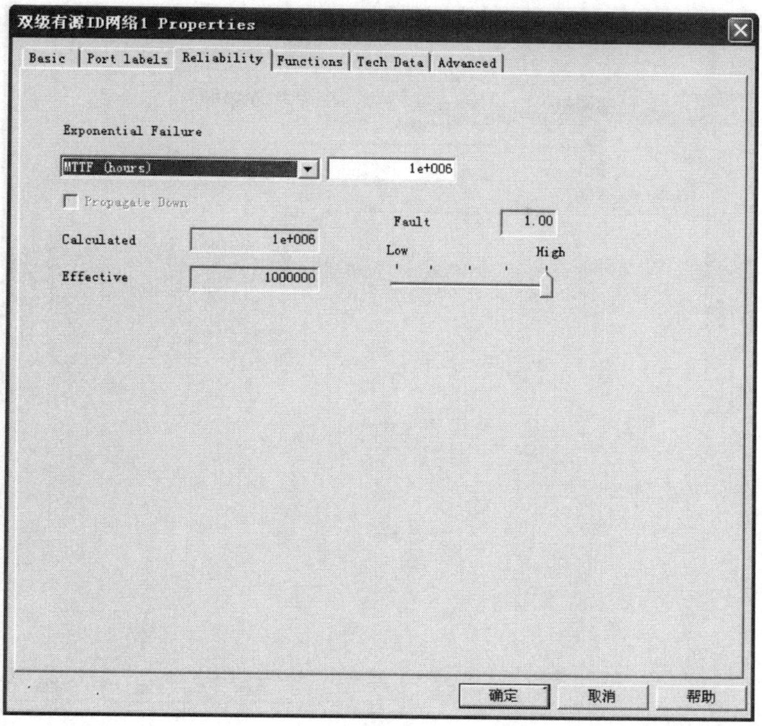

图 6－14　模块测试性指标设置图

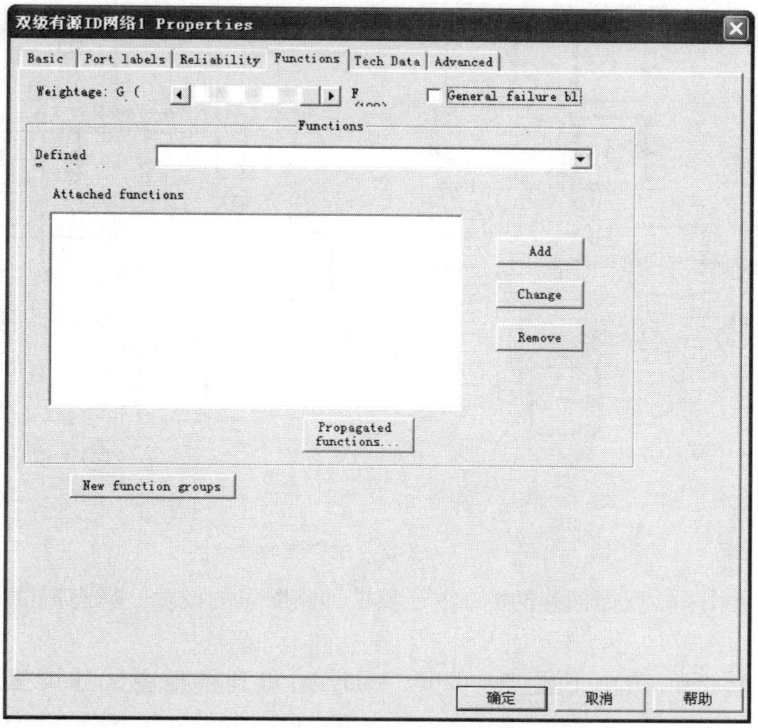

图 6－15　模块的功能设置图

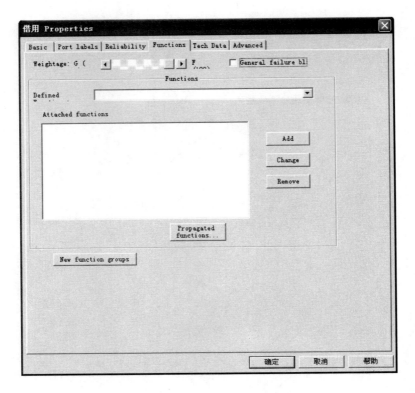

图 6-16 模块警示信息设置图

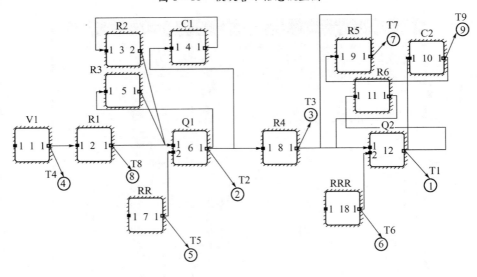

图 6-17 多信号流模型的建立

⑤ 模糊组的大小;⑥ 反馈回路的测试;⑦ 反馈回路断点的设置。静态测试性指标图如图 6-18 所示。

然后在 Analysis 菜单下属 Testability Analysis,得到模型测试分析图,如图 6-19 所示。

从图 6-19 可以看出其故障检测率为 100%,故障隔离率为 100%,其中测试费用和

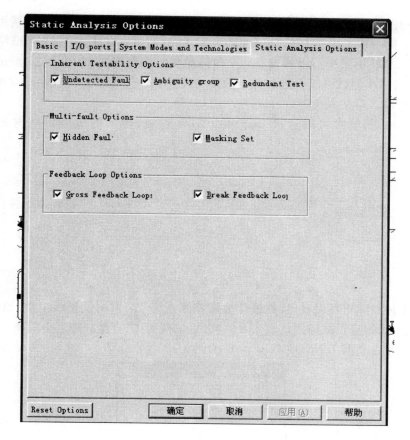

图 6 – 18　静态测试性指标图

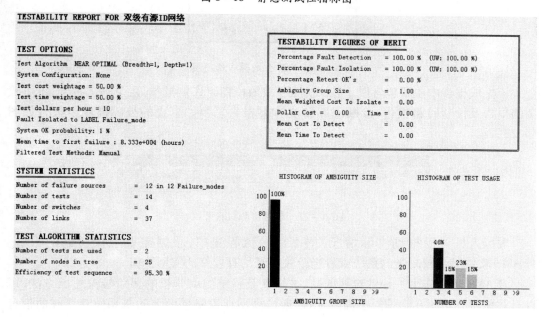

图 6 – 19　模型测试分析图

测试时间均占总测试的50%,故障维修时间、故障维修费用采用默认值(现场可根据实际情况设定),第一次大修期为8.333×10^4,单位为h,测试方式采用手动,测试结果有效率为95.30%,从柱形图中可以看出有一个故障模糊组的概率为100%,三次测试可以诊断46%的故障,四次测试可以诊断15%的故障,五次测试可以诊断23%故障,六次测试可以诊断15%故障。总共六次测量可以完全确认故障模式。

在 Reports 菜单中可以选择 Diagonstic Tree 选项,得出的故障诊断树如图6-20所示。

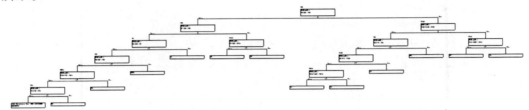

图6-20　故障诊断树图

根据上述故障树可以看出,其最佳故障检测点为 T2,若测试显示正常,则进入 T4 的故障检测点,否则进行故障测试点 T10 的测试,依次类推,直至故障完全隔离。

生成的报告类型 Text&HTMLREports 为图6-21所示。

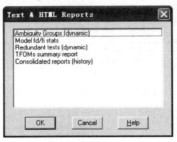

图6-21　故障生成报告选项图

该生成报告中主要包含以下几个方面:故障模糊组评估报告,冗余测试报告,不可检测的报告及诊断回路报告,诊断回路解决方案报告。例如生成的故障模糊组报告如图6-22所示。

Ambiguity Group Summary Table				
Size	No.of groups	Group Size(%)	Weighted(%)	Unweighted(%)
1	13	100.000000	100.000000	100.000000

图6-22　故障模糊组报告

现场人员可以根据实际情况,依靠信号流程建模,根据需要生成所需的报告。TEAMS 软件对于较复杂的系统或者经验欠缺者均有较好的实用价值。

TEAMS 软件作为一种针对测试性、维修性及系统健康监视的多信号流建模方法,可以有效地避开系统在物理层上面的干扰,通过模型在逻辑层面上的联系建立系统的信息流向图。该方法不仅适合单一故障,而且对多故障也可进行同时检测。通过软件模块化处理后,可以得到系统的故障树,与传统故障树不同的是:软件生成的故障树是测试点一测试点—元件/模糊组,而不是元件—元件—元件/模糊组,由于顶事件的不同,决定了分析过程的不同,即传统故障树是由分析顶事件(元件)的影响范围来确定底事件(元件),而软件故障树是分析顶事件(测试点)的影响范围来确定底事件(测试点/元件)。维修人员可根据故障树从上到下排查故障。根据故障树的层状分析结构,可以清楚地了解各个元器件的相互联系和故障的传播方向,为后续的维修工作提供了有力的帮助,保证了维修的可靠性和快速性。

TEAMS 以独特的模块化设计,将系统各个重要组成部分模块化,通过分析各个模块的逻辑关系,建立 TEAMS 模型,并可以对模型进行多种分析,得到各种形象的数据分析图表和 TEXT 报告。以一个模拟电路为例,根据电路结构分析与实际需求,研究了该软件在故障诊断中的应用。

基于结构模型的测试性设计与分析,主要用于系统早期设计过程中的分析评价以及维修过程中的故障诊断工作。与其他方法相比,该方法不仅结果更加优化,而且对系统的内部信息依赖相对较少,对于装备维修过程来说,由于维修测试工程师对于系统内部信息了解相对较少,在缺乏专家知识的情况下,借助该方法可以快速准确地对故障进行定位隔离,提出了一种基于系统结构模型的测试性设计与分析方法。该方法依靠较少的系统内部信息,可以有效应用于装备的早期测试性设计工作。另外,利用该方法还可以得到系统的诊断结构树,并可以对测试诊断策略进行优化。因此,该方法同样可以应用于装备使用过程中的维修诊断工作。

将 TEAMS 与软件套件的其他部分结合使用,可实现复杂系统的分析与故障诊断。在产品研制过程中,通过测试性设计—测试性建模分析—改进测试性设计的流程,进而提高产品性能。对于已有产品,通过测试建模分析,评估产品的测试性设计,为新产品的测试性设计提供有益的借鉴。

6.2 故障与故障诊断

6.2.1 故障

1. 故障的概念

故障(Fault)是指产品(部件、设备或者系统)在规定条件下不能完成其规定功能的一种状态。这种状态往往是由不正确的技术条件、运算逻辑错误、零部件损坏、环境变化、操作错误等引起的。这种不正常状态可分为以下几种情况:

(1)设备在规定的条件下丧失功能;

(2)设备的某些性能参数达不到设计要求,超出了允许范围;

(3)设备的某些零部件发生磨损、断裂、损坏等,致使设备不能正常工作;

(4)设备工作失灵或发生结构性破坏,导致严重事故甚至灾难性事故。

故障一般具有以下特性:

(1)层次性。故障一般可分为系统级、子系统级、部件级、元件级等多个层次。高层次的故障可以由低层次故障引起,而低层次故障必定引起高层次故障。故障诊断时可以采用层次诊断模型和层次诊断策略。

（2）相关性。故障一般不会孤立存在，它们之间通常是相互依存和相互影响。一种故障可能对应多种征兆，而一种征兆可能对应多种故障。这种故障与征兆之间的复杂关系，给故障诊断带来了一定困难。

（3）随机性。突发性故障的出现通常都没有规律性，再加上某些信息的模糊性和不确定性，就构成了故障的随机性。

（4）可预测性。设备大部分故障在出现之前通常有一定先兆，只要及时捕捉这些征兆信息，就可以对故障进行预测和防范。

有时也用"失效"（Failure），例如设备或者系统因腐蚀而失效，也属于故障的范畴。在一般情况下，两者是同义词，但严格意义上，失效与故障是有区别的。对于可修复的产品发生的问题，称为故障；而不可修复的产品发生的问题，称为失效，例如密封材料的老化、固体推进剂的老化等。一般情况，所有的失效属于故障，但不是所有的故障都是失效。

2. 故障的分类

根据故障发生的性质，可将故障分为硬故障和软故障。硬故障指设备硬件损坏引起的故障，如结构件或元部件的损伤、变形、断裂等。软故障如系统性能或功能方面的故障。

根据故障发生的时间特点，可将故障分为永久故障和间歇故障。永久故障是测试期间一直存在的故障，故障现象在一定时间内是固定不变的。造成这类故障的原因多是构成系统或者设备的期间损坏，参数偏离正常值，短路或者开路等，软件编写本身有问题有时也表现一定"永久性"效果。间歇故障是时有时无，在检测过程中不是一直出现的故障。多是由于元件接触不良、元件老化、噪声等原因引起的，带有一定的随机性。多数间歇故障最后会演变为永久故障。

根据故障的发生部位可以分为硬件故障和软件故障。硬件故障是指构成产品的物理器件参数偏离规定值或者完全损坏所造成的故障。软件故障一般是在软件设计过程中造成的。软件故障往往是不可避免的。软件测试是检验开发软件是否符合要求，保证软件不出现软件故障的重要手段。通常软件的测试工作分为单元测试、集成测试和确认测试三步。单元测试（Unit Testing）是单独检验各模块的工作；集成测试（Integrated Testing）是将已测试的模块组装起来进行检验；确认测试（Validation Testing）按规定的需求，逐项进行有效性测试，以决定开发的软件是否合格，能否提交用户使用。

从维修的角度，故障分为功能故障和潜在故障。功能故障是指产品不能满足其规定性能指标或丧失其完成规定功能的能力。产品丧失其一种或者几种规定功能就是功能故障。另外，产品性能明显下降，工作时不能达到规定的性能水平也是功能故障。潜在故障是一种指示产品即将发生功能故障的可能鉴别的实际状态。

3. 故障机理

故障机理是引起故障的物理、化学或其他过程，导致这一过程发生的原因有设备内部原因和外部环境因素。

1）外部环境因素

外部环境对设备工作状态的影响，主要表现为自然环境、认为因素以及操作使用影响等三个方面。

（1）自然环境对系统的影响。主要包括气象条件（如风、雨、雷、电、高温、低温等）、地域条件（如潮湿、干燥、烟雾、风沙、低气压等）和电磁环境（如电磁暴、电磁干扰）等影响。系统在恶劣的自然环境应力作用下，往往会影响使用功能和技术性能。

（2）人为因素对系统的影响。在使用和维修过程中，若发生人为差错，出现"错、忘、漏、损、丢"和使用、维修不当，可能引起系统故障。人为差错主要包括指挥错误、技术状态设置错误、操作动作错误、装配错误、检验错误和维修错误等。对系统危害最大的是技术状态设置错误，一个插头的连接错误或者编码波道安装错误，都可能导致导弹发射失败或者发射后导弹不受控。

造成人为差错的主观原因有三种类型：① 操作作风型。责任心不强，不按操作规程，不按使用维护细则的规定，疏忽大意，盲目蛮干等。② 技术技能型。缺乏专业知识和操作技能，不懂或者不熟悉装备原理，操作方法和操作规程。③ 组织管理型。对使用或者维修作业组织不严密，管理混乱等。其中的技术技能型和组织管理型中，不懂操作规程、管理混乱，常常会带来严重后果。

（3）使用和维修活动对系统的影响。在使用和维修过程中，若系统受到超出设计允许范围内的冲击、振动或静电积累，造成系统机械损伤，电路板脱落，导线断开，焊点开裂或者静电放电等损害，会直接影响系统性能。

2）故障机理分析

（1）设计缺陷。设计缺陷也是导致电子设备故障的重要原因。装备的可靠性是赋予装备的固有特性，即使承制方制造水平再高，工艺再完善，元器件质量再好，如果存在设计缺陷，同样会导致装备故障。常见的设计缺陷包括有：结构、电路设计不合理；抗干扰设计不到位；没有注意降额设计；没有电路信号的削尖峰设计；通风散热设计差；密封设计差；耐环境设计差；无防差错设计；匹配设计不良；缺乏容错设计；精度、容量、量程设计不周；缺乏相应测试性设计；缺乏报警设计等。

（2）制造缺陷。在生产过程中，装配、操作、元器件选用、参数调整或者校正不当所形成的固有缺陷，是系统发生故障的主要原因之一。

（3）工艺缺陷。设备制造不完善、工艺质量控制不严格和设备生产人员技术水平低等因素，都会导致设备可靠性下降，产生故障。因此，制造工艺缺陷也是造成装备故障的主要原因之一。常见的制造工艺缺陷包括有：焊接缺陷，如虚焊、漏焊和错焊，常调整和强振动部位焊接不良等；产品出厂时，关键参数的调整和校正不到位；设备的各组件组装不合理等。

（4）元器件失效。元器件失效会直接影响电子设备的正常使用，据统计，在正常情况下，元器件失效大约占电子设备整机故障的40%。元器件失效的原因主要有以下几方面：元器件本身可靠性低、筛选不严及苛刻的环境条件等。对元器件失效除了上面介绍的常规元件外，对于可编程的集成芯片器件，如果软件编程错误或者病毒侵蚀，往往导致软件瘫痪，元器件失效；在恶劣时，如电磁干扰，大电机起停、振动、高温等也会导致元器件失效。

6.2.2　故障诊断

故障诊断（Fault Diagnosis）是指系统在一定工作环境下查明导致系统某种功能失调的原因和性质，判断劣化状态发生的部位或部件，以及预测状态劣化的发展趋势等，它包括故障检测、故障定位和故障预测。

利用各种检查和测试方法,发现系统和设备是否存在故障的过程称为故障检测;明确故障所在的大致部位的过程称为故障定位;要求把故障定位到实施修理时可更换的产品层次(可更换单元)的过程称为故障隔离。

故障诊断除了与系统和设备的使用及维修人员相关外,还与设计人员有密切关系。如果设计的诊断对象没有设置必要的测试点和传感器,没有外部测试设备的检测接口,就很难获得足够的被诊断对象的状态信息,也很难实施故障检测和隔离。所以设计人员也同样应该掌握故障诊断的理论和方法,才能设计出满足产品使用要求的产品。

故障诊断的分类方法很多。

按照诊断方式分为功能诊断和运行诊断。功能诊断是检查设备运行功能的正常性,如发电设备的输出功率、电压、电流是否满足功能要求。运行诊断则是监视设备运行的过程,主要用于正常运行的设备。

按照诊断的连续性分为定期诊断和连续监控。定期诊断是按照规定的时间间隔进行的诊断,一般主要是用于故障的预测性诊断和设备性能出现渐发性的故障,装备中的周维护、月维护、季维护、半年维护和年维护等就属于定期故障诊断的范畴。连续监控是在设备运行过程中连续监控设备的运行状态,主要用于诊断设备的突发性故障和不可预测的故障。

按照诊断信息获取方式分为直接诊断和间接诊断。设备在运行过程中进行直接诊断是比较困难的。一般都是通过一次的、综合的信息来做出间接诊断的。

按照诊断目的分为常规诊断与特殊诊断。例如:高速离心机组,在额定转速下要进行常规诊断;而在开机升速和停机降速过程中容易造成机器损坏,这时便是特殊工况下的诊断。故障模式是故障发生的具体表现形式,故障模式的宏观表现为若干故障现象,微观表现为部件磨损、疲劳、腐蚀、氧化等。

6.2.3 故障诊断的基本方法

故障诊断技术是一门综合性技术,它不但与诊断对象的性能和运行规律密切相关,而且还涉及多门学科,如现代控制理论、可靠性理论、数理统计模糊集理论、信号处理、模式识别和人工智能等学科理论。故障诊断的任务可以分为以下四方面的内容。

(1)故障建模。按照先验信息和输入、输出关系,建立系统故障的数学模型,作为故障检测与诊断的依据。

(2)故障检测。从可测或不可测的估计变量中,判断运行的系统是否发生故障,一旦系统发生意外变化,应发出报警。

(3)故障分离与估计。如果系统发生了故障,给出故障源的位置,分别给出故障原因是执行器、传感器和被控对象或者是特大扰动等;故障估计是在弄清故障性质的同时,计算故障的程度、大小及故障发生的时间等参数。

(4)故障分类、评价与决策。判断故障的严重程度,以及故障对系统的影响和发展趋势,针对不同的工况采取不同的措施,其中包括保护系统的启动。

故障诊断技术发展至今,人们已提出了许多方法。所有的故障诊断方法可以划分基于数学模型的方法、基于信号处理的方法和基于人工智能的方法。

1. 基于数学模型的方法

这类是基于已知诊断对象数学模型的基础上,按照一定的数学方法对被测对象进行诊断处理。

(1)参数估计诊断法。当故障由参数的显著变化来描述时,可利用已有的参数估计方法来检测故障信息,根据参数的估计值与正常值之间的偏差情况来判定系统的故障情况。

(2)状态估计诊断法。通过被控过程的状态直接反映系统的运行状态并结合适当的模型进行故障诊断。首先重新构造被控过程状态,并构造残差序列。残差序列中包含各种故障信息及基本残差序列,然后通过构造适当的模型并采用统计检验法,把故障从中检测出来,并做进一步分离、估计及决策。

(3)等价空间诊断法。利用系统的输入、输出的实际测量值检验系统数学模型的等价性(一致性),以检测和分离故障,与基于观测器的状态估计法等价。

2. 基于信号处理的方法

基于信号处理的故障诊断方法,通常是利用信号模型,如相关函数、频谱、小波变换等,直接分析可测信号,提取诸如方差、幅值、频率等特征值,从而检出故障。这类方法不需要准确的数学模型,因此适应性强。

(1)直接测量系统输入、输出的方法。在正常情况下,被控过程的输入、输出在正常范围内变化,当此范围被突破时,可以认为故障已经发生或将要发生。另外,还可以通过测量输入、输出的变化率是否突破规定范围来判断故障是否发生。

(2)基于小波变换的方法。首先对系统的输入、输出信号进行小波变换,利用该变换求出输入、输出信号的奇异点,然后除去出于输入突变引起的极值点,则其余的极值点对应于系统的故障。

(3)输出信号处理法。系统的输出在幅值、相位、频率及相关性上与故障源之间会存在一定的联系,这些联系可以用一定的数学形式(如输出量的频谱)表达,在发生故障时,则可利用这些量进行分所与处理,来判断故障源的所在。常用的方法有频谱分析法、概率密度法、相关分析法及互功率谱分析法等。

(4)信息匹配诊断法。此方法引入了类似矢量、类似矢量空间和一致性等概念。将系统的输出序列在类似空间中划分成厂系列的子集,分所各子集的一致性,并按一致性强弱进行排列,一致性最强的一组子集的鲁棒性也最强,而一致性最差的子集则可能已发生故障。正常情况下类似矢量值很小,而当故障发生时,类似矢量的值将在此故障相应的方向上增大,因此类似矢量值的增加表明了故障的发生,而其方向给出了故障传感器的位置。

3. 基于人工智能的故障诊断方法

这种方法不需要精确的数学模型,而是根据人们长期的实践经验和大量的故障信息知识来解决故障诊断问题。这些方法可以分为故障树诊断方法、专家系统故障诊断方法、信息融合故障诊断方法、神经网络故障诊断方法、模糊故障诊断方法、网络化诊断方法等。

(1)信息融合故障诊断方法。众所周知,设备或系统是一个有机的整体,设备或系统某一部位故障将通过传播表现为其整体的某一症状。因此通过对不同部位信号的融合,或同一部位多传感器信号的融合,可以更合理地利用设备或系统的信息,使故障诊断更准确、更可靠。信息融合故障诊断就是根据系统的某些检测量得到故障表征(故障模式)，经过融合分析处理，判断是否存在故障，并对故障进行识别和定位。

基于层次结构的信息融合故障诊断模型如图 6 – 23 所示。

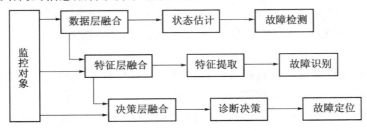

图 6 – 23　信息融合故障诊断模型

（2）神经网络故障诊断方法。神经网络具有处理复杂多模式及进行联想、推测和记忆功能，它非常适合应用于故障诊断系统。它具有自组织、自学习能力，能克服传统专家系统当启发式规则未考虑到时就无法工作的缺陷。将神经网络应用于故障诊断系统已有不少成功的实例。

（3）模糊故障诊断方法。模糊故障诊断是一种按照人类自然思维过程进行的诊断方法。模糊是利用了客观事物通常在边界上不清晰的属性。系统在运行过程中，故障征兆与引起的原因之间往往不是一一对应的关系，特别是复杂系统，这种不确定性就更加明显。利用故障征兆与引起原因之间的不确定性来进行故障诊断称为模糊故障诊断。它有两种方法：一种是基于模糊理论的诊断方法，它是将模糊集划分成不同水平的子集，由此来判断故障可能属于哪个子集；另一种方法是基于模糊关系及逻辑运算的诊断方法，即先建立征兆与故障类型之间的因果关系，再建立故障与征兆的模糊关系方程，利用故障征兆的隶属度和模糊关系矩阵，通过逻辑运算，得到各种故障原因的隶属度。

6.2.4　故障树分析法

1. 概念与特点

故障树分析(Fault Tree Analysis，FTA)是美国贝尔电话公司与 20 世纪 60 年代发明的，被首先应用于导弹发射控制系统的故障分析中，现在已经广泛应用于航空、航天、原子反应堆、大型设备以及大型电子计算机等设备的设计、安全分析和维修中。

故障树分析是一种特殊的倒立树状的逻辑因果关系图，它用事件符号、逻辑门符号和转移符号描述系统中事件的因果关系。逻辑门的输入事件是输出事件的"因"；逻辑门输出事件是输入事件的"果"。故障诊断模型是描述诊断对象结构、功能和关系的一种因果模型，它体现了故障传播的层次性。

故障树诊断方法具有如下特点：

（1）因果关系清晰、形象。故障树分析法从系统开始，以清晰的图形来表述系统的内在联系，通过由逻辑符号绘制出一个逐渐展开的分枝图来分析故障时间（又称顶事件）发生的概率，同时也可以用来分析零部件、组件、分系统故障对整个系统故障的影响。可以全面分析系统及其部件的故障部位和传播途径。

（2）故障树分析法不但对故障可以做定性分析，也可以做定量分析。通过定性分析，确定各基本时间对故障影响的大小,从而确定对各个基本事件进行安全控制所应采取的优先顺序,为制定科学、合理的安全措施提供基本依据。通过定量分析,依据各个基本时间的发生概率,为实现系统最佳控制目标提供一个具体的量的概念,有助于其他各项指标的量化处理。

(3)由于故障树是一种逻辑门所构成的逻辑图,因此适合于计算机处理。

(4)构造故障树对分析人员水平要求较高。由于要采用逻辑运算,在故障树中事件较多,如果未被分析人员充分掌握的情况下,容易发生错误或者失察;同时,由于每个分析人员所研究范围各有不同,其所得结论可信性也有所不同。

2. 故障树的建造

故障树中,把最不希望发生的事件作为顶事件,无需再追究的事件作为底事件,介于顶事件与底事件之间的一切事件作为中间事件。用相同的符号代表这些事件,再用适当的逻辑关系把顶事件、中间事件和底事件连接成为树形图。故障树中的事件和逻辑关系通常用表 6 - 1 中的符号表示,这些符号是构成故障树的基本单元。

表 6 - 1　故障树中的符号

符　号	描　　　述
□	事件,包括顶事件和中间事件
○	底事件,无需再追究的事件
◇	待发展事件
∩	"与"门,进行事件与的操作,即所有输入事件都发生时,输出事件才发生
∪	"或"门,进行事件或的操作,即输入事件有一个发生时,输出事件就发生

故障树建造的基本方法分为以下几个步骤:

(1)熟悉系统。详细了解系统的状态及参数。

(2)调查故障。收集故障案例,进行故障统计,设想给定系统可能发生的故障。

(3)确定顶事件。顶事件是研究对象的系统级故障,是在各种可能的系统故障中筛选出来的最不希望最危险的事件。分析目标不同、任务不同,应该选用不同的顶事件。

(4)确定目标值。根据以往的经验和故障案例,经过分析统计后,求解故障发生的概率,以此作为要控制的目标值。

(5)调查原因事件。调查引起故障的所有事件和因素,分析原因(如设计、运行、人为因素等)。

(6)逐层展开建树。从顶事件开始,逐级向下演绎分解,一直追踪到底事件,建立所研究系统故障和导致该系统故障因素之间的逻辑关系,并将这种关系以故障树图形符号表示。

(7)分析化简故障树。在完成故障树的绘制工作后,按照故障树结构进行化简,主要是使顶事件和底事件之间呈现更为简单的逻辑关系,确定各个基本事件的结构重要度。

(8)确定故障发生概率。确定所有故障发生概率,标在故障树上,并进而求出顶事件发生的概率。

(9)比较。比较分析可维修系统和不可维修系统。对前者要进行对比,后者求出顶事件发生的概率即可。

一般情况,完成到第(7)步也就可以了。

以某雷达导引头为例,在导引头故障诊断系统中,利用导引头的组成原理图建立导引头的初始模型,经过进一步分析可以建立导引头故障现象和故障原因之间的内在逻辑关系,通过故障树模型可以体现故障传播的层次性。系统由电源、位标器、接收机和指令接收及变换装置等部分组成。从故障分析的角度把导引头中"位标器故障"作为顶事件,也就是系统级故障,造成系统级故障的可能原因有预定回路故障、稳定回路故障和角跟踪回路故障,把这些故障作为第二级子事件,如图6-24所示。预定回路故障包括了校正放大装置、电流校正装置、电流反馈装置、电动机、减速装置以及电位器等元件故障。逐级分析,就构成以顶事件为根,若干中间事件和底事件为枝干和分枝的树形图。

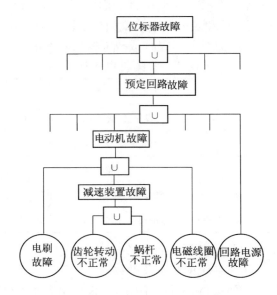

图6-24 "位标器故障"的故障树

3. 故障树分析

故障树是由构成它的全部底事件的各种逻辑关系连接而成,为了便于对故障树作定性分析和定量计算,必须给出故障树的数学表达形式,也就是结构函数。

假定所建立的故障树由 N 个独立的底事件构成,则故障树的顶事件的状态 Φ 完全由底事件的状态 $x_1, x_2, \cdots, x_n$ 的状态决定,即 $\Phi = \Phi(x) = \Phi(x_1, x_2, \cdots, x_n)$,它称为故障树的结构函数。这样就可以利用逻辑代数运算规则对故障树进行分析。为了对各功能单元进行故障诊断,故障树中的中间状态也可以用状态变量来表示。对所有事件的状态以"0"表示正常,以"1"表示故障,如式(6-15)和式(6-16)所示,这样就可以建立以底事件为初始变量,以顶事件和中间事件为输出的故障树诊断模型,给定底事件的初始状态,就可以得到系统的各级输出所对应着的各个功能模块的故障判定。

$$x_i = \begin{cases} 1 & \text{当第 } i \text{ 个底事件发生时(故障)} \\ 0 & \text{当第 } i \text{ 个底事件不发生时(正常)} \end{cases} \qquad (6-15)$$

$$\Phi = \begin{cases} 1 & \text{当第 } i \text{ 个定事件发生时(故障)} \\ 0 & \text{当第 } i \text{ 个顶事件不发生时(正常)} \end{cases} \qquad (6-16)$$

由于 $\Phi = \Phi(x)$ 是一种布尔函数,因此,布尔运算的法则可以应用到故障树的结构函数的运算中。通过布尔运算也可以对结构函数进行简化运算,从简化的结构函数得到简化的故障树和系统的故障模式。

故障分析分为定性分析和定量分析。定性分析的主要目的是为了弄清系统出现某种故障(顶事件)有多少种可能性。定量分析的主要任务是根据其结构函数和底事件的发生概率,应用逻辑与、逻辑或的概率计算公式,定量地评定故障树顶事件出现的概率。故障树定量分析的另一任务是关于事件重要度的计算。一个故障树往往包含多个底事件,各个底事件在故障树中的重要性,必然因它们所代表的元件(或部件)在系统中的位置(或作用)的不同而不同。因此,底事件的发生在顶事件的发生中所做的贡献称作为底事件的重要度。底事件重要度在改善系统的设计、确定系统需要监控的部位、确定系统故障诊断方案有着重要的作用。

6.2.5 专家系统故障诊断

专家系统是人工智能领域中最活跃的一个分支,已广泛应用于故障诊断系统。专家系统方法不依赖于系统的数学模型,而是根据人们长期的实践经验和大量的故障信息知识,设计出一套智能计算机程序,以此来解决复杂系统的故障诊断问题。利用专家系统进行故障诊断就是根据专家对症状的观察和分析。推断故障所在,并给出排除故障的方法。故障诊断专家系统(Fault Diagnosis Expert System,FDES)已广泛地应用于航空、航天、石油、化工、核电站、医疗卫生等领域。

1. 专家系统

专家系统(Expert System,ES)是具有大量专门知识和经验的计算机程序系统,它是应用知识和人工智能技术,通过推理和判断来解决那些需要大量人类专家才能解决的复杂问题的计算机程序。一般的专家系统由知识库及其管理系统、数据库及其管理系统、推理机构、知识获取机构、解释机构和人机交互界面六部分组成,如图 6-25 所示。

1) 知识库及其管理系统

知识库(Knowledge Base,KB)用来存放专家知识,包括了领域内的专家经验性知识、

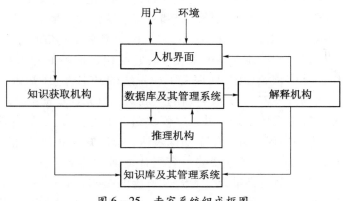

图 6-25 专家系统组成框图

原理性知识、书本知识等。专家库里的知识一般分为两类：一类是确定性知识，即被专业人员广泛共享的知识；一类为非确定性的知识，即凭经验、直觉和启发得到的知识。管理系统负责对知识库中的知识进行组织、检索、维护。其功能包括了知识库的建立、删除、重组、更新、维护、查询、编辑等。

2）数据库及其管理系统

数据库（Data Base，DB）用来存放专家系统求解问题所需的各种数据和证据以及系统运行过程中的中间信息，最终结果。数据库既是推理机构选用知识的依据，也是解释机构获取推理路径的来源。数据库的内容是不断变化的，在推理开始，它存放的是用户提供的初始事实；在推理过程中，它存放每一步推理结果。推理机构根据数据库的内容从知识库中选择合适的知识进行推理，把推理结果存入数据库，同时把记录下推理过程中的有关信息供解释机构使用。

3）推理机构

推理机构是专家系统的核心，是组织、控制、思维机构。其主要作用是利用数据库的知识，以一定的推理方法和控制策略进行推理，以达到最终的答案。推理机构的性质和构造与知识的表示方式和组织方式有关，与知识的内容无关，保证了推理机构与知识库的相对独立。

4）知识获取机构

知识获取机构是专家系统中获取知识的一组程序，是指通过人工或者自动方式，将专家头脑中或者书本上的专业知识转化为专家知识库中知识的过程。

5）解释机构

解释机构是专家系统中用来回答用户询问，对问题求解过程说明，对推理做出解释的机构。它回答用户提出的"为什么"，得到这个结论等问题。

6）人机界面

人机界面是专家系统与用户进行通信和信息交换的媒介，由一组程序和硬件组成。领域专家通过它输入知识、更新知识库，一般用户通过它输入需要求解的问题、已知事实以及需要询问的问题，系统通过它输出运行结果、回答用户询问或者向用户索取进一步事实。人机界面设计的好坏对系统的可用性有很大影响，一般采用窗口、图形、菜单等手段，使用户能够形象、直观地进行推理诊断。

专家系统是一类复杂的智能化计算机程序系统，人们已经开发了各种专家系统的开发工具，主要有人工智能语言、专家系统外壳和专家系统开发环境等三种。人工智能语言只要是指符号处理语言，如 Lisp 和 Prolog 等，它们是专家系统最初的开发工具，具有比一般的计算机高级语言更强的功能。专家系统外壳它是由已成熟的专家系统演化而来，它抽出了原来系统中的具体领域知识，而保留了原系统的基本骨架（知识库及推理机构）。利用专家系统外壳作为开发工具，只要将新的领域知识填充到专家系统中，就可以生成新的专家系统。专家系统开发环境是一种程序模块组合下的开发工具，它能为专家系统的开发提供多种支持，为用户提供各种用于知识表达、推理、知识库管理、推理控制和有关辅助工具的模块，以及用于组装所需模块的一套组合规则。专家开发工具有设计工具和知识获取工具两类。设计工具可帮助设计者开发系统的结构，知识获取工具可帮助获取和表达领域内专家的知识。目前常用的专家开发工具有 AGE、TEIRESIAS、天马、Exsys 等。

2. 专家系统故障诊断原理

专家系统故障诊断是建立一套基于知识和人工智能的计算机应用系统用于故障诊断，主要内容是知识的获取、表示和利用问题。

1）知识获取

专家知识获取过程就是专业知识从知识源到知识库的转移过程，是将人类已有的知识表示成计算机能理解的形式过程。知识获取与表示是专家系统故障诊断的第一步，它直接影响到专家系统的问题求解水平和效率。知识获取可以采用外部获取和内部获取两种方式。对于外部知识，可通过向专家提问来接受专家知识，然后把它转换成编码形式存入知识库内部；内部知识获取是指系统在运行过程中，从错误和失败中进行归纳、总结，根据实际情况对知识库不断进行修改和扩充。

2）知识表示

知识表示就是把获取到的专家领域知识用人工智能语言表示出来，是知识的符号化过程，即将知识编码成一种合适的数据结构存储到计算机中，它是专家系统的核心。知识表示方法在专家系统设计中占有主要地位。目前，已经提出了多种知识表示方法，主要有符号逻辑表示法、产生式表示法、框架表示法、过程表示法等。每种表示法适用于表示某种类型的知识，应用于不同的领域。

产生式表示法是专家系统中应用最多的一种知识表示法，它结构简单、自然、易于表达人的经验知识。用产生式表示知识，由于产生规则间是独立模块，对系统的修改、扩充也特别有利。产生式表示法是以规则序列的形式来描述问题，形成求解问题发热知识模型。产生式规则的一般形式为

$$IF \quad <condition> \quad - \quad THEN \quad <Result>$$

它表示当条件满足时，可执行的动作。规则的条件部分也称为规则的前提或者左部，规则的动作部分也称为规则的结论和右部，规则如下：

IF：导弹作5°滚动

自由陀螺仪信号输出不为 $2.0V \pm 0.2V$

THEN：自由陀螺仪故障

在进行故障检测和诊断时，首先从初始事实出发，用模式匹配技术寻找合适的产生式，如果匹配成功，则这条产生式被激活，并导出新的事实。以此类推，直到得出故障结果。

在故障诊断过程中采用产生式规则表示知识，便于对知识库进行修改、删除和扩充，从而提高了知识库维护和自学习能力。

3）推理机制

推理是根据一个或者几个判断得出另一个判断的过程，目的是用于控制、协调整个专家系统的工作，它实际上是一组计算机程序。在专家系统中，推理机构是根据当前输入的数据或信息，利用知识库的知识，按照一定的推理策略去处理当前问题。基于知识的专家推理包括推理方法和控制策略两部分。

推理可分精确推理和不精确推理。故障诊断专家系统主要使用不精确推理。不精确推理根据的事实可能不充分，经验可能不完整，推理过程也比精确推理复杂，具体有以下几种方法：

227

（1）基于规则表示知识的推理。该推理方法通常以专家经验为基础。其优点是推理速度快,但从专家那里获得经验较难,规则集不完备,对没有考虑到的问题系统容易陷入困境。

（2）基于语义网络的推理。故障树分析是故障诊断中常用的一种方法,为进行故障树分析可以建立相应的语义网络。该方法的优点是诊断速度较快,便于修改和扩展,对现象与原因关系单一的系统较为适宜;缺点是建树工作量大。

（3）基于模糊集的推理。当对系统各现象的因果关系有较深的了解时,可利用模糊关系矩阵建立诊断专家系统。优点是反映了故障症状与成因的模糊关系,可通过修正诊断矩阵提高诊断精度;关系表示清晰,诊断方便。但若矩阵较大,则不易建立,且运行速度促。

（4）基于深层知识的推理。深层知识是专家系统的一个重要特征。该方法的优点是从原理上对故障症状与成因进行分析,知识集完备,摆脱了对经验专家的依赖性;但系统结构不可过于复杂,否则效率会大大降低。

控制策略主要指推理方向的控制及推理规则的选择,它直接影响专家的推理效率,它是由所采用的知识表示形式所决定的。目前常用的控制策略可分为正向推理、反向推理和混合推理三种。正向推理是从已知证据信息出发,让规则的前提与证据不断匹配,直至求出问题的解或没有可匹配的规则为止。也就是已知故障征兆事实到故障结论的推理,也称为数据驱动控制策略。反向推理是从目标出发,为了验证目标的成立而寻找有用证据的控制策略,也称为目标驱动控制策略;混合推理即采用正向和反向的混合推理策略。

3. 专家系统故障诊断的特点

（1）专家系统能综合利用各种信息与各种诊断方法,以灵活的诊断策略来解决诊断问题。

（2）它能实现从数据到干预控制的全套自动化诊断,能通过使用专家经验而相对地避开信号处理方面复杂的计算,为设备的实时监控提供时间上的有利条件。

（3）它能处理带有错误的信息和不完全的信息,因而可以相对地降低对测试仪器和工作环境的要求。

（4）由于专家系统采用模块结构,可以很方便地增加它的功能,也可以很方便地调用其他程序。相对其诊断系统,可以通过加入维修咨询子任务模块的方式,使其能在诊断后提供维修咨询;还可以加入信号处理程序包,使其具有信号处理功能。

（5）知识库便于修改与增删,使之适用于不同系统。

（6）具有解释功能,能通过人机对话对维修人员进行快速培训。

（7）专家系统解决实际问题时不受周围环境的影响,也不可能遗漏忘记。

（8）专家系统能汇集众多领域专家知识和经验以及他们协作解决重大问题的能力,它拥有更渊博的知识、更丰富的经验和更强的工作能力。

（9）知识获取存在"瓶颈"问题,缺乏联想能力,自学习、自适应能力和实时性差。

6.2.6　故障诊断技术发展趋势

新技术、新材料、新工艺、新仪器、新设备的不断问世,促使工程技术人员不断地学习和提高自己,收集前沿信息和技术,防止故障发生,或者通过任何经济的、非事后处理的方式解决潜在故障问题,达到综合费用最小化的目标。

当今国外故障诊断新技术的核心技术涉及以下六个方面:

(1) 状态监视技术;

(2) 精密诊断技术;

(3) 便携和遥控点检技术;

(4) 过渡状态监视技术;

(5) 质量及性能监测技术;

(6) 控制装置的监视技术。

这些为预测维护(预测维护旨在免除停机及在维修中凭臆测去进行工作)提供了技术支持。依靠近代数学的最新研究成果和各种先进的监测手段,目前国际上正处于研究和开发阶段的故障诊断技术除了前面有详细介绍之外,还有如下几种:

1. 在线监测诊断法

在线监测是在生产线上对机械设备运行过程及状态所进行的信号采集、分析诊断、显示、报警及保护性处理的全过程。美国宇航局的相关研究表明,装备的故障概率曲线可以分为六种。其中经典的第六类适用于一些复杂的设备,如发电机、汽轮机、液压气动设备及大量的通用设备。在线监测技术以现代科学理论中的系统论、控制论、可靠性理论、失效理论、信息论等为理论基础,以传感器技术、计算机技术、通信技术为手段,并综合考虑各对象的特殊规律及客观要求,以保障装备安全、稳定、长周期、满负荷、高性能、高精度、低成本运行,可适时在线监测和显示控制对象的功能变化及故障部位。

2. 远程诊断法

通过因特网远程诊断可以实现装备用户与远隔万里的装备制造厂商之间的信息交流的故障诊断方法。远程诊断可进行数据和图像的传输,不仅可以目视,还可以做计算机图像处理,提高故障诊断的效率和准确性,有效地减少装备故障停机时间。

3. 灰色系统诊断法

应用灰色系统的理论对故障的征兆模式和故障模式进行识别的技术。灰色理论认为:装备发生故障时,既有一些已知信息(称为白色信息)表征出来,但也有一些未知的、非确知的信息(称为灰色信息)表征出来。灰色系统诊断法正是应用灰色关联等理论,使许多待知信息明确化,进而完成故障诊断的方法。

4. 模糊诊断法

机电设备的动态信号大多具有多样性、不确定性和模糊性,许多故障征兆用模糊概念来描述比较合理,如振动强弱、偏心严重、压力偏高、磨损严重等。同一装备或元件,在不同的工况和使用条件下,其动态参数也不尽相同,因此对其评价只能在一定范围内作出合理估价。

5. 风险诊断法

倡导"最好的维修就是不要维修",推广风险诊断维修方式。这种维修方式是与装备故障率及损失费用相关联的,与偶发率(O)、严重度(S)及可测性(D)相关,其中每个分项各有其相关参数及计算方法。基于风险的维修实践同样表明:严重的故障并不多见,而一般不严重的故障却经常发生。故养成良好的工作态度和认真负责的工作习惯,严格按技术要求按程序检测、维护、维修至关重要,细节决定成败。

6. 多种智能故障诊断方法的混合

将多种不同的智能技术结合起来的混合诊断系统是智能故障诊断研究的一个发展方面。结合方式主要有基于规则的专家系统与神经网络的结合,模糊逻辑、神经网络与专家系统的结合等。混合智能故障诊断系统的发展有如下趋势:由基于规则的系统到基于混合模型的系统,由领域专家提供知识到机器学习,由非实时诊断到实时诊断,由单一推理控制策略到混合推理控制策略等。智能诊断系统在机器学习、诊断实时性等方面的性能改善,是决定其有效性和广泛应用性的关键。

7. 虚拟现实技术将得到重视和应用

虚拟现实技术是继多媒体技术以后另一个在计算机界引起广泛关注的研究热点,它有四个重要的特征,即多感知性、存在感、交互性和自主性。

从表面上看,它与多媒体技术有许多相似之处,如它们都是声、文、图并茂,容易被人们所接受,但是虚拟现实技术是人们通过计算机对复杂数据进行可视化操作以及交互的一种全新的方式,与传统的人机界面如键盘、鼠标、图形用户界面等相比,它在技术思想上有了质的飞跃。可以预言,随着虚拟现实技术的进一步发展和其在故障智能诊断系统中的广泛应用,它将给故障智能诊断系统带来一次技术性的革命。

8. 数据库技术和人工智能技术的相互渗透

人工智能技术多年来曲折发展,虽然硕果累累,但比起数据库系统的发展却相形见绌。其主要原因在技术。人工智能技术的进一步应用和发展表明,结合数据库技术可以克服人工智能不可跨越的障碍,这也是智能系统成功的关键。对于故障诊断系统来说,知识库一般比较庞大,因此可以借鉴数据库关于信息存储、共享、并发控制和故障恢复技术,改善诊断系统性能。

9. 效率诊断法

设备诊断除包括故障、过程和质量诊断外,国外还盛行设备的效率诊断。以通用水泵为例,水泵的寿命一般为 10 年,在 10 年寿命费用中,能源消耗约占 95%,维修费用占 4%,购置费占 1%。由此可见,要降低生产成本必须抓 95% 的能耗成本,方法就是及时进行装备效率诊断。

思考与练习题

1. 什么是测试性? 描述测试性的参数主要有哪些?

2. 测试性的定性描述包括哪些内容?

3. 某系统经过功能、结构划分后等初步设计后,已知其由六个部件组成,如图 6-26 所示。说明优选测试点和制定诊断策略的过程。

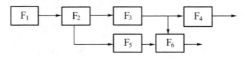

图 6-26 系统测试性框图

4. 故障一般有哪几种特性?
5. 导致发生故障的原因主要有哪些?
6. 简述故障树故障诊断的主要步骤。
7. 专家系统由哪几部分构成? 专家系统故障诊断主要内容包括哪些?

参 考 文 献

[1] 何广军,高育鹏,白云.现代测试技术.西安:西安电子科技大学出版社,2007.
[2] 林春方,金仁贵.传感器原理及应用.合肥:安徽大学出版社,2007.
[3] 戚新波,范峥,田效伍.检测技术与智能仪器.北京:电子工业出版社,2005.
[4] 柳爱利,周绍磊.自动测试技术.北京:电子工业出版社,2007.
[5] 陕西海泰电子有限责任公司.VXI 总线技术概览:VI 技术专题介绍.西安:陕西海泰电子有限责任公司,2003.
[6] PC - 104 总线规范.PC/104 嵌入式协会.1992 - 2003.
[7] RS232 与 RS485 接口的区别.http://blog.sina.com.cn/fenghuashuxia.
[8] 彭云辉,等.VXI 总线与虚拟仪器技术.电子技术应用,2003.
[9] 杨乐平,等.LabVIEW 程序设计与应用.北京:电子工业出版社,2001.
[10] 美国国家仪器(NI)有限公司.虚拟仪器(白皮书).2000.
[11] ISA(PC - 104)总线信号时序简介.盛博科技,2000.
[12] 田仲,石君友.系统测试性设计分析与验证.北京:北京航空航天大学出版社,2003.
[13] 杨志伊,郑文.设备状态监测与故障诊断.北京:中国计划出版社,2006.
[14] 戴鹏飞,王胜开,王格芳,等.测试工程与 LabVIEW 应用.北京:电子工业出版社,2006.
[15] 白松浩.航管装备测试技术.北京:北京理工大学出版社,2002.
[16] 王仲生.智能故障诊断与容错控制.西安:西北工业大学出版社,2005.
[17] 张炜,张玉祥.导弹动力系统故障诊断机理分析与故障诊断技术.西安第二炮兵工程学院,2006.
[18] 周传德.传感器与测试技术.重庆:重庆大学出版社,2009.
[19] 杨军,冯振声,黄考利,等.装备智能故障诊断技术.北京:国防工业出版社,2004.
[20] 孔德仁,何云峰,等.仪表总线技术及应用.北京:国防工业出版社,2005.
[21] 水现辉.基于 PXI 总线的导弹译码器测试系统研制,西安:空军工程大学硕士学位论文,2007.